Heinzwerner Preuß

Materie ist nicht materiell

Heinzwerner Preuß

Materie ist nicht materiell

Die Bedeutung der Quantenchemie für unser Denken und Handeln

FACETTEN

vieweg

Alle Rechte vorbehalten
© Friedr. Vieweg & Sohn Verlagsgesellschaft mbH, Braunschweig/Wiesbaden, 1997

Der Verlag Vieweg ist ein Unternehmen der Bertelsmann Fachinformation GmbH.

Das Werk einschließlich aller seiner Teile ist urheberrechtlich geschützt. Jede Verwertung außerhalb der engen Grenzen des Urheberrechtsgesetzes ist ohne Zustimmung des Verlags unzulässig und strafbar. Das gilt insbesondere für Vervielfältigungen, Übersetzungen, Mikroverfilmungen und die Einspeicherung und Verarbeitung in elektronischen Systemen.

Umschlaggestaltung: Schrimpf und Partner, Wiesbaden
Druck und buchbinderische Verarbeitung: Lengericher Handelsdruckerei, Lengerich
Gedruckt auf säurefreiem Papier
Printed in Germany

ISSN 0949-1295
ISBN 3-528-06666-0

Inhaltsverzeichnis

Der Autor zur Entstehung dieses Buches VI

Vorwort VIII

1 Materie – was ist das eigentlich? 1

2 Warum wir soviel wissen wollen (sollten) 22

3 Modelle, Hypothesen und schließlich Theorie 29

4 Experimentieren als Strategie 36

5 Der „gesunde Menschenverstand" – hilflos? 49

6 Durch Unschärfe zur Klarheit 85

7 Ohne „Denkökonomie" geht es nicht 118

8 Endlich eine umfassende Theorie 133

9 Philosophische Aspekte 185

10 Schlußgedanken 218

Sachwortverzeichnis 235

Der Autor zur Entstehung dieses Buches

Dieses Buch ist kein Buch über Materie, wie es üblicherweise geschrieben werden würde.

Ich will vielmehr darlegen, welche Bedeutung die Materie für den Menschen wirklich hat, wenn alle Lebensbereiche berücksichtigt werden. Ich habe mir damit einen langgehegten Wunsch erfüllt, die Quintessenz aus einer 45jährigen wisssenschaftlichen Tätigkeit als Forscher und Hochschullehrer auf dem Gebiet der Theoretischen Chemie (Quantenchemie (Wellenmechanik der Chemie)) vorzulegen.

Je mehr ich in den Jahren über die Konsequenzen unseres Naturverständnisses im Rahmen der Wellenmechanik nachdachte, desto mehr wurde mir bewußt, wie vielschichtig die Erkenntnisse sind und wie weitreichend sie unser Leben beeinflussen, auch wenn es uns nicht immer bewußt wird, einfach schon deswegen, weil den meisten Menschen die Ergebnisse der Forschung – die im wesentlichen vor rund 70 Jahren entstanden – nicht bekannt sind. Und wären sie es, dann verlangt die Übertragung noch ein ausreichend vernetztes Weltbild.

Die Konsequenzen reichen vom wissenschaftspolitischen Bereich bis hin zu grundlegenden philosophischen Überlegungen. Sie beeinflussen den Sinn der menschlichen Entwicklung ebenso wie die allgemeinen Verhaltensweisen im gesellschaftlichen Bereich. Unsere Ausbildung ist ebenso betroffen wie unser Verhältnis zum Glauben.

Unser Wissen über die Materie wird zur Existenzfrage werden, insbesondere dann, wenn weiterhin der größte Teil der Öffentlichkeit von diesem Wissen ausgeschlossen wird oder nach wie vor aus falscher Tradition kein Interesse an diesen Erkenntnissen zeigt.

Das Buch kann wegen der Breite der hier vorliegenden Möglichkeiten nicht allen Aspekten und Problemen nachgehen. Ich habe versucht, die wesentlichen Denkrichtungen, die sich aus dem wissenschaftlichen Materieverständnis ergeben, aufzuzeigen.

Ich war mir darüber klar, daß ein Buch mit einem solchen Anliegen nicht unkritisch sein kann und vor Tabus nicht zurückweichen darf, wenn das Ziel halbwegs erreicht werden soll. Ich weiß auch, daß neben Zustimmungen auch Widersprüche zu erwarten sind, denn für viele sind die Brücken zu weit geschlagen worden zwischen den Ergebnissen der Forschung und den Bereichen unseres Lebens, besonders dann, wenn die Leser bisher noch nie mit derartigen weitreichenden Überlegungen und Konsequenzen konfrontiert worden sind.

Für manche Leser mögen einige Härten und formulierte Kompromißlosigkeiten zu weit gegangen sein. Dazu kann ich zum Verständnis nur anführen, daß ich nach meiner Emeritierung die Freude und die Begeisterung an meinem Fach – auch was die Konsequenzen anbetrifft – nicht verloren habe und daß wissenschaftliche Erkenntnisse – die ja auch schon wissenschaftliche Wahrheiten sind – möglichst klar und unzweideutig gesagt werden sollten, damit keine falschen Interpretationen entstehen und somit der Weg für sinnvolle und faire Diskussionen frei bleiben kann!

Ein Problem beim Schreiben des Buches möchte ich besonders hervorheben: Es ist die Frage nach dem vorauszusetzenden Grundwissen der Leserinnen und Leser.

Ich habe mich – keineswegs unbestritten – entschlossen, die Diskussion von ganz „unten" anzufangen, auf die Gefahr hin, manchen Leser zu langweilen. Aber ich war mir klar darüber, daß auf bestimmte mathematische Formulierungen der hier zugrundeliegenden Naturgesetze auf keinen Fall verzichtet werden kann, wenn die Absicht des Buches nicht von vornherein in Frage gestellt werden soll. So habe ich die notwendigen mathematischen und erkenntnistheoretischen Grundbegriffe an den Anfang gestellt, in der Hoffnung, auf diese Weise einen breiten Zugang zum Thema dieses Buches zu ermöglichen.

Ein Anliegen ist es mir, noch festzustellen, daß hier *keine Weltanschauung* vertreten wird, denn dazu sind jetzt die Aussagen unseres naturwissenschaftlichen Erkenntnisstandes viel zu klar und allgemein formulierbar.

Ich verbinde das alles mit der Hoffnung, daß der Leser das Buch möglichst *unbefangen* und *vorurteilslos* zur Hand nimmt!

Vorwort

Der Titel dieses Buches mag den meisten von uns wenig sagen. Kein Wunder, denn mit dem Wort Materie verbinden die Menschen, besonders in der abendländischen Kultur, die ihre Ursprünge im Hellenentum hat, die Vorstellung von etwas völlig Totem, etwas über das man nicht viele Worte verlieren sollte, denn auch alles, was aus Materie aufgebaut ist – und das ist praktisch alles um uns herum – ist tot, bewegt sich durch Kräfte von außen, kausal (determiniert) bis in die fernste Zukunft. Der „Körper" also ist auch von dieser Art, und darin liegt schon eine gewisse Abwertung, denn erst der Geist und die Seele – in den Körper hineingebracht und ohne ihn entwickelt – geben dann bei der befristeten „Vereinigung" dem Neuen das, was den gebildeten und anspruchsvollen Menschen interessieren könnte.

Aus dieser Trennung von Geist, Seele und Körper heraus „lebt" unsere Gesellschaft (insbesondere die Religionen), und im alltäglichen Umgang sind wir von dieser Trennung so fest überzeugt, daß kein Zweifel aufkommt. Warum eigentlich auch?

Diese Trennung scheint Vorteile zu haben, so zum Beispiel die Konsequenz, daß die Seele unsterblich ist und unser Tod daher nichts Endgültiges mehr ist. Zum anderen sind wir auf diese Weise Wesen, die auch Zugang zu einer anderen Welt haben, zur Welt des Geistes und der Seele, letztlich zum Göttlichen.

Woher aber nehmen wir diese Gewißheit? Aus Erfahrung sicher nicht, denn Erfahrungen, die einige von uns machten und machen, sind nicht eindeutig und können auch anders interpretiert und verständlich gemacht werden. Das sollte den denkenden Menschen nicht überzeugen! Anders im religiösen Bereich, wo es letztlich Offenbarung ist, daß wir Seelenwesen sind. Das ist dann eine Frage des Glaubens, und die Sicherheit ist in ihm verankert. Auch in anderen Kulturen finden wir diese Unterscheidung zwischen dem Materiellen und dem Geistig-Seelischen.

Zweifel daran wurden und werden mit dem Hinweis abgetan, daß es sich bei dem Zweifler um einen respektlosen Materialisten handelt, und damit wurde die ganze Angelegenheit in den letzten Jahrhunderten auch zu einer politischen Frage, denn der Machtanspruch gewisser philosophischer Systeme, gewisser Weltvorstellungen stellt eine wesentliche Triebfeder in der Geschichte der Menschheit dar.

Das ist sehr bedauerlich, denn am Anfang der Philosophie waren diese Zweifel durchaus diskutabel. Beim genauen Hinsehen (und Hindenken) befriedigten allerdings beide extremen Auffassungen nicht. Viele Erfahrungstatsachen blieben außerhalb des jeweiligen „Weltbildes" oder waren nicht voll zu integrieren. Und wer der Offenbarung mißtraute, wollte aber auch nicht den Begriff der Seele materialistisch auffassen, was ziemlich schwierig war, wenn nicht unmöglich schien.

Heute glauben wir alle zu wissen oder zumindest einigermaßen sicher zu sein, was eine Seele und ein Geist ist, obwohl schon im Sprachgebrauch und auch in der Sprachdefinition die Dinge keineswegs einfach liegen.

Nun ist es vor rund 70 Jahren dem Menschen das erste Mal gelungen, Näheres über Materie zu erfahren und sogar die Naturgesetze zu erkennen, die in diesem Bereich herrschen. Dieser Bereich schließt offenbar alle Materie ein, bis hin zu den Pflanzen, Tieren – und auch den Menschen selbst, da ja alle aus *Atomen* bestehen. Darüber gibt es auch keinen Zweifel: Überall wo Atome im Spiel sind, bis hin zu den seelisch-geistigen Vorgängen, können die Gesetze der Materie und ihre Wirksamkeiten nachgewiesen werden.

Kein Wunder also, daß der unvoreingenommene und ungebundene Mensch sich fragt, wie diese Gesetze – die mathematisch formuliert werden können – mit den seelisch-geistigen Vorgängen zusammenhängen oder zusammenhängen können, damit unser Weltbild ein möglichst einheitliches wird, denn auch von den Vertretern der Leib-Seele-Trennung wird schließlich der Kosmos, die gesamte Welt also, als ein Ganzes angenommen. Mit Recht, denn wie auch die Welt entstanden sein mag, sie ist ein Ganzes, und warum sollte dann nicht alles von einem „Punkt" her verstanden werden können? Das ist keineswegs eine triviale Bemerkung. Selbst in Kulturen, die viele Götter kennen, ist schließlich immer alles zentralisiert aufzufassen, auch wenn es zwischen den Göttern viel Streit und Kampf gibt. Es scheint ein mächtiges Bedürfnis zu sein, die Welt als Ganzes zu sehen und zu empfinden. Die erkannten Naturgesetze, das sind die Gesetze der Wellenmechanik (Quantenphysik) mit einigen weiteren Prinzipien, stellen in diesem Sinne eine *Vereinheitlichung der Welt* dar, wie sie bisher noch nie möglich gewesen war; denn wo Atome auftreten, wo sich also Systeme aus *Atomkernen und Elektronen* bilden, ist ihre Gültigkeit nachzuweisen!

Aber wie weit reichen diese Gesetze? Das ist das Thema dieses Buches. Der Autor ist der Meinung, daß die Grundgleichungen der Wellenmechanik eine Interpretation zulassen, die das gesamte Universum erfaßt, wenn man dieses aus Atomen, also aus Elektronen und Atomkernen bestehend betrachtet. Dies ist keine Einschränkung, weil das, was wir im Alltag um uns herum beobachten, die Steine und die Pflanzen, die Tiere und uns selbst, aus diesen Bausteinen aufgebaut ist und alle chemischen und biologischen Vorgänge auf Wechselwirkungen zwischen Elektronen und Atomkernen beruhen. Die innere Struktur der Atomkerne spielt dabei keine wesentliche Rolle.

Diese hier diskutierte Interpretation schließt das Seelische und das Geistige ebenso ein wie das Körperliche. Die Trennung von Seele und Körper kann aufgehoben werden! Gleichzeitig ist mit dieser Auffassung der Materialismus nicht mehr zu halten. Beide Tatsachen gehören zusammen!

Materie ist nicht materiell – will heißen, daß schon in den Elektronen und Atomkernen das vorgebildet und eingeschlossen ist, was sich später dann in der Evolution als Bewußtsein, Seele und Geist zeigt. Gleichzeitig aber zeigen Mathematik und Naturwissenschaften, daß bei ausreichender Komplexität der Systeme aus Elektronen und Atomkernen es diesen Systemen nicht mehr möglich zu sein scheint, sich selbst zu erkennen, obwohl für alle Vorgänge in ihnen die Gleichungen der Wellenmechanik gelten.

Aus diesem Grunde muß hier versucht werden, auch dem Leser mit sehr wenig Voraussetzungen die Grundlagen der Wellenmechanik klarzumachen. Dabei wird es notwendig sein, auch auf einige Wissenschaftsbegriffe einzugehen, wie z.B. was Wissenschaft selbst ist, was wir meinen, wenn wir sagen, wir haben etwas verstanden, was unter einer Theorie zu verstehen ist, was bedeutet der Wahrheitsbegriff in den Wissenschaften und schließlich die Frage: Wie sind wir auf die Grundgleichungen der Wellenmechanik gekommen?

Es ist das besondere Anliegen des Autors, dies alles möglichst einfach (ohne die wissenschaftliche Lauterkeit zu verletzen) darzustellen, und wie gesagt, dabei sehr wenig beim Leser vorauszusetzen. *Aber gerade diese Absicht zwingt dazu, zum Teil sehr weit zurückzugreifen, was der Autor allerdings als Vorteil empfindet, da es erst dann möglich ist, die hier vorliegenden Fakten in einen allgemeinen Rahmen zu stellen.*

Das Buch stellt sich der Diskussion und der Kritik, und der Autor ist sogar der Meinung, daß die Interpretation der Wellenmechanik noch nicht abgeschlossen ist und daß vielleicht noch einige Phänomene damit erfaßt und beschrieben werden können, die zur Zeit nach „landesüblicher Meinung" nicht zur Naturwissenschaft gerechnet werden würden. So deuten neuere Überlegungen an, daß sich bei der Bildung von chemischen Bindungen zwischen Atomen die Voraussetzungen (Wahrscheinlichkeiten) für alle übrigen und besonders für energetisch mögliche Systeme im Kosmos ändern können. Dieser Einfluß auf das strukturelle Verhalten anderer Systeme von Elektronen und Atomkernen ist einseitig und tritt sofort ein, ist aber im allgemeinen so klein, daß ein Nachweis kaum möglich ist. Aber die Gleichungen zeigen immerhin schon, daß unter bestimmten Bedingungen (komplexe Systeme) der Einfluß wesentlich, auf jeden Fall aber bemerkbar sein müßte. Sollte das zutreffen, und zur Zeit ist kein Gegenbeweis bekannt, dann sind die Folgerungen unübersehbar, und es wird notwendig sein, die Untersuchungen auszudehnen. Sicher ist nur, daß kein strukturbeeinflussendes (morphologisches) Feld im Spiel ist.

Dieser kurze Hinweis sollte nur aufzeigen, daß zur weiterführenden Interpretation und Anwendung der Wellenmechanik noch nicht das letzte Wort gesprochen zu sein scheint, so daß auch diese Bemerkung zum Thema dieses Buches gehört.

Ich wünsche der Leserin und dem Leser des Buches viel Freude beim Aufnehmen dieses Stoffes und ich hoffe, daß auch Augenblicke dabei sind, die erahnen lassen, was Wissenschaft – hier besonders die Wellenmechanik – für uns Menschen bedeuten kann und dies nicht nur im technischen Sinne. Es wäre dann alles in der Tat sehr oberflächlich gesehen und läge auch nicht im „Gesichtsfeld" des Buches, denn das

Buch stellt eine vielschichtige Quintessenz aus meiner langjährigen wissenschaftlichen Tätigkeit dar, insbesondere eine philosophische Konsequenz der Quantentheorie. Nicht so sehr der Aufbau der Materie ist das Ziel, sondern die Konsequenzen aus unserem Wissen über die Struktur der Materie und deren Veränderungen und Möglichkeiten im Rahmen der Evolution.

Diese Konsequenzen sind keine „Weltanschauung", sondern basieren auf gesicherten wissenschaftlichen Erkenntnissen. Daß dabei auch das technische Verhalten des Menschen zur Materie zur Sprache kommen muß, erscheint selbstverständlich.

Wissenschaft, das ist der Mensch selbst in seiner „großen Kleinheit" im Kosmos.

Stuttgart, März 1997 H. Preuß

Das Griechische Alphabet

α A	β B	γ Γ	δ Δ	ε E	ζ Z	η H	φ Θ
Alpha	Beta	Gamma	Delta	Epsilon	Zeta	Eta	Theta
ι I	κ K	λ Λ	μ M	ν N	ξ Ξ	o O	π Π
Jota	Kappa	Lambda	My	Ny	Xi	Omikron	Pi
ρ P	σ Σ	τ T	υ Y	φ Φ	χ X	ψ Ψ	ω Ω
Rho	Sigma	Tau	Ypsilon	Phi	Chi	Psi	Omega

1 Materie – was ist das eigentlich?

Was denken Sie, wenn Sie das Wort „Materie" hören? Sollten Sie den Geisteswissenschaften näher stehen, dem Humanismus etwa, dann denken Sie sicher an die schreckliche Weltvorstellung des Materialismus. Eine Vorstellung, die alles auf Materie zurückführen will, so daß sich natürlich auch Geist und Seele als alleiniger Ausdruck des Materiellen ergeben sollten. Materialismus, so meinen Sie, ist die geistlose Art, die Welt zu sehen. Materialismus als geistfeindliches, ja gottloses Weltbild. Geist und Materie als unüberbrückbare Pole!

Materie verbinden Sie mit dem Gefühl, von etwas Grobem, Gefühlsarmem, mit etwas, das der gebildete Mensch zum untersten Niveau rechnet, mit dem man zwar zu tun haben muß, aber erst in den Höhen des Geistes und in den Tiefen der Seele – immateriell – offenbart sich die echte Menschlichkeit!

Sollten Sie aber dem naturwissenschaftlichen Denken verbunden sein, so denken Sie sicher an Atome, Moleküle oder Metalle und Kristalle. Vielleicht verbinden Sie Materie mit den Vorstellungen von Elektronen und Nukleonen (Ihr geisteswissenschaftlicher Freund wird davon wenig Ahnung haben), aber damit können Sie leicht dem Materialismus näher stehen, als Sie glauben, denn die Materie besteht dann für Sie aus Teilchen (wie man sie auch nennen mag) und „Teilchen" ist ein materieller Begriff. Teile von etwas haben doch wohl eine feststellbare Raumfüllung, ein Gewicht und noch weitere Eigenschaften, die wir von der Materie her kennen: etwa magnetisch oder elektrisch geladen zu sein. Schließlich können sich diese Teilchen mit bestimmten Geschwindigkeiten bewegen, und man weiß immer, wo sie sich gerade aufhalten, wenn man genau genug hinsieht! (Das geschieht mit Hilfe von Apparaten, die ja wieder Materie sind.)

Zugegeben – das war alles ein wenig vereinfacht und überbetont, aber gibt es derartige Vorstellungen nicht noch heute?

Ist also Materie elementares Substrat oder aus Teilchen aufgebaut?

Letzten Endes ist wohl der überwiegende Teil unserer Gesellschaft der Meinung, daß es nicht so sehr darauf ankommt zu wissen, was Materie ist. Es gehört nicht zum Grundwissen, geschweige denn zur Bildung! Überlassen wir es also den Experten, sich mit unverständlichen Formeln und mit komplexen und oft teuren Apparaten mit Materie zu befassen.

Jene aber tun es nicht nur immer aus Forscherdrang und Neugier. Schließlich kann mit diesem Wissen viel Geld verdient und Macht erworben werden, am meisten von denjenigen, die überhaupt nicht wissen, um was für einen „Stoff" es sich bei der Materie handelt! Jedenfalls werden daraus keine Träume gemacht, die Gefahr des Mißbrauchs ist groß und diese Gefahr existiert bereits in planetarischen Ausmaßen.

Ja man kann – ohne Übertreibung – jetzt behaupten, daß die Beschäftigung einiger weniger (im Verhältnis zur Menschheit) mit der Materie in den letzten 50 Jahren zur Existenzbedrohung der gesamten Menschheit geworden ist.

Die „Großen der Welt" kümmert es wenig. Sie wissen nicht, was Materie ist, wollen es auch gar nicht wissen: Kapitalmaximierung ist angezeigt – und die Wissenschaftler? In ihrer kleinen Welt unterliegen sie – wie alle – ebenfalls dem Maximierungsprinzip! Preise, Auszeichnungen und Abhängigkeiten tun ein übriges und die wenigen, die mehr über die Vernetzungen und Auswirkungen wissen, wollen es nicht immer wahrhaben, spielen es herunter, verschließen die Augen oder resignieren, denn die blinde Lust zu leben ist uns erst einmal angeboren, und erst spätere Einsichten zwingen uns dazu, unser Leben zu ändern. Dies ist natürlich nicht jedermanns Sache, zumal es Mut verlangt.

Also bleibt alles beim Alten, die besagte Maximierung im Kapitalismus läuft – und das Ende ist abzusehen, denn alles ist endlich: die Erdoberfläche wie auch die Energien, die uns hier zur Verfügung stehen und die *eng mit der Struktur der Materie verbunden sind!*

Das Wissen über die Materie ist also offenbar der entscheidende Ausgangspunkt der Menschheitsentwicklung und bestimmt – je nach Wertung – unser Schicksal.

Diese Erkenntnis – die ja eigentlich nicht neu ist – hätte zu einem anderen Verhalten gegen uns selbst sowie gegenüber unserer Umwelt führen müssen, aber Interessenverbände sehen es anders. So sind weder in den politischen Kreisen noch in den Schulen oder in den Medien die Konsequenzen (mit Folgen) gezogen worden, sonst hätte ich am Anfang dieses Kapitels die besagten Unterscheidungen der Standpunkte nicht vortragen können.

Ohne Beeinflussung und Bindungen, ohne Fanatismus und stimuliertem Hang zum Metaphysischen wäre alles klar gewesen, zumindest soweit, wie es zu einer Urteils- und Konsequenzfindung nötig gewesen wäre. Denn das grundsätzliche Wissen über Materie – was hier vorgelegt wird – ist bei weitem nicht so umfangreich (und schwierig), wie viele glauben, und bleibt weit hinter dem zurück, was wir sonst in den Schulen und Medien (oft ganz unsinnig und ablenkend) angeboten bekommen!

Geben wir es nicht auf. Fragen wir noch einmal: *Was ist Materie eigentlich?* Sicher nicht das, was wir am Anfang als die beiden Standpunkte (vereinfacht) dargelegt haben. Weder sind Geist und Materie unüberbrückbar, noch besteht die Materie aus Teilchen, die sich wie kleine Tennisbälle verhalten. Das wissen wir heute ganz genau, weil in den Jahren um 1925 die *Wellenmechanik* (Quantenmechanik) entstand und seit dieser Zeit mit dieser neuen „Mechanik" *alle Erfahrungen* mit der Materie (soweit sie einen bestimmten Erfahrungsbereich betreffen) nicht nur vorausgesagt, sondern auch nachträglich in das Beschreibungsschema der Wellenmechanik eingeordnet werden konnten. Es gibt dabei keine Ausnahmen! Es gibt aber auch keinen Unterbereich im Rahmen der Erfahrung, der ausgeklammert werden müßte, wenn – wie oben angegeben – der gesamte Erfahrungsbereich der Wellenmechanik vorausgesetzt wird!

Die beiden letzten Sätze sind sehr wichtig, denn einmal muß geklärt werden, was wir unter dem „Beschreibungsschema" einer Theorie verstehen wollen, ja, was wir eigentlich meinen, wenn wir von Theorie sprechen, und zum anderen muß die Frage beantwortet werden, was ein

„Erfahrungsbereich" ist. Damit ist dann der Anfang zur Beantwortung der Frage nach der Materie erreicht, denn offenbar sagt die Wellenmechanik Entscheidendes darüber aus!

Überhaupt sollten wir uns klar werden, daß man in einer Diskussion nur über etwas sprechen kann, was man vorher gemeinsam geklärt und definiert hat, andernfalls läuft jedes Gespräch ins Leere, es sei denn, man erfreut sich an schönen Formulierungen und geistreichen Bemerkungen (wenn man Glück hat). Dem Glauben und der Phantasie sind dann viele Möglichkeiten gegeben, und letztlich führt die ganze Sache nicht weiter – man gewinnt keine neuen Erkenntnisse, gegebenenfalls neue Gedanken, deren Fundierung nicht gewährleistet ist.

Um ein für uns relevantes Beispiel dafür zu nennen: Fragen Sie etwa in einem Saal von Menschen danach, was jeder einzelne unter Materialismus versteht. Sie werden über die Uneinigkeit der Teilnehmer überrascht sein, wo doch der Begriff in jedem Lexikon aufgenommen wurde.

Vielleicht würden wir dann hören, daß Materialismus die Weltauffassung ist, die mit „Zahl, Gewicht und Maß" die Natur zu erkennen versucht, oder mit der Auffassung verbunden ist, daß der menschliche Körper eine Maschine sei, die sich selbst aufzieht, oder daß „es nur eine Substanz auf der Welt gibt und daß der Mensch ihr vollkommener Ausdruck ist".

Widersprüchliche Feststellungen – aber wie steht es mit dem Satz von Giordano Bruno: „Ein Geist findet sich in allen Dingen, und es ist kein Körper zu klein, der nicht einen Teil der göttlichen Substanz in sich enthielte, wodurch er beseelt ist."? Er war bestimmt kein Materialist – aber ist da nicht zwischen Geist, Seele und Materie zu wenig unterschieden worden?

Wie dem auch sei. Schließlich wäre einmal die Frage zu stellen, was wir meinen, wenn wir von „Verstehen" sprechen – und wenn wir nach der Materie fragen, was ist Geist und Seele eigentlich?

Aber da greifen wir schon voraus, weil wir auch noch auf das in diesem Zusammenhang wichtige „Beschreibungsschema" der Wellenmechanik zu sprechen kommen müssen, das in diesem Zusammenhang eine wichtige Rolle spielt.

Zuerst einmal geht es insbesondere bei der Materie um Erfahrungsbereiche. Wir sollten uns nochmals darüber klar werden, daß die Vertiefung vorerst durch Erfahrung erreicht werden soll. Somit läßt sich unser Vorgehen definieren, kann im Prinzip von jedem nachvollzogen werden und zeigt auf, was ist, gewesen war und sein könnte. Dies geschieht im Zusammenhang mit der Erfassung der Ganzheit, die mehr ist als die Summe der Teile, die wir vorerst denkend und empirisch erkennen.

Indem wir verstehen (wir kommen darauf noch zurück), erleben wir alles noch einmal auf einer anderen Ebene, erkennen die Zusammenhänge im größeren, so daß durch eine ursprüngliche Trennung der Teile der Verlust durch Vernetzung und Aufbau nicht nur aufgehoben, sondern durch eine tiefere Einsicht in die Wesenheit der umgebenden Natur und in uns selbst erlangt wird.

Darin sehe ich ganz allgemein den *Sinn der Naturwissenschaften, daß wir daraus unsere Stellung im Kosmos und unser notwendiges Verhalten erkennen!*

Ob wir diese Konsequenzen nun wirklich ziehen wollen – wir müssen es –, hängt von der jeweiligen Gesellschaftsstruktur ab. So kann eine kapitalistische Gesellschaft, eine Religionsgemeinschaft oder ganz allgemein eine gesellschaftliche Gruppe dieses Wissen ablehnen, für ihre Zwecke entstellen und abändern oder Teile daraus für ihre Zwecke mißbrauchen. Dies geschieht aber immer auf Kosten vieler Einzelnen und schließlich der Gesellschaft, auch wenn dies am Anfang gelegentlich einen anderen Anschein hat, da vieles, was auf die Katastrophe hinzielt (aufgrund des obigen Wissens), lange „gut" gehen kann.

Damit hätten wir dann das Grundproblem der denkenden, menschlichen Existenz erreicht, deren falsche „Einsicht", also ein Verhalten im Widerspruch zu unserem Wissen, zur Tragik werden kann.

Sind die Naturwissenschaften vielleicht zu früh entstanden? Hätten wir in dieser Hinsicht vor vielen tausend Jahren stehenbleiben sollen? Törichte Fragen! Im Menschen – und das macht ihn unter anderem dazu – ist *Wissen wollen, Erfahrung machen, Erleben wollen* tief angelegt. Nur auf diese Weise ist seine Entwicklung möglich – hin zum „wirklichen Menschen"! Nur soviel sei vorerst darüber gesagt. Aber damit wären wir wieder bei den Erfahrungsbereichen angelangt, denn offensichtlich ist jetzt die Frage zu stellen, wie die Erfahrungsbereiche aussehen und wie sie erfaßt werden, in denen wir unsere Erfahrungen und unsere Erlebnisse machen können.

Beginnen wir mit einfachen Feststellungen. Erfahrungen mit Materie werden von der Wellenmechanik erfaßt – so sagten wir oben. Wenn man also hier von einem Erfahrungsbereich spricht, so meint man damit erst einmal die Summe aller Erfahrungen, die man machen kann, wenn Materie im Spiel ist.

Mit der Materie (dem „Stoff", der Substanz sozusagen) ist das so eine Sache: Materie füllt den Raum aus, das ist eine der vielen Erfahrungen mit ihr. Können wir uns überhaupt einen materiefreien Raum vorstellen, das totale Vakuum also? Schwerlich, zumal wir es in unseren Laboratorien nicht vollständig herstellen können, immer noch ist ein Rest Energie und ein wenig Materie dabei, wenn auch fast unvorstellbar wenig.

Eine andere Sache ist, daß Materie immer mit Masse verbunden ist. Masse aber ist „etwas", das *jeder Beschleunigung einen Widerstand entgegensetzt*, je stärker, desto mehr Masse liegt vor und wenn andere Massen in der Nähe sind, kann man Masse sogar wiegen, *weil sich Massen anziehen*. Masse hat dann Gewicht, welches von den Eigenschaften und der entsprechenden Menge der anderen Massen abhängt, weil damit die Anziehung größer wird, wenn die Masse zunimmt.

Materie hat also Masse, genauer gesagt: *Jedes Stück Materie ist Masse bestimmter Menge*, die man am Gewicht erkennen kann.

Aber hier ist Vorsicht geboten. Wir machen nämlich darüber hinaus auch die Erfahrung, daß Materiestücke gleichen Volumens, also gleicher Raumfüllung, verschiedene Gewichte, also verschiedene Massen haben können. Ein Kubikzentimeter Wasser wiegt auf der Erde ungefähr 1 Gramm. Wir wissen aber auch, daß zum Beispiel ein Kubikzentimeter Blei um ein Vielfaches schwerer ist, also mehr Masse besitzt.

Eines können wir aber jetzt schon sagen: Wenn wir ein Stück (sagen wir einen Würfel vom Volumen 1 Kubikzentimeter) Materie in unserer Hand halten, so kann in diesem Würfel Masse verschieden verteilt und strukturiert sein. Das ist schon eine bemerkenswerte Erkenntnis, die wir aus den obigen Alltagserfahrungen gewonnen haben und die als erster, sehr bescheidener Teilaspekt zur Frage, was Materie ist, gesehen werden kann.

Aber sind wir noch etwas genauer. Was Materie *ist*, werden wir eigentlich genau genommen nie erfahren – die Frage war unklar gestellt. Wir können nur antworten, aus was Materie besteht: aus Masse vorerst (und Masse war oben aus Erfahrung definiert). Es müßte also heißen: Masse ist existent, wir machen Erfahrungen mit ihr. Genauer hätten wir fragen müssen: Aus was *besteht* Materie? Aber für den Anfang haben wir im Titel dieses Kapitels erst mal so allgemein fragen müssen, gerade um dann jetzt genauer analysieren zu können.

Offenbar, so schließen wir jetzt weiter, ist das Verhalten von Materie (Eigenschaften) davon abhängig, *wie* sich Masse in einem Stück Materie verteilt. Das ist eine fundamentale und übrigens richtige Feststellung, wie wir noch zeigen werden.

Aber würden wir bei dieser Feststellung stehenbleiben, so würden wir (bestenfalls) mit der Materie „herumspielen" können. Das wäre beinahe etwas für einen Kindergarten:

Da hätten wir zum Beispiel ein Stück Metall, Holz oder Gummi, einige Flüssigkeiten oder sogar Gase in Behältern und würden diese in der Form verändern (wenn es geht), oder wir erwärmen sie und stellen dabei fest, daß sie sich wieder abkühlen. Wir würden die verschiedenen Farben bewundern, den Geruch wahrnehmen und schließlich feststellen, daß in einem Material ein elektrischer Strom fließen kann, und dann würden wir noch entdecken, daß einige Materialien magnetisch sind oder durch andere Magnete dazu gemacht werden können.

Es gibt so viele Möglichkeiten, mit einem Stück Materie irgend etwas anzufangen, daß wir hier nicht alles aufzählen können. Vielleicht sollten wir noch darauf hinweisen, daß durch Erwärmen oder Abkühlen der Materie die Zustände fest, flüssig oder gasförmig erhalten werden können. Sie hängen also von der jeweiligen Temperatur ab, aber wenn wir Pech haben, fängt ein Material zu brennen an und verändert sich vollständig.

Alle diese Eigenschaften und Verhaltensweisen der Materie hängen offenbar allein von der „Massenstruktur" des vorliegenden Materialstückes ab – wie wir schon oben feststellten.

Oder anders ausgedrückt: Die ganze Erfahrung mit Materie, die wir oben skizzierten, ist allein davon abhängig, wie sich Materie aus „Masse" zusammensetzt!

Also liegt es auf der Hand, wenn wir „weiterkommen" wollen, die Materie zu zerkleinern, gleichsam wie ein Kind, das sein Spielzeug auseinandernimmt, um zu sehen, was „dahintersteckt".

Und so ist es auch in der Wissenschaft geschehen. Wir überspringen nun die ganzen Versuche, Experimente und die Beschreibung der entsprechenden Apparate dazu und wollen nur das Ergebnis angeben, weil das für die Thematik dieses Buches allein maßgeblich ist.

Eigentlich gelang die Aufklärung erst so richtig am Anfang des 20. Jahrhunderts, wenn auch für die Zukunft noch einige Erkenntnisse zu erwarten sind, denn die Entwicklung der Theorie ist noch nicht zu Ende, wenn sich auch ein Abschluß abzuzeichnen beginnt.

Eine bei der „Zerlegung" der Materie gemachte allgemeine Erfahrung ist aber besonders interessant. Es stellte sich nämlich heraus, daß die Größe der „Masseteilchen", aus der die Materie besteht, eine bestimmte immer wiederkehrende Konstanz und Ordnung besitzt, wobei die Größe auch wesentlich von der Energie abhängt, die bei der Zerlegung eingesetzt wurde.

Anders gesagt: Es treten immer nur *bestimmte Größen der Masseteilchen* auf, deren weitere Zerlegung (Erhöhung der Energie) wieder bestimmte *diskrete* Massenwerte liefert.

Da aber die Zerlegung ebenfalls mit Materieteilchen durchgeführt wird, die man mit den Teilchen der zu untersuchenden Materie in Kontakt bringt, etwa durch Beschuß oder durch Streuung der Teilchen aneinander, und man seit Einstein (1905) weiß, daß Energie (E) und Masse (m) äquivalent sind, also ineinander umgewandelt werden können ($E = m \cdot c^2$), treten bei diesen Versuchen weitere Masseteilchen auf, die erst während des Experimentes entstehen (c bedeutet die Lichtgeschwindigkeit)!

Wir sehen, die Vorgänge sind keineswegs einfach, aber es ist den Physikern doch gelungen, eine Menge Licht in die Problematik zu bringen.

Faßt man alles zusammen, so ergibt sich folgendes Bild: Auf der *ersten Ebene*, also bei Anwendung geringerer Energien und notwendiger experimenteller Geschicklichkeit erfahren wir, daß alle Materie aus *Atomen* aufgebaut ist. Alle Eigenschaften der Materie ergeben sich aus den Eigenschaften dieser Atome, die untereinander verschiedene *Bindungen* eingehen können (Molekülbildungen). Die Atome haben verschiedene Gewichte (besitzen also verschiedene Massen), aber die verschiedenen *Atomgewichte* stehen in bestimmten Zahlenverhältnissen zueinander, so daß daraus der Schluß gezogen werden kann, daß sie aus noch kleineren Materieteilchen bestehen, die nahezu alle die gleiche Masse haben.

In der räumlichen Ausdehnung der Atome existieren keine scharfen Grenzen – die Masse des Atoms verdünnt sich nach außen immer mehr (gleiche Volumina enthalten immer weniger Masse), wenn wir einmal von einem kugelförmigen Atom ausgehen. Die wesentliche Ausdehnung, also der Bereich, in welchem sich der größte Teil der Masse befindet, beträgt ungefähr 0,000000001 m. Im Inneren existiert ein sehr kleiner Bereich (etwa 0,000000000000001 m) extrem hoher Massendichte, den wir den *Atomkern* nennen. Die Bildung von Atomaggregaten (Molekülen, chemischen Bindungen) geschieht mit Hilfe der äußeren Bereiche. Die (chemischen) Bindungen können verschieden stark sein. Doch gibt es eine Obergrenze, die mit der Energie zusammenhängt, die für die hier erwähnten Experimente aufgewendet werden muß, wenn Moleküle in Atome zerlegt werden sollen (erste Ebene).

Die Atome sind im allgemeinen elektrisch neutral, doch kommen auch positiv und negativ geladene Atome (sogenannte *Atomionen*) vor. Auch Moleküle können geladen sein (*Molekülionen*).

Auch die ermittelten Atomgewichte (Massen) zeigen eine obere Grenze.

Fundamental ist die Erfahrung, daß die Atome mit dem Begriff des *chemischen Elementes* zusammenhängen, denn es zeigt sich, daß sehr große Ansammlungen von Atomen (die Bindungen untereinander eingehen) mit (fast) gleichen Atomgewichten zu Materiestrukturen führen, die z.B. reinem Blei, Natrium, Jod, Kupfer oder anderen Elementen entsprechen (Kristalle). Einige Elemente liegen auch flüssig oder gasförmig vor, wenn die Temperatur nicht zu tief liegt. Entsprechend gibt es dann auch Mischformen zwischen den Elementen, mit denen sich ja ganz besonders die Chemie beschäftigt. Diese Mischformen können ebenfalls fest, flüssig oder gasförmig sein und ganz verschiedene Konsistenzen besitzen, wie etwa ölig, hart, gummiartig, spröde usw.

Die verschiedenen Farben der Verbindungen rühren daher, daß die Atome und Moleküle Licht verschiedener Farbe aufnehmen und abgeben können, wobei sie sogar die *Lichtenergie* für kürzere oder längere Zeit speichern können, sodaß die Energie auch zum Lösen oder Bilden von chemischen Bindungen Verwendung finden kann, wenn die eingestrahlte Lichtenergie dazu ausreicht.

Schließlich führen die Atome in den Molekülen, neben den möglichen Flugbewegungen des Gesamtsystems im Raum, Schwingungen und/oder Rotationen (der Molekülteile gegeneinander) aus, deren Intensität ein Maß für die Temperatur der Materie ist. Materie ist umso wärmer, je mehr und je heftiger Atom- und Molekülschwingungen angeregt sind, also je größer die Amplituden der Schwingungen sind und je größer die Energie ist, die in den Rotationen steckt. Auch die Energie der Flugbewegungen trägt zur Erhöhung der Temperatur bei.

In der Steigerung dieser Vorgänge kann feste Materie dann flüssig werden oder sogar verdampfen. Grundsätzlich sind Atom- bzw. Molekülbewegungen als Ausdruck der Bewegungsenergie ein Maß für die Temperatur der Materie, so daß man sagen kann, daß ein eindeutiger Zusammenhang zwischen *Bewegungsenergie* der Atome und Moleküle und der *Temperatur* der entsprechenden Materie besteht.

Und das Wichtigste: Atomanordnungen in den Molekülen können sich verändern, Atom- oder Molekülteile können hinzukommen oder abgetrennt werden, so daß Materie verschiedener Eigenschaften entstehen kann. Solche Vorgänge nennen wir *chemische Reaktionen*. Es ist dabei zu bedenken, daß sich dadurch einmal in dem Molekül selbst die Atomlagen zueinander ändern können, zum anderen können neue Atome und Atomsysteme hinzutreten oder abgetrennt werden, um neue Moleküle zu bilden. In welchem Aggregatzustand (fest, flüssig, gasförmig) sich Materie befindet, hängt also wie schon gesagt von der jeweiligen Temperatur sowie von der inneren Struktur aus Atomen oder Molekülen ab. Aber auch der Einfluß stattfindender Reaktionen kann den Zustand der Materie in Abhängigkeit von der Temperatur sehr verändern.

Unter anderem gelingt es zum Beispiel zu erreichen, daß wir einen Stoff vor uns haben, der aus *gleichen Molekülen* (oder Atomen) besteht. Hier kommt es dann bei bestimmten Temperaturbereichen zur Kristallbildung, in welcher die Moleküle (oder Atome) nach ganz bestimmten Regeln und Gesetzen zu einer Raumstruktur aufgebaut sind. Das entspricht genau dem Kristallaufbau bei Systemen von *gleichen Atomen*, wie wir das oben schon erwähnten, so daß jeder Kristall dadurch charakterisiert werden kann, daß man angibt, wie die einzelnen Moleküle (oder Atome) zueinander im Raum (*Gleichgewichtslagen*) liegen. Derartige Kristallstrukturen sind besonders dadurch ausgezeichnet, daß sich die Anordnungen periodisch wiederholen, wenn man durch den Kristall „hindurchgeht".

Um diese Gleichgewichtslagen führen die Atome bzw. Moleküle die oben erwähnten Schwingungen und Rotationen aus, deren Intensität wie gesagt ein Maß für die Temperatur der Materie ist. Bei höheren Temperaturen können dann diese Kristallstrukturen zerfallen, der Stoff wird flüssig und schließlich bei noch höheren Temperaturen gasförmig, wobei die Atome oder Moleküle dann frei im Raum herumfliegen können. Ist dieses Gas eingeschlossen, so entsteht durch die Bewegungen der Atome bzw. Moleküle, die dabei gegen die Wände stoßen, der bekannte Gasdruck, der wie zu erwarten mit der Temperatur ansteigt.

Natürlich können auch Kristalle aus verschiedenen *Molekül*(Atom-)-*typen* aufgebaut sein, was bei bestimmten Temperaturbereichen ebenfalls zu ganz bestimmten Raumstrukturen führen kann. Sind die Raumstrukturen nicht sehr ausgeprägt oder gar nicht mehr vorhanden, ohne daß der Stoff flüssig wird, so sprechen wir von einem Stück *amorpher* Materie (Glas ist z.B. eine amorphe Substanz).

Man sieht also, daß die ganze Situation ziemlich kompliziert ist und zu fast unübersehbaren Möglichkeiten führt, wie sich Materie mit Hilfe von Atomen und Molekülen strukturieren kann. Und es sei schon vorweggenommen, was wir später noch näher ausführen wollen: Diese Systeme sind wiederum aus *Elektronen und Atomkernen* aufgebaut. Wir sehen – und das ist unsere erste wesentliche und weitreichende Erkenntnis (durch Erfahrungen und Denken gewonnen) –, daß die Wechselwirkungen der Atome untereinander alle unsere Erfahrungen mit Materie abdecken, soweit sie energetisch der ersten Ebene zugeordnet werden können, also einem Energiebereich, der ungefähr den Energien entspricht, die wir aufwenden müssen, um aus Atomen und Molekülen Ionen zu machen (Ionisierungsenergien) oder Moleküle in Atome zu zerlegen (Bindungsenergien). Schwingungs- und Rotationsenergien sind im allgemeinen kleiner als die eben genannten Energiebeträge.

Das ist also auch so ungefähr der Energiebereich, in dem wir praktisch alle Alltagserfahrungen um uns herum machen: im Rahmen der chemischen Vorgänge, wenn wir Kontakt mit unserer Umwelt aufnehmen oder miteinander Informationen austauschen. Um einen ungefähren Anhaltspunkt zu haben – genauer läßt es sich nicht sagen –, handelt es sich dabei um Energien und Energiedifferenzen, wie sie z.B. u.a. auch in unseren Küchen oder ähnlichen Einrichtungen auftreten. Etwas genauer könnte man vielleicht sagen, es sind die Energiebeträge, die maximal den chemischen Bindungen zwischen den Atomen entsprechen und die man aufwenden muß, um diese Bindung zu trennen, damit die Atome „frei zu betrachten" sind und gegebenenfalls untersucht werden können. Dieser Energiebereich gehört zur chemischen Erfahrung, und die obigen Beispiele sollten nur einen ungefähren Eindruck ermöglichen.

Es sollte noch erwähnt werden, daß im biologischen Bereich wegen der vorliegenden geringeren Temperaturen die wirksam werdenden Energien eigentlich noch geringer sind, und man sollte daran erinnern, daß bei unserer Körpertemperatur daher sehr viele chemische Reaktionen nicht mehr möglich sind und das Leben damit in einem vergleichsweise kleineren Energiebereich abläuft. Daß Leben dennoch ein so großer Erfolg geworden ist, beruht auf einem Prozeß, den man *Katalyse* nennt. Darunter verstehen wir die Erfahrung, daß bestimmte Reaktionen trotzdem ablaufen können, wenn bestimmte andere Verbindungen dabei zugegen sind, die sich selbst nicht unmittelbar und sich nicht verändernd an der chemischen Reaktion beteiligen. Diese Verbindungen nennen wir *Katalysatoren*. Die Katalyse spielt im biologischen Geschehen eine derartige zentrale Rolle, daß ohne sie schon der Aufbau einfachster organischer Systeme nicht möglich gewesen wäre, geschweige denn die Vorgänge bei Pflanzen, Tieren und bei uns selbst. Die Katalysatoren können einzelne Atome, aber auch Moleküle sein.

Aus den wenigen Hinweisen erkennen wir, wie vielfältig die verschiedenen chemischen Reaktionen sein können, welche unübersehbare Mannigfaltigkeit von chemischen Bindungen möglich ist und wie schließlich diese Kräfte den räumlichen Aufbau von Atomen und Molekülen zueinander bestimmen. Wir dürfen dabei nicht vergessen, daß schließlich alles aus Atomen aufgebaut ist, wobei nur eine endliche Anzahl von chemischen Elementen („Atomtyp") zur Verfügung steht (knapp über 100).

Das *Atom* also – soweit ist es jetzt erkannt worden – bestimmt unsere Erfahrungen, unseren *Erfahrungsbereich mit Materie* im oben dargelegten Sinne, indem die Atome untereinander verschiedene und zeitweilige Verbindungen eingehen können und Schwingungen und Rotationen ausführen. Das ist die oben vorerst vage angegebene Massenstrukturierung der Materie!

Mit diesen Ausführungen haben wir aber auch gleichzeitig dargelegt, um welchen Erfahrungsbereich im Sinne unserer Alltagserfahrung (Energiebereich) es sich hier handelt, wenn wir von Materie sprechen, und auch, um was es in diesem Zusammenhang geht: Es sind die Atome mit ihren vielfältigen Möglichkeiten der chemischen Bindungen, wobei wir jetzt etwas vereinfacht unter „chemischer Bindung" alle Wechselwirkungen zwischen Atomen verstehen wollen, die zu einer Bindung führen können, denn in Wirklichkeit muß da noch ein wenig unterschieden werden, was allerdings für unsere Belange weniger von Bedeutung ist.

Ich wünsche mir, daß erkannt worden ist, um was es mir bei den letzten Seiten ging. Es war nicht mein Anliegen, Ihnen in allen Einzelheiten die Experimente und Überlegungen zu schildern, die zu diesen Ergebnissen geführt haben. Ich hätte dann den apparativen Aufbau beschreiben und den Leser mit einigen Zahlen und Daten konfrontieren müssen. Schließlich wäre mehr Physik erforderlich gewesen, denn viele der Untersuchungen zur Zerlegung der Materie, die zur Einsicht in ihre innere Struktur führen, sind mit dem Einsatz von Strahlung verschiedener Art verbunden, und es wäre erforderlich gewesen, auf die Wirksamkeit und das Verhalten dieser Strahlen näher einzugehen. Denn man erfährt nur etwas, wenn man auch die Eigenschaften der Sonde kennt, die mit dem Versuchsobjekt in Wechselwirkung gebracht wird und die dann „verraten" soll, was sie vorfindet. Das alles können Sie ausführlich in anderen Büchern sehr gut nachlesen.

Nein – es ging mir vielmehr darum, den allerwesentlichsten Hergang zu zeigen, die grundlegenden Zusammenhänge in variablen Wiederholungen darzulegen, um auf diese Weise der Materie auf der Spur zu bleiben, was ja das Hauptanliegen dieses Buches ist.

Man möge mir die Einfachheit, ja die Banalität, verzeihen, mit der ich bisher an das Problem heranging. Eine solche Darstellung im Überblick und auf alle Details verzichtend sollte aber am Anfang eines Buches stehen, welches den „Sinn" und die vielschichtige Bedeutung der Materie für unser Leben aufzeigen will. Details (die später soweit wie nötig kommen müssen) hätten – so meine ich – am Anfang abgelenkt. Vielleicht gelingt es schon jetzt – mag auch vieles von dem hier Vorgebrachten schon bekannt gewesen sein –, daß jeder von uns beim „bewußten" Anblick jeder Materie oder beim „Begreifen" spürt, was er da vor sich hat. Dabei könnte dann vielleicht schon andeutungsweise ein Gefühl der Achtung vor der Natur aufkommen, zu der wir ja mit unserem Körper und seinen Reaktionen selbst gehören und daß letzten Endes zwischen einem Stein und uns Menschen, zwischen der Erde und allen Lebewesen eine Verbundenheit besteht, die durch die verschiedenen Wechselwirkungen der Atome gewährleistet wird!

Wir stehen allerdings noch ganz am Anfang unserer Betrachtung, denn noch ist offen, wie Geist und Seele in diesem Zusammenhang zu sehen sind. Bisher sind die Probleme und Fragestellungen nur verschoben worden. Anstelle der Materieerfahrung allgemein stehen nun die Atome mit ihren Wechselwirkungen zur Diskussion. Was also können wir Näheres über Atome erfahren? Aus was bestehen sie?

Dazu müssen wir eine weitere, energetisch höhere (*zweite*) *Ebene* des Energieeinsatzes betrachten. Und nun zeigt es sich, daß eine *Vereinheitlichung* auftritt! Waren bisher die Atome für alle so unglaublich vielfältigen Erfahrungen mit Materie heranzuziehen – und es gibt eine ganze Menge Atome verschiedener Masse, wie wir oben feststellten –, so erfahren wir nun, daß alle Atome aus zwei sehr verschiedenen Masseteilchen aufgebaut sind und zwar immer nach dem *gleichen Prinzip*!

Das sind die unvorstellbar kleinen *Elektronen* und die „etwas" größeren *Atomkerne*, wie wir es oben schon einmal andeuteten.

Elektronen sind alle negativ geladen und besitzen eine Masse von sage und schreibe 10^{-30} kg[1] (wir können die Angabe z.B. in kg machen, da wir ja, wie wir oben zeigten, die Massen im Schwerefeld der Erde durch

---

[1] 10^{-30} bedeutet 0,0 ... „29 Nullen" ...1. Näheres siehe Kapitel 7.

Wiegen bestimmen können). Ihre Ladung ist die kleinste Ladung, die wir in der Natur frei beobachten und entspricht $1,9 \times 10^{-19}$ Coulomb (C). Das Coulomb ist die Einheit der Ladung und entspricht einer Ladungsmenge, die durch einen Draht in einer Sekunde fließt, wenn der Strom 1 Ampère beträgt. Der elektrische Strom ist bewegte negative Ladung, die aus Elektronen besteht. Wir nennen die Elektronenladung *Elementarladung, -e*. Die Elektronenmasse wollen wir mit m_e bezeichnen. Neben diesen beiden Eigenschaften der Elektronen verhalten sich diese darüber hinaus wie „kleine Kreisel". Sie besitzen also – wie man sagt – einen Drehimpuls, den man auch „Spin" nennt und schließlich zeigen sie, daß sie „kleine Magnete" sind, deren Richtung mit dem Spin zusammenfällt.

Mehr als diese vier Eigenschaften haben die Elektronen nicht zu bieten. Aber das genügt, um unsere Atome aufzubauen. Mit anderen Worten: *Alle Elektronen* haben nur diese vier Eigenschaften – sie *sind also nicht unterscheidbar*, was sich jetzt so einfach hinschreiben läßt. Aber die Folgen dieser Feststellung, wie wir noch sehen werden, sind weitreichend und fast unübersehbar.

Atomkerne dagegen haben größere Massen (der kleinste Atomkern hat ungefähr 1834 mal so viel Masse wie ein Elektron) und sind immer positiv geladen, wobei diese Ladung immer ein ganzzahliges Vielfaches ($Z=1,2,3...$) einer positiven Ladung ist, die dem Werte nach der Elektronenladung (also der Elementarladung) entspricht. Atomkerne tragen also die Ladung $+Ze$.

Hier stellt sich sofort die Frage – und sie ist fundamental – wie schafft es ein Atom, welches aus n negativen Elektronen besteht, wobei der dazugehörige Atomkern Z-fach geladen ist ($Z = n$, damit das Gesamtsystem nach außen hin neutral ist), sich zu stabilisieren, da sich der Z-fach geladene Kern und n Elektronen wegen der verschiedenen elektrischen Ladungen anziehen?

Dabei wissen wir aus Erfahrung, daß sich die n Elektronen um den Atomkern herum verteilen, weil sie nur dort bei chemischen und bestimmten Strahlungsvorgängen beobachtet werden. Anders ausgedrückt: n negative Elektronen bilden eine „Elektronenhülle" um den positiven Atomkern herum!

Als diese Tatsachen Anfang des 20. Jahrhunderts feststanden und immer wieder im Experiment bestätigt wurden, waren die Wissenschaftler einfach nicht in der Lage, eine Antwort auf diese Frage zu geben, und wir wollen uns die Antwort auch – wegen ihrer enormen Wichtigkeit – bis zum 5. Kapitel aufheben.

Dagegen soll vorerst noch ein anderer Aspekt behandelt werden. Zuerst stellen wir fest, daß die verschiedenen *Atomgewichte* näherungsweise auch als Atom*kern*gewichte betrachtet werden können, weil die kleinen Elektronen kaum etwas zum Gesamtgewicht des Atomes beitragen. Wollen wir also Näheres über das Atom erfahren, so müssen wir uns einmal mit dem Elektronensystem beschäftigen, zum anderen aber auch die Frage stellen, wie der Atomkern beschaffen ist.

Dazu müssen wir unseren Erfahrungsbereich erweitern und durch höheren energetischen Aufwand zur *dritten Ebene* übergehen.

Dabei zeigt sich, daß Elektronen wohl offenbar zu den elementaren Bausteinen der Materie gehören, denn sie lassen sich nicht „zerlegen", auch wenn beim Aufwand sehr großer Energien („Zusammenstoß" mit anderen Teilchen) kurzzeitig neue Teilchen entstehen.

Der Atomkern dagegen erweist sich als aus sogenannten *Nukleonen* bestehend, von denen es zwei Arten gibt, die praktisch die gleiche Masse (das 1834fache des Elektrons) besitzen: Das *Proton*, welches eine positive Elementarladung ($+e$) trägt, und das *Neutron*, welches ladungslos (neutral) ist.

Jetzt verstehen wir auf einmal das Aufbauprinzip zum Atomgewicht, denn der kleinste Atomkern besteht offenbar aus einem Proton.

Ein Z-fach positiv geladener Atomkern sollte danach aus Z Protonen und einer bestimmten Anzahl von Neutronen bestehen, wobei in der Regel (wie sich zeigte) die Anzahl der Protonen und Neutronen ungefähr gleich ist. Das Atomkerngewicht entsteht also aus der Summe der Massen von Protonen und Neutronen in einem Kern. Die verschiedenen M-Werte (Anzahl der Nukleonen im Kern) bei *gleichem* Z stellen (wenn vorhanden) die *Isotope* eines Elements dar.

Fragen wir aber nicht weiter, wie es der Atomkern „fertigbringt", Z-positive Protonen mit Hilfe der Neutronen zusammenzuhalten. Diese Antwort ist von den Kernphysikern gegeben worden! Aber das ist Kernphysik und daher nicht das Thema dieses Buches.

Wir wollen uns vielmehr weiterhin mit den *chemischen Fragestellungen* beschäftigen, und diese sind zu formulieren und zu verstehen – und zwar vollständig. Setzen wir also nun die *Materie aus Elektronen und Atomkernen* aufgebaut voraus! Aus dieser Tatsache können wir (wir besprachen es oben) alle chemischen und physikalischen Erfahrungen ableiten, wie wir dies in den nächsten Kapiteln noch genauer und näher zeigen und begründen werden.

Unter diesen Aspekten ist es durchaus sinnvoll, von einer sogenannten „*chemischen Materie*" zu sprechen, indem wir die Auffassung vertreten, daß in unserer Betrachtung Materie aus Elektronen und Atomkernen besteht und daß *alle* chemischen Erfahrungen letzten Endes auf das Verhalten *dieser* Teilchen zurückgeführt werden können!

Betrachten wir es aber nochmals von einer anderen Seite: Wollen wir alle Erfahrungen erfassen, die wir mit der Materie machen, angefangen von den sogenannten anorganischen Systemen bis hin zu den organischen und biologischen Bereichen einschließlich uns Menschen selbst, so ist die Annahme des Grundaufbaus der Materie aus Atomen, also aus Elektronen und Atomkernen offenbar hinreichend! Der innere Aufbau der Atomkerne ist nur insofern entscheidend, daß er mit seiner Kernladung Z und M die zu erwartenden chemischen Eigenschaften beeinflußt. Dabei müssen wir noch nachtragen, daß es allein die *Kernladungszahl Z* ist, die *das entsprechende chemische Element festlegt*. Die Anzahl der Nukleonen (M) kann nur ein wenig die Rotationen und Schwingungen in den Molekülen beeinflussen und legt den Gesamtspin des Atomkerns fest.

Wir wissen, daß wir mit $Z = 1$ (also 1 Proton) den Kern eines Wasserstoffatomes vor uns haben. In der Natur existieren aber noch zwei weitere *Isotope* des Wasserstoffatoms (Symbol H), in deren Kernen sich neben dem Proton noch ein oder zwei Neutronen befinden ($M = 2$ oder 3). Wir nennen die Systeme Deuterium (D) und Tritium (T). Chemisch gesehen handelt es sich aber immer um Wasserstoff, denn die chemischen Bindungen, die diese Isotope eingehen können, sind die gleichen wie beim Wasserstoff mit $M = 1$. Auch sonst zeigen diese drei Wasserstoffatomsorten gleiches Verhalten gegenüber elektrischen und magnetischen Einflüssen. Erst wenn sich ein Wasserstoffatom bewegt, etwa in einem Molekül Schwingungen ausführt oder sich an Rotationen von

Systemen beteiligt, ist auch die entsprechende Atommasse (Atomgewicht) von Bedeutung, weil dann bei den Bewegungen seine Massenträgheit (siehe oben) das Ergebnis beeinflußt.

Neben dem H-Atom, in welchem sich ein Elektron um den Kern (Proton) befindet, kennen wir noch das *Atomion* H^+ (ein Proton allein, also sozusagen ein Wasserstoffatom ohne Elektron) und H^-, in welchem sich zwei Elektronen um das Proton herum befinden. Entsprechend sind die Isotope D, D^+ und D^- bzw. T, T^+ und T^- aufgebaut.

H^{2-} (oder H^{--}) ist nirgends beobachtet worden, offenbar instabilisiert die große Anzahl negativer Elektronen das System, so daß es (wenn man es herstellen will) in H^- + e bzw. H + 2 e zerfällt!

Für $Z = 2$ haben wir mit 2 Elektronen das Heliumatom (He) vor uns, welches keine chemischen Bindungen eingeht.

Und so geht es weiter über $Z = 3$ (Lithium, Li), $Z = 11$ (Natrium, Na), $Z = 92$ (Uran, U) bis wir bei $Z = 103$ (Lawrencium, Lr) ein gewisses Ende der Skala gefunden haben. In den letzten Jahren sind weitere Elemente mit größerem Z hergestellt worden ($Z = 113$). Nun muß aber betont werden, daß die meisten Elemente nach dem Uran (von wenigen Ausnahmen abgesehen) nur sehr kurzzeitig existieren, um dann zu zerfallen, so daß die meisten von ihnen heute in der Natur nicht vorliegen, sondern erst vom Menschen künstlich hergestellt worden sind.

Diesen Zerfall der Atome, der ein Zerfall der Atomkerne ist, nennen wir *Radioaktivität*, wobei er ohne äußere Einwirkungen vor sich geht! Auch für einige kleinere, spezielle Z-Werte kann Radioaktivität beobachtet werden (bei Isotopen), indem die entsprechenden Atomkerne wieder spontan in Bruchstücke zerfallen oder Strahlung aussenden, worauf wir nicht näher eingehen wollen, weil es wieder ein Thema der Kernphysik ist. Obwohl wir aber dabei nicht verkennen sollten, daß Radioaktivität besonders ein Existenzproblem für die Materie in Form organischer Systeme sein kann, besonders dann, wenn die Anzahl der radioaktiven Atomkerne (Atome) ein gewisses Maß überschreitet, zumal eine „Beseitigung" solchen radioaktiven Materials aus naturgesetzlichen Gründen nicht möglich ist! Insbesondere dann, wenn sich dieses Material überall verteilt und dann in seiner Wirkung immer gefährlicher wird. Auch diese Verteilung (Zerstreuung) folgt wieder Naturgesetzen, was wir in diesem Zusammenhang nur kurz erwähnen wollen.

Man hat die einzelnen chemischen Elemente in einer Tafel zusammengefaßt (Bild 1), die wir das *Periodensystem der Elemente* nennen. Vorerst nur soviel, daß diese Anordnung so getroffen werden kann, daß bestimmte chemische und physikalische Eigenschaften der Elemente in diesem System senkrecht und waagerecht einen gewissen stetigen Verlauf zeigen!

Das bedeutet offenbar, daß der Aufbau der Elektronenhüllen in Abhängigkeit von der Elektronenzahl nach bestimmten Prinzipien ablaufen muß und daß alle Elektronenhüllen (Atome) in irgendeiner Weise strukturell zusammenhängen müssen.

Dabei zeigt sich, daß jede „Zeile" eine gewisse, wenn auch nicht vollständige Wiederholung chemischer Eigenschaften – gegenüber der vorherigen – aufweist, wenn man die Z-Zählung beachtet. Die Elemente in den „Spalten" zeigen gewisse Ähnlichkeiten, die allerdings für größere Z nicht mehr so einfach zu erkennen sind, aber gültig bleiben.

Das ging so weit, daß am Anfang, als noch nicht alle Elemente bekannt waren, deren zu erwartende Eigenschaften auf diese Weise schon richtig vorhergesagt werden konnten.

Es braucht nicht betont zu werden, wie wichtig das Periodensystem der Elemente für den Chemiker ist, besonders wenn es mit weiteren Informationen für den Wissenschaftler ausgestattet ist. Aber abgesehen davon sollte das Grundsätzliche über das Periodensystem der Elemente und dessen Bedeutung eigentlich zum Bildungswissen eines jeden aufgeschlossenen Menschen gehören!

Wir jedenfalls können auf die Frage in der Überschrift dieses Kapitels die Antwort geben:

„Chemische Materie" besteht in dieser Sicht aus Elektronen und Atomkernen, die die Atome repräsentieren, und diese Atome sind die Bausteine der Materie. Ihre Anordnung in festen, flüssigen oder gasförmigen Materialien, insbesondere unter Berücksichtigung der einzelnen Molekül- oder Kristallstrukturen, bestimmen alle Eigenschaften der Materie und legen somit den oben erwähnten Erfahrungsbereich fest.

Die *Wellenmechanik* kann darüber hinaus vollständige Aussagen über Elektronen und Atomkerne (Atome) machen und gilt *unbegrenzt* für alle größeren Systeme von Atomen. Wir verwenden bewußt den Ausdruck "unbegrenzt". Die Erfahrung hat nämlich gezeigt, daß es bisher keinen Anlaß gibt, die wellenmechanischen Prinzipien zu erweitern (oder zu verändern), wenn die zu betrachtenden Systeme immer größer werden.

Fragt sich also, ob wir damit wirklich alles – auch das Leben – erfassen können, oder im Sinne des Buchtitels: Ist Materie mehr als Materie, oder haben wir mit Materie nur einen Teil der Wirklichkeit erfaßt?

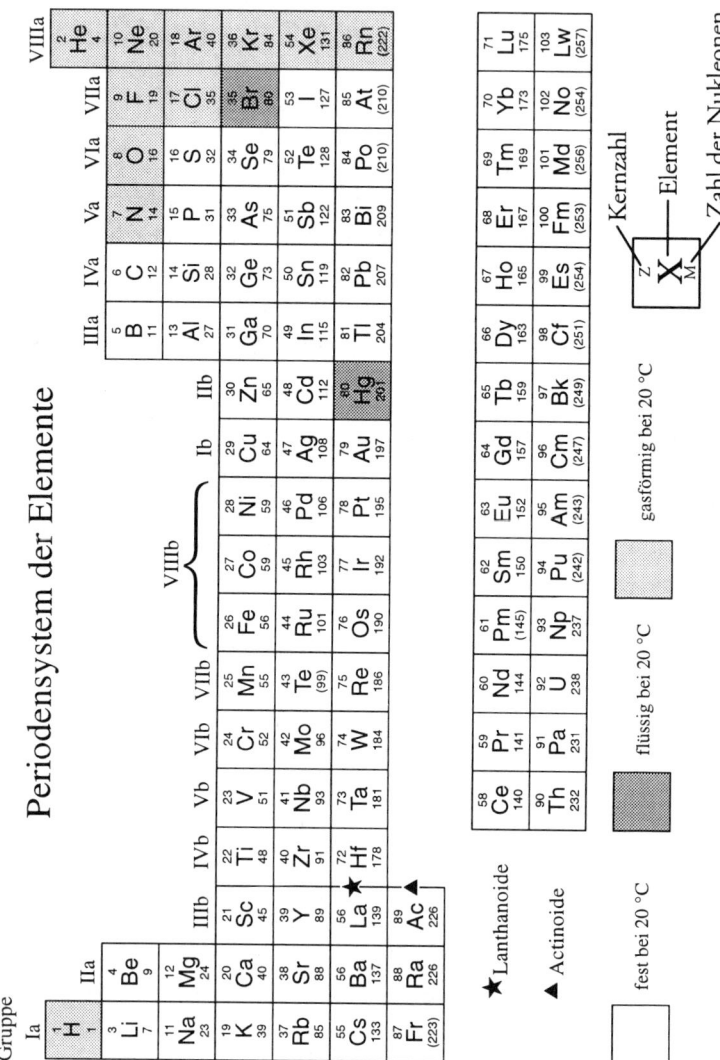

Bild 1   Periodensystem der Elemente

Symbol	Elementname	Symbol	Elementname	Symbol	Elementname
Ac	Actinium	Ge	Germanium	Pr	Praseodym
Ag	Silber	H	Wasserstoff	Pt	Platin
Al	Aluminium	He	Helium	Pu	Plutonium
Am	Americium	Hf	Hafnium	Ra	Radium
Ar	Argon	Hg	Quecksilber	Rb	Rubidium
As	Arsen	Ho	Holmium	Re	Rhenium
Au	Gold	I	Iod	Rh	Rhodium
At	Astat	In	Indium	Rn	Radon
B	Bor	Ir	Iridium	Ru	Ruthenium
Ba	Barium	K	Kalium	S	Schwefel
Be	Beryllium	Kr	Krypton	Sb	Antimon
Bi	Wismuth	La	Lanthan	Sc	Scandium
Bk	Berkelium	Li	Lithium	Se	Selen
Br	Brom	Lu	Lutetium	Si	Silicium
C	Kohlenstoff	Lw	Lawrencium	Sm	Samarium
Ca	Calcium	Md	Mendelevium	Sn	Zinn
Cd	Cadmium	Mg	Magnesium	Sr	Strontium
Ce	Cer	Mn	Mangan	Ta	Tantal
Cf	Californium	Mo	Molybdän	Tb	Terbium
Cl	Chlor	N	Stickstoff	Tc	Technetium
Cm	Curium	Na	Natrium	Te	Tellur
Co	Cobalt	Nb	Niob	Th	Thorium
Cr	Chrom	Nd	Neodym	Ti	Titan
Cs	Cäsium	Ne	Neon	Tl	Thallium
Cu	Kupfer	Ni	Nickel	Tm	Thulium
Dy	Dysprosium	No	Nobelium	U	Uran
Er	Erbium	Np	Neptunium	V	Vanadium
Es	Einsteinium	O	Sauerstoff	W	Wolfram
Eu	Europium	Os	Osmium	Xe	Xenon
F	Fluor	P	Phosphor	Y	Yttrium
Fe	Eisen	Pa	Proactinium	Yb	Ytterbium
Fm	Fermium	Pb	Blei	Zn	Zink
Fr	Francium	Pd	Palladium	Zr	Zirkonium
Ga	Gallium	Pm	Promethium		
Gd	Gadolinium	Po	Polonium		

2 Warum wir soviel wissen wollen (sollten)

Mancher Leser mag sich ein wenig über den Titel wundern. Bringt so ein Thema überhaupt etwas? Lohnt es sich, dafür ein ganzes Kapitel anzusetzen?

Ich bin fest davon überzeugt, daß Probleme, die mit dem obigen Thema zusammenhängen, letzten Endes Schicksalsfragen der Menschheit sind und die Frage nach ihrer Existenz – nach ihrem Überleben – stellen!

Nach dem Reaktorunglück von Tschernobyl im Jahre 1986 war ich oft auf Reisen und sprach mit vielen Menschen. Damals begriff ich erstmals das volle Ausmaß der Katastrophe (die übrigens keineswegs ein GAU (= größter anzunehmender Unfall) war), denn nicht nur, daß es geschehen konnte, was jeder einigermaßen wissenschaftlich Gebildete sowieso erwartet hatte, sondern – noch schlimmer – viele Menschen, mit denen ich zusammentraf, hatten überhaupt keine Ahnung, was wirklich passiert war. Das möchte ich als den Kern der Katastrophe bezeichnen!

Dies lag nun nicht nur an der anfangs schlechten Informationslage, sondern besonders daran, daß viele Personen, mit denen ich darüber sprach, überhaupt nicht wußten, was z.B. Radioaktivität ist, was Becquerel bedeutet und was man unter Halbwertszeiten zu verstehen hat. Ganz zu schweigen davon, daß ihnen die grundsätzlichen Wirkungsweisen eines Kernreaktors völlig unbekannt waren, hatten sie keine Ahnung von den Gefahren, die damals, nachdem das Unglück eingetreten war – es war übrigens nicht das erste seiner Art –, uns allen drohte. Die Zahl der Menschen, die wegen Tschernobyl gestorben sind und noch sterben oder sehr krank sein werden, ist größer, als man gemeinhin denkt, zumal der Nachweis über ihre Anzahl nicht nur aus politischen Gründen schwierig ist. Sicher ist die Zahl wesentlich größer, denn viele Einflüsse des Unglücks wirken in die folgenden Generationen hinein.

Die ganze Situation ist umso erstaunlicher, da wir seit der ersten Atombombenexplosion gegen Menschen in Japan (1945) inzwischen eine ganze Menge über die Gefahren und besonders über die Rolle der Radioaktivität in unserer Gesellschaft wissen. Aber dieses Wissen verteilt sich nicht; es wird unserer Gesellschaft nicht bewußt.

Heute wissen wir auch, daß Radioaktivität in großer Menge nicht die Angelegenheit des Menschen auf unserem Planeten sein darf und daß der „Atomkern" letztlich nie ein Objekt des Marktes hätte werden dürfen. *Am Atomkern hat der Mensch seine Grenze gefunden!* Überschreitet er sie – und er hat sie bereits weit überschritten –, ist seine Existenz in Frage gestellt. Unaufhaltsam verteilt sich nach einem Naturgesetz die radioaktive Materie, und es ist eine Frage der Zeit, wann sie überall auf den Feldern, in der Luft und in den Menschen, die noch leben werden, zu finden ist. Und immer mehr wird sie angereichert, weil es offenbar für einige von uns keine Hemmungen gibt, immer mehr radioaktives Material herzustellen, für das es letztlich keine Notwendigkeit gibt! Wie konnte es eigentlich so weit kommen?

Wir haben einiges schon im ersten Kapitel angedeutet und wollen dies nun erweiternd ausführen.

Zuerst einmal verfügt die Öffentlichkeit überhaupt nicht über das notwendige Wissen und die Einsichten in die Zusammenhänge, um dazu Stellung nehmen zu können – und gegebenenfalls zu handeln!

Einige wenige haben das Wissen – und es ist weiter zu fragen, ob sie immer die Zusammenhänge kennen und wahrhaben wollen. Denn Wissen kann auch Pseudowissen sein, durchaus brauchbar, aber ohne Vernetzung, so daß viele Konsequenzen nicht möglich sind. Schließlich gibt es – bei einigen – Befangenheiten, Rücksichtnahmen, und schließlich möchte man auch zu denen gehören, die ohne Bedenken viel Neues schaffen, denn damit kann Ansehen und Belohnung verbunden sein. Also werden nicht mehr viele (von den wenigen) übrigbleiben, die alles so weit durchschauen und es auch sagen oder schreiben!

Eine andere relativ kleine Gruppe von Menschen, die Medien nennen sie die „Mächtigen" und die „Großen", braucht sich wegen der oben genannten Minderheit um diese Dinge wenig Sorgen zu machen!

Man bedient sich (in jeder Hinsicht) und kann überhaupt nicht einsehen, daß es Probleme geben soll. Man lebt gut – und die Wissenschaft und Technik wird's schon richten!

Die Mehrheit freilich, dessen bin ich mir sicher, weiß nicht um die Zusammenhänge, besonders nicht um jene, die vom wissenschaftlichtechnischen Aspekt herrühren. Hinzu kommen dabei oft die Ablenkungsmanöver in den Medien, die immer wieder vieles herunterspielen wollen. Es gibt viel zu wenig kritische Kommentare!

Wen wundert es da, daß Fragen nach der Materie, besonders ihre Rolle in unserer Gesellschaft, kaum auf Interesse stoßen.

„Lassen Sie mich damit in Frieden." sagte erst kürzlich jemand zu mir. „Ich verstehe das sowieso nicht. Und im übrigen kann ich damit nicht mein Geld verdienen." Recht hatte er auf seine Weise, aber mit dem Wissen (und den Einsichten) über die Zusammenhänge könnte vielleicht (wenn es genug Menschen dieser Auffassung gäbe) die Entwicklung beeinflußt werden, zumindest aber wäre manches Unglück und manche Katastrophe in der Vergangenheit nicht möglich gewesen, wenn eine ausreichend große Anzahl von Menschen dagegengestanden hätte – in Wort und Handlung!

Und wie steht es mit der Bemerkung „Verstehe das sowieso nicht"?

Hier wird ein ziemlich tiefes Problem angesprochen, an dem man nicht so leichtfertig vorbeigehen sollte.

Ist es wirklich wahr, daß die wissenschaftlichen Erkenntnisse einer breiten Öffentlichkeit nicht überzeugend und verständlich dargebracht werden können?

Sollte das wirklich so sein, so sind die Aussichten der Menschheit total hoffnungslos, wie aus dem oben Dargelegten dann leicht folgt. Das heißt, eine überwältigende Mehrheit der Menschheit könnte die Ursachen der Katastrophen nicht erkennen, auch nicht die anfänglichen Gefahren, und nur einige von ihnen werden von ihnen Ahnungen haben, ein „ungutes Gefühl" vielleicht, aber was soll es denn, so werden sie denken, ich lebe ja. Die Gegenwart ist meine Zeit. Und was wollen Sie eigentlich? Es läuft doch alles! Richtig – es läuft (und glänzt), aber wenn einiges nicht mehr laufen würde, kämen wir vielleicht nicht zur Katastrophe. Andernfalls steuern wir geradewegs darauf zu.

Nein – überlegen wir doch: Wenn alles technisch Machbare umgesetzt wird, und diese Möglichkeiten nehmen täglich zu, wenn keinerlei Bedenken bestehen, immer wieder alles zu verwirklichen (zum Kauf anzubieten), was nur auf irgendeine Weise Erfolg (Umsatz) verspricht, dann muß doch einfach die Zeit kommen, wo genug erreicht worden ist, um den Menschen existenziell zu schaden. Sie meinen, man würde es merken? – Und sogar bremsen? Womit? Jede Angst ist bisher überwunden worden, und da das Gefühl für Zusammenhänge in der Natur dabei verlorengegangen ist, gibt es auch keine Rücksichtnahmen – auf niemanden! Sie meinen, die Angst werde zunehmen? Zwischen Angst und Profit steht der Sieger immer fest, denn die Konkurrenz schläft nicht.

Also bleibt doch wohl *nur der Versuch übrig, Einsichten in die Kausalketten und Vernetzungen auf unserem Planeten zu gewinnen!*

Aber werden es ausreichend viele Menschen begreifen und verstehen, so viele, daß es ins Konkurrenzdenken eingreift?

Wer hier Bedenken hat, muß wohl heute als Realist gesehen werden. Aber was sollen wir sonst tun, als das Kühne zu wagen, selbst wenn es zu spät ist und es sich erweisen sollte, daß in einer Kapitalgesellschaft eine solche Entwicklung grundsätzlich nicht aufgehalten werden kann.

Wenn wir wissen, was der Mensch wirklich will, was seine Menschlichkeit für ihn selbst und für alle anderen Menschen der Erde bedeutet, dann müssen wir es versuchen – ja, koste es was es wolle, denn auch hier wird vorerst Geld erforderlich sein – ein Rückkopplungseffekt unserer Gesellschaft.

Ich sehe noch einen anderen – wenn Sie wollen positiven – Aspekt. Denn wenn wir die Chaosforschung richtig verstehen, so müssen wir sagen, daß die Entwicklungen von Systemen nicht vollständig voraussagbar sind, zumindest nicht für große Zeiträume. Das hat mit den Unsicherheiten zu tun, die grundsätzlich in einem System stecken, und wir werden im 6. Kapitel noch einmal auf dieses Thema von einer anderen Seite aus herangehen. Kleinste Ursachenänderungen, so sagt die Chaosforschung, können unvorhergesehene Folgen haben.

Nun, wäre das nicht eine Basis, auf der man Hoffnung haben könnte? Aber so einfach – meine ich – geht es wohl doch nicht. Gewiß können manche Prognosen von heute nicht ganz zutreffend sein. (Das mag auch vielleicht für meine eigene gelten.) Man bedenke aber, daß es viele

Extrapolationen aus heutiger Sicht gibt, die fast ausnahmslos (wenn sie unabhängig und ehrlich gemacht sind) eine Katastrophe nahelegen, wenn auch nur, das muß einmal hier gesagt werden, mit hoher Wahrscheinlichkeit. Aber das widerspricht wiederum nicht den Aussagen der Chaosforschung.

An diesen Wahrscheinlichkeiten müssen wir uns messen, und diese sprechen für Umdenken, Umempfinden und – Umschalten, denn letztlich ist alles Technik, was ganz praktisch hier im Vordergrund steht. Also Umdenken mit Technik – warum nicht? Denken Sie an Sonnenenergie. Und vergessen wir nicht, daß eine Gesellschaft ganz wesentlich davon geprägt, ja definiert wird, auf welche Weise und mit welcher Energie sie umgeht.

Aber alles gibt nur Sinn, wenn viele von uns die Naturzusammenhänge kennen, daraus Konsequenzen für ihr Leben ziehen, mit anderen Worten: Ist Wissenschaft unter's Volk zu bringen? Womit wir wieder bei der Überschrift dieses Kapitels wären.

Hier sind erst einmal einige Klarstellungen vorzunehmen. Wir hatten eben auf den Atom*kern* (und die Radioaktivität) verwiesen. Vergessen wir aber doch nicht, daß schon die Nutzung der *atomaren Wechselwirkungen zu Molekülen* und zu verschiedenen Strukturen der Materie (wie im ersten Kapitel dargelegt) neben ihren Vorteilen, die sie ohne Zweifel bringt, auch ihre nicht zu unterschätzenden Gefahren birgt. Und die sind ähnlich jenen, über die wir gerade gesprochen haben. Hier erhebt sich dagegen die Frage, wieweit die Nachteile minimiert werden können, ohne auf die Vorteile verzichten zu müssen. Diese Frage stellt sich nicht so, wenn es sich um Atomkerne handelt, da *Radioaktivität unbeeinflußbar* ist. So kann z.B. weder durch Druck, hohe Temperatur noch durch Verbrennung die Radioaktivität beseitigt werden!

Mit Hilfe der *Wechselwirkung zwischen Atomen* wird von uns alles hergestellt, was produziert werden kann und Gewinn verspricht. Auch hier würde es die Konkurrenz tun, wenn wir es nicht täten. Auf diese Weise haben wir uns mit der Zeit eine ganz neue Umwelt (Umgebung) geschaffen, die es früher nicht gab. Chemie – und nun sind wir wieder bei unserem eigentlichen Thema – hat unsere Welt auf eine Weise verändert, deren Folgen wir nicht mehr übersehen können, zumal diese Veränderungen sehr rasch und ohne viel Bedenken in bezug auf andere Effekte geschehen sind.

Wir können das oben Gefragte wiederum präzisieren: Können wissenschaftliche Erkenntnisse über Atome und Moleküle, also über Materie, in einer breiten Öffentlichkeit so dargestellt werden, daß es dem Einzelnen möglich ist, seine Meinung dazu zu bilden? Oder anders ausgedrückt: Kann „Materiewissen" zu einer allgemeinen Bildung weiter Kreise gemacht werden?

Ich meine, daß das erste Kapitel schon gut aufgezeigt hat, welche Rolle die Materie in unserer Gesellschaft und in deren Geschichte und Entwicklung spielt, und es wird später noch weiter gezeigt werden, wieweit der Materiebegriff geht und was er letzten Endes wirklich bedeutet. Der Titel des Buches deutet es ja schon an!

Also diese Erkenntnisse sind vorerst unser Thema. Und ich denke, daß es in der Öffentlichkeit besonders darum geht, die Motivationen zu wecken, sich mit diesen „Dingen" zu beschäftigen! Aber nun kommen wir an einen heiklen Punkt. Natürlich denken wir dann sofort an unsere Schulen, an die Medien, besonders an das Fernsehen, denn hier sollte doch die besagte Umstellung, der Aufbau der Motivation, erfolgen. Und die Elternhäuser? Schon während ich das alles aufschrieb, kamen mir beträchtliche Bedenken.

In den Medien herrschen weitgehendst der Klatsch, der Sport und der Krimi – eben Sensationen in jeder Form –, das gilt leider auch für viele Teile der Politik, wenn sie öffentlich sind.

Fragen wir provokativ. Läßt sich Wissenschaft sensationell „verkaufen"? Natürlich schon, zumindest einiges von ihr, aber bringen Sensationen – „der Kitzel" – die Erkenntnis und die Einsicht in die Zusammenhänge? Wohl weniger!

Könnten wissenschaftliche Erkenntnisse als „Wunder" angeboten werden? Nein, denn sie sind keines, und die Religionen haben immer ein eigentümliches Verhältnis zur Wissenschaft, besonders zu den Naturwissenschaften, gehabt.

Was bleibt also als letzte Möglichkeit? Ich meine, die Naturwissenschaften haben ihre eigenen, ganz unmittelbaren Motivationen. Sicher ist jedenfalls, daß die Umgebung, in der ein Mensch aufwächst, sehr wichtig ist. Es kann nicht früh genug begonnen werden, im Kind das Interesse an der Materie – in welcher Form auch immer – zu wecken. Neugier, die dann zum Wissensdrang werden muß, und Freude an Schönheit und Klarheit (wenn es nicht dasselbe ist) sollten die Ursachen dafür sein, daß ein junger Mensch zu den Naturwissenschaften findet!

Es geht hier darum, daß möglichst vielen Menschen, welchem Beruf sie später auch nachgehen mögen, ein Gefühl und dann eine Überzeugung vermittelt wird, daß das Wissen um Gesetze der Natur, um Zusammenhänge im Innern der Materie, zur Bildung gehören, zu einem Bewußtsein, welches dem Leben erst die nötige Breite und Tiefe geben kann, so wie es auch die Kunst vermag, wenn sie nicht zu sehr der Mode nachläuft.

Und darum sollten wir viel über diese Fragen und Antworten wissen, weil sie letztlich ein wesentlicher Teil unseres Menschseins sind.

Wir müssen von der Oberflächlichkeit wegkommen, mit der wir heute Materie betrachten und gebrauchen!

Ist es nicht bemerkenswert, daß wir doch fortwährend von Materie umgeben sind, selbst aus ihr bestehen und dennoch ihr eine so „minderwertige" Rolle in unserem Bewußtsein zuordnen? „Tot sei die Materie" meint man, und wer an sie glaubt oder sich intensiv mit ihr beschäftigt, gehe an den wirklichen geistigen und seelischen Gütern unserer Kulturgesellschaft vorbei.

Wer hat eigentlich einigermaßen überzeugend darlegen können, daß Geist und Materie getrennt behandelt werden müssen? Woher nehmen gewisse Philosophen oder Religionsgründer die Behauptung, daß Materie bis ins Innerste kausal und tot ist? Was hat eigentlich eine Maschine mit Materie zu tun? Sollte es uns nicht nachdenklich stimmen, daß unser Wort *Materie* mit dem lateinischen Wort *Mater* für Mutter verwandt ist? Haben es die alten Römer und auch die Hellenen vielleicht irgendwie gespürt, daß hier mehr vorliegt? Ein „Urgrund" vielleicht oder überhaupt die Lösung unserer Existenz!

Wie dem auch sei, unser Verhältnis zur Materie muß sich ändern. Das ist es, was wir oben unter Umdenken und Umempfinden meinten, denn damit beginnt alles, aber das werden wir erst so richtig verstehen, wenn wir am Ende alles gelesen und das Buch weggelegt haben.

3 Modelle, Hypothesen und schließlich Theorie

„Grau ist jede Theorie" sagte Goethe, und sicher hat ihm dabei nicht die heutige Vorstellung von Theorie vorgeschwebt. Er dachte wohl an so etwas wie 'abstrakte Hypothese', die mit dem wirklichen Leben nicht viel Gemeinsames hat, „saftlos" und irgendwie nicht gesichert! Inzwischen sind doch einige Jahre vergangen, Physik und Chemie haben sich entwickelt und uns sehr weitgehende Einblicke in die Struktur der uns umgebenden Welt geliefert.

In Anbetracht des so zahlreichen Wissens und der vielfältigen Erfahrungen wird man gezwungen, sich genauer darüber klar zu werden, wie wir Erfahrung machen, wie wir unser Wissen verarbeiten und was es letzten Endes bedeutet, wenn wir meinen, wir haben eine Sache verstanden!

Ich meine, daß diese Fragen eindeutig beantwortet, die Situation geklärt und die dazugehörigen Begriffe definiert sein müssen, wenn wir über die Form unserer Erkenntnis sprechen wollen.

Gerade hier bieten sich die Naturwissenschaften an und besonders Physik und Chemie, die heute sehr eng miteinander verbunden sind, was eigentlich schon meine Ausführungen im ersten Kapitel gezeigt haben. Wir werden auch ab dem nächsten Kapitel uns nur dann klare Vorstellungen machen können, wenn wir diese Vorstellungen definieren.

Fangen wir also mit dem Vorgang des Verstehens an. Was meinen wir, wenn wir sagen, daß wir etwas verstanden hätten? Ich bin sicher, daß manche Unklarheit und Kontroverse daher rührt, daß der eine schon meint, er hätte es verstanden, während ein anderer damit noch nicht zufrieden ist und behauptet, er hätte es noch (immer) nicht verstanden.

Wir erinnern jetzt wieder an den Begriff des *Erfahrungsbereiches*. Es handelt sich dabei um einen Teil unserer Erfahrung, die wir entweder unmittelbar mit unseren Sinnen machen oder mit Hilfe von dazwischengeschalteten Geräten, die auch die Erfahrung erweitern können. So können wir z.B. Röntgenstrahlen mit Geräten erfassen und ihre Wirkungen in unseren Sinnesbereich umwandeln, während sie uns nicht unmittelbar erkennbar sind.

Das Dazwischenschalten von Apparaten, die wir nach bestimmten Prinzipien gebaut haben, ist nicht ganz unproblematisch. Wir sollten aber bedenken, daß wir den Aufbau des Gerätes kennen, auch wenn wir vorerst vielleicht die damit gemachte Erfahrung noch nicht einordnen können. Das ist aber gerade der Punkt, auf den es hier ankommt.

Alle Erfahrungen, die wir machen, sind grundsätzlich am Anfang *Punktinformationen*. Sie stehen noch nicht im Zusammenhang mit anderen Erfahrungen, und wir kennen in der Tat viele wissenschaftlich-historische Beispiele, bei denen am Anfang zahlreiche Erfahrungen gesammelt wurden, ohne schon zu wissen, was dahinter steckt!

Ein sehr klares und aufschlußreiches Beispiel ist das Sammeln von Spektren von Atomen und Molekülen (durch Physiker), ohne damals gewußt zu haben, wie sie in den Systemen entstehen und wie sie zusammengehören. Erst die Wellenmechanik hat dann ab ungefähr 1925 bis 1927 die Situation aufklären – und das erforderliche Verständnis liefern können.

Was also ist Verständnis? Nach den bisherigen Ausführungen vermutet man schon, was gemeint sein könnte. Man kann die Erfahrungen nicht so als Summe von Punktinformationen stehen lassen. Das ist in der Tat unbefriedigend. Man versucht also „Ausgangspunkte" zu finden, aus denen sich möglichst viele Punkterfahrungen herleiten lassen, also sich als Konsequenz ergeben. Anders ausgedrückt: Wenn zum Beispiel zwei (oder mehrere) anscheinend unzusammenhängende Punkterfahrungen auf einmal auf *eine* „Ausgangsvorstellung" (Postulat) zurückgeführt werden, dann kann das ein echtes „Aha-Erlebnis" sein, denn nun schauen wir hinter die Kulissen unserer am Anfang gemachten Erfahrungen. Einen solchen Vorgang wollen wir ab sofort „Verstehen" nennen. *So besteht das Verständnis darin, möglichst viele zuerst zusammenhanglose Erfahrungen mit möglichst wenig „Ausgangsvorstellungen" zu erfassen und auf diese zurückzuführen!*

Das führt aber sofort zu der Feststellung, daß wir etwas umso besser verstehen, wenn wir möglichst viele Erfahrungen (Erfahrungsbereiche) auf so wenig wie mögliche „Postulate" begründen bzw. zurückführen können. Oder: Je größer der Erfahrungsbereich und umso weniger die erforderlichen Postulate, umso besser sind die Erfahrungen verstanden worden. Fast unnötig zu sagen, daß diese Postulate zum Verständnis unentbehrlich sind. Ja wir können noch weitergehen und behaupten, daß ohne „Ausgangspunkte" über Erfahrung nicht nachgedacht werden kann!

In den Naturwissenschaften sprechen wir – im Gegensatz zu den Dogmen der Religionsgemeinschaften, die Glaubenssache sind und als solche von den Mitgliedern akzeptiert werden – von Postulaten. Wir sind uns klar darüber, daß diese immer dem Zweifel ausgesetzt sind, ob sie „das Letzte" sind und ob nicht doch noch weniger Postulate erforderlich sein könnten und der damit erfaßte Erfahrungsbereich vielleicht noch erweitert werden kann.

Wir werden später sehen, daß uns dies bei der chemischen Materie – also im ganzen chemischen Kosmos – in fast unglaublicher Weise gelungen ist.

In den Naturwissenschaften meint man daher, daß ein Verständnis umso wahrer ist, je weniger Postulate erforderlich sind und je größer der Erfahrungsbereich ist, den man damit erfaßt. Hier ist also Wahrheit relativ, und – das muß einmal ganz klar gesagt werden – in den Dogmen ist Wahrheit als Aussage absolut und unabänderlich. Die wissenschaftliche Wahrheit ist aber Verständniswahrheit, also vernetzte Erkenntnis!

Ich will die bisherigen Ausführungen durch einige Beispiele erläutern:

Indem wir die Materie auf Atome oder noch weiter auf Elektronen und Atomkerne zurückführten, haben wir einen weitreichenden Verständnisakt durchgeführt. *Alles über Elektronen und Atomkerne zu wissen, bedeutet daher grundsätzlich das Verhalten und die Eigenschaften jeglicher (chemischer) Materie zu kennen,* diese voraussagen zu können oder nachträglich zu erkennen, daß es das Wirken von Elektronen und Atomkernen gewesen ist, das zu diesen Erfahrungen geführt hat.

Vor der Wellenmechanik gab es verschiedene Erfahrungsbereiche wie z.B. den der Mechanik oder die Erfahrungen des elektromagnetischen

Bereichs, von denen jeder seine eigenen Postulate hatte, und es bestand kein Zusammenhang.

Im elektromagnetischen Bereich konnten alle Strahlungen (von Röntgenstrahlung über Ultraviolett, vom sichtbaren Licht bis hin zu den Ausstrahlungen der Radiosendungen) als elektromagnetische Wellenstrahlen erkannt werden, die sich mit Lichtgeschwindigkeit ausbreiten.

Die Massenanziehung dagegen erkannte man im Fallen eines Steines ebenso wie in den Bewegungen von Himmelskörpern. Alle mechanischen Bewegungen laufen somit auf bestimmten Bahnen ab, sind also kausal, da dadurch jede Position im Raum, wenn Ort und Geschwindigkeit genau bekannt sind, die nächste Raumposition eindeutig festlegt. Auf diese Weise setzt sich dann eine Bahnbewegung zusammen. Das Gleiche konnte damals auch für geladene Körper ausgesagt werden, wenn die Anziehungs- bzw. Abstoßungskräfte elektrischer Natur sind.

Die Vorstellung der Wellenstrahlung liefert darüberhinaus die Feststellung, daß sich Strahlungen auslöschen können, wenn Wellenberg und Wellental zusammentreffen, was experimentell bestätigt wurde. Wir kommen auf diese Aspekte später wieder zurück. –

Werden aber auf einmal Erfahrungen gemacht, die mit Hilfe der bisher verstandenen Erfahrungsbereiche nicht erfaßt werden können, so tritt in der Tat eine *ganz neue Situation* auf, die bis zur Diskussion der bisher gültigen Postulate gehen kann.

In diesem Falle ist die erste Reaktion des (verunsicherten) Menschen durch *Modellbildungen* und *Hypothesen* charakterisiert.

Unter Modellbildung wollen wir den Versuch sehen, in anderen Erfahrungsbereichen schon erworbenes Verständnis auf den neuen, noch nicht verstandenen Bereich auszudehnen. Gelingt das (z.B. durch einen schon erfaßten Erfahrungsbereich), so ist eine Modellvorstellung nicht nötig. Es ist vielmehr erkannt worden, daß der alte Erfahrungsbereich weiterreicht, als ursprünglich angenommen wurde. Andernfalls kann dann ein Modell entworfen werden, was natürlich nicht alle Postulate des alten Erfahrungsbereichs enthält, denn sonst hätten wir wieder den ersten Fall vorliegen. Es müssen vielmehr auch Postulate anderer Erfahrungsbereiche hinzugezogen werden, wobei immer (oft versteckte) Widersprüche auftreten.

Das alles muß daher unvollständig gelingen, denn man hat ja den neuen Erfahrungsbereich noch nicht verstanden, sondern „bastelt" sozusagen an Vorstellungen herum, bis die neuen Erfahrungen (meistens nur einige davon) in das gedachte Schema passen.

Ein klassisches Beispiel ist das wohl vielen bekannte *Bohrsche Atommodell* (1913) des Wasserstoffatoms (ein Proton und ein Elektron). Hier wurden die Fakten des mechanischen Erfahrungsbereichs (Mechanik) übernommen: Das Elektron läuft auf Bahnen um das Proton herum. Aus der Elektrodynamik wurden die Anziehungskräfte zwischen Proton und Elektron übernommen (Ladungsanziehung), aber gleichzeitig verlangt, daß dieses „Kreisen" des geladenen Elektrons keine Entstehung von elektromagnetischen Wellen zur Folge hat, was nach der Elektrodynamik zu erwarten gewesen wäre (Widerspruch).

Da 1913 schon bekannt war, daß Atome nur ganz bestimmte Energiewerte (Quantenzustände) besitzen bzw. annehmen, können bei einem einzigen Elektron, während es um das Proton kreist, nur bestimmte Kreisbahnen auftreten; damit ist auch der entsprechende Spin (Drehimpuls) der Bahnbewegung quantisiert, wofür damals schon einige Erfahrungen sprachen (Quantentheorie). Auf diese Weise hatte man schon vieles in das Modell „hineingesteckt", so daß es nicht mehr so überrascht, wenn man (nur für das H-Atom) die vorhergesagten Spektren erhält (die Strahlungen des H-Atoms).

Hier sind also aus drei Erfahrungsbereichen, wobei damals für den einen (Quantentheorie) noch kein Verständnis vorlag, bestimmte Elemente zur Bildung des Modells verwendet worden. Es ist klar, daß damit kein Verständnis erworben werden kann – was immer noch gelegentlich behauptet wird –, sondern daß im Gegenteil die Gefahr sehr groß ist, daß der Anfänger auf falsche Vorstellungen gelenkt wird. Diese könnte er dann zu ernst nehmen und nur mit Mühe zur Wellenmechanik finden, die dieses Problem erst 1925 bis 1927 (ohne Modellvorstellung) gelöst, also verstanden hat, denn damals wurde alles auf wenige bestimmte neue (widerspruchsfreie) Postulate zurückgeführt, die sogar für die ganze chemische Materie (Elektronen und Atomkerne) im Kosmos gelten. Wir werden auf diese Aspekte in den folgenden Kapiteln, besonders in Kapitel 8, zurückkommen. Es muß aber auch noch festgestellt werden, daß das Modell des H-Atoms im Jahre 1913 eine geniale Leistung von Bohr gewesen ist, besonders in Anbetracht der Tatsache, was damals wirklich sicheres Wissen war.

Beim Zustandekommen einer Hypothese liegen die Dinge etwas anders. Hier ist im allgemeinen schon der Standpunkt angenommen worden, daß es sich bei dem neuen Erfahrungsbereich offenbar um einen handelt, bei dem neue Postulate diskutiert werden müssen. Dabei muß im allgemeinen auch der Übergang zu den schon erfaßten Nachbarerfahrungsbereichen überprüft werden. Noch aber sind diese neuen Erkenntnisse nicht gewonnen, so daß erst einmal *spekuliert* wird; schließlich nehmen diese Überlegungen feste Formen an, wie so ein Verständnis aussehen könnte. So gelangt man zur *Hypothese*, die immer wieder an der Erfahrung geprüft und verglichen wird, bis schließlich ein widerspruchsfreies System von Postulaten gewonnen ist, welches nicht nur den neuen Erfahrungsbereich erfaßt, sondern auch den alten miteinschließt. Mit anderen Worten, man hat mehr verstanden als vorher, eine *Theorie* ist formuliert worden, die mit möglichst wenigen Postulaten nun einen größeren Erfahrungsbereich beschreibt.

Es ist also gelungen, die Theorien der früheren Erfahrungsbereiche mit Hilfe des neuen Bereichs im Rahmen einer erweiterten und übergeordneten Theorie zur Vereinigung zu bringen und damit den gesamten Bereich zu verstehen.

Die Wellenmechanik ist das bekannteste Beispiel dafür, wie frühere Erfahrungsbereiche mit erfaßt werden, gleichzeitig aber auch über Atome (Moleküle, Kristalle …) und damit über alle Erfahrung mit der Materie überhaupt Verständnis erhalten wird, solange man die Materie als aus Elektronen und Atomkernen aufgebaut sieht, was alle Erfahrungen bestätigen!

Die Theorie liefert also das Verständnis dazu, indem sie – das ist das Charakteristische an einer Theorie – nach Vorgabe des Systems, über welches wir etwas erfahren wollen, mit Hilfe der Postulate auf mathematische Weise (siehe speziell Kapitel 7) alle möglichen Erfahrungen, die gemacht werden könnten, formuliert, berechnet und schließlich auch quantitativ erfaßt. Auch qualitative Aussagen können gewonnen werden, worüber wir auch noch sprechen werden.

Auf jeden Fall sind auf diese Weise *Praxis und Theorie eindeutig miteinander verschmolzen*, denn alle Erfahrungen, die man machen kann, finden sich in der Theorie wieder – und umgekehrt! Auf dieser Basis könnte dann gegebenenfalls nochmals über die Postulate nachgedacht werden, insbesondere ob sie noch einmal reduziert werden können, indem man zeigt, daß sie durch andere Postulate miteinander verknüpft sind, so daß sich weniger unabhängige Postulate ergeben würden, was den Wahrheitsgehalt vergrößert!

4 Experimentieren als Strategie

Die Überschrift mag manchen überraschen. Heißt es nicht immer, daß der Versuch, das Experiment mit der Materie, eine Frage an die Natur sei? Das mag im Prinzip zutreffen, aber wir müssen dabei feststellen, daß es auch sehr dumme Fragen geben kann, deren Beantwortung durch die Natur – und die Natur gibt immer eine Antwort – uns in unseren Einsichten nicht viel weiterbringt. Ja es kann einem passieren, daß man auf eine falsche Fährte bezüglich der Bildung möglicher Modelle und Hypothesen geführt wird, besonders dann, wenn man ganz ohne Vermutung und Spekulationen an die Sache herangeht.

Sie werden vielleicht denken, solche Überraschungen sollten Wissenschaftlern nicht unterlaufen, aber da tun Sie denjenigen, die in der Wissenschaft tätig sind, unrecht. Die Antworten der Natur können von einer Art sein – und wir werden bald Näheres darüber lesen –, daß der Mensch den Eindruck gewinnt, er hätte einen Fehler gemacht oder „verstünde die Welt nicht mehr". Das tritt fast immer dort auf, wo Experimente im Gebiet eines neuen, noch nicht erfaßten (verstandenen) Erfahrungsbereichs gemacht werden. Das ist auch verständlich, denn in diesem Falle fehlt noch die Theorie und jede Erfahrung kann zur Überraschung werden.

Wird dagegen in einem schon erkannten und verstandenen Erfahrungsbereich experimentiert, so laufen die Fragestellungen im allgemeinen auf eine Optimierung der ausgelösten Vorgänge hinaus, u.U. schon unter ökonomischen Zwängen. Grundsätzlich könnte die Optimierung auch mit Hilfe der Theorie vorgenommen werden, was auch zutrifft, aber es ist nicht selten der Fall, daß der Einsatz von theoretischen Verfahren sehr aufwendig und nach dem Stand der Technik noch nicht durchführbar ist, so daß dann das Experiment, also der Versuch, gefragt ist. Hier tritt mitunter der interessante Fall auf, daß wieder Überraschungen erwartet werden könnten, obwohl im Prinzip die Sache verstanden ist. Denn das Ergebnis kann unter Umständen nur mit sehr großem Aufwand erhalten werden, so daß im apparativen Aufbau manche Überraschung versteckt sein kann. Wir werden auf diese Aspekte später noch zu sprechen kommen, denn gerade im Verhältnis von Mensch und Materie ist diese Situation leider noch in vielen Bereichen gegeben.

Es kommt noch hinzu, daß im allgemeinen die Anzahl der Theoretiker geringer ist als die der sogenannten Praktiker und daß es oft wichtig ist, Ergebnisse zu haben, auch wenn sie noch nicht mit Hilfe der Theorie verifiziert worden sind. Daß dies auch ein gefährliches Unterfangen sein kann, zeigen z.B. die Erfahrungen auf dem Gebiet der Kernforschung, wo noch in einigen Erfahrungsbereichen die Theorie fehlt! Das Gleiche gilt für die Chemie: Gewisse chemische Verbindungen sind synthetisiert worden, die man mit Kenntnis ihrer biologischen Wirksamkeiten vielleicht nicht hätte herstellen sollen. Nachdem nun auf experimentellem Wege – und sehr unvollständig, da die notwendigen Experimente auf Grund der Kosten nicht durchgeführt werden können – langsam klar wird, was man „angerichtet" hat, ist es wahrscheinlich zu spät. Denn inzwischen haben diese Produkte Eingang in die Wirtschaftsmärkte gefunden, und da eine Umstellung der Produktion auch immer Umsatzprobleme aufwirft, gewinnt die Entwicklung eine gewisse Trägheit (und auch Tragik), so daß vorerst aus vielen Einsichten nicht die Konsequenz gezogen wird und werden kann.

Daß man dabei nicht zimperlich vorgeht, entspricht dem oben angesprochenen Konkurrenzdenken und dem Drang nach großem Profit. Besonders wenn er erwartet wird, schränkt er die verantwortungsvolle Intelligenz und damit die moralische Verantwortung gegenüber der Gesellschaft und letztlich der ganzen Menschheit gegenüber ein.

In gewisser Weise ist die Wirtschaft der Theorie nicht besonders gut gesonnen. Zum einen dauert es anscheinend oft zu lange, bis ein Problem voll verstanden ist. Dies sollte allerdings grundsätzlich keine Frage sein, denn auch manches andere Projekt der Technik kann viel Zeit verbrauchen. Zum anderen kann bei der theoretischen Behandlung manches zum Vorschein kommen, nach dem nicht gefragt war, während ein technisches Projekt meistens eine genau umrissene Fragestellung hat, die man in der Regel nicht zu verlassen braucht. Auch patentrechtliche Fragen spielen hier eine Rolle, denn in der Theorie gibt es kein Patentieren. Aus diesem Grunde werden auch manche technische, aber auch theoretische Untersuchungen heimlich gemacht und von Interessengruppen finanziert und gesteuert, die sich dadurch Gewinn und damit Machtzuwachs erwarten. Von den medizinischen Aspekten im Zusammenhang mit der Frage nach den Experimenten und Versuchen will ich hier nicht sprechen.

Es gäbe noch viel dazu zu sagen – leider viel Unerfreuliches. Beim Schreiben dieses Buches scheint alles noch – so einigermaßen – in Ordnung zu sein, aber der Eindruck täuscht. Die Zeit der Menschheit würde bald abgelaufen sein, wenn jedes Experiment gemacht, jeder Versuch unternommen wird, nur um den Umsatz zu steigern – ohne Rücksicht auf den Menschen. Diese Thematik ist zentral, besonders in Bezug auf das Verhältnis des Menschen zur Materie. Hoffen wir also, daß dieser Aspekt nicht zu spät auch mit Verantwortung erkannt wird.

Das Experiment als Frage an die Natur, als Teil einer Strategie – zusammen mit der Theorie – zur Erkennung und weiteren Theoretisierung der Welt, wird zum Herstellungsprozeß für Produkte des Marktes. Millionenfach wiederholbar, optimierbar im Sinne der „Geldvermehrung", wenn der vorliegende Erfahrungsbereich weitgehend theoretisch erfaßt wird.

So wird z.B. eine Kern- und Gentechnik betrieben, ohne daß schon alles verstanden ist. Es ist bei weitem nicht alles ausreichend durchdacht und theoretisch erfaßt, und überhaupt sind noch nicht die Konsequenzen gezogen. So weiß man mit dem „Müll" der Atomkernanlagen nicht umzugehen oder kann die Folgen der Gentechnik nicht ausreichend weit überdenken, weil Eile geboten ist, die Konkurrenz steht vor der Tür!

Ähnliches gilt auch für die chemische Synthese und andere Gebiete. Jede chemische Verbindung (Molekül) wird hergestellt, sobald nur ein „Nutzen" erkennbar ist oder vermutet werden kann.

Moleküle herstellen, das heißt doch letztlich Bindungen zwischen Atomen knüpfen, also sich der Eigenschaften der Atome bedienen, die weitgehend von den Elektronen erzeugt werden, die sich um die Atomkerne herum aufhalten bzw. bewegen.

Hier sind immer weiter verbesserte Strategien entwickelt worden, möglichst nach dem Wunsch und den Vorstellungen der Anwender, bestimmte Verbindungen mit speziellen Eigenschaften herzustellen, besonders dann, wenn theoretische Überlegungen, Vermutungen oder auch Erfahrungen an ähnlichen Verbindungen diese bestimmten Eigenschaften an den neuen Molekülen erwarten lassen. So sind neben den eingesetzten theoretischen Grundlagen (besonders wenn deren Anwendungen aufwendig sind) auch viele Regeln aufgestellt worden, nach denen vorgegangen wird. Gleichzeitig ist natürlich die experimentelle Praxis immer weiter fortgeschritten. So können zum Beispiel heute unter bestimmten Umständen einzelne Moleküle (oder Molekülteile) – wenn auch unscharf – betrachtet werden, und auch viele Methoden an kollektiven Systemen erlauben heute beachtliche Rückschlüsse auf die einzelnen Verbindungen.

Immer aber geht es darum, aus dem Verhalten der Elektronen einzelner Atome die Eigenschaften der aus den Atomen gebildeten Moleküle zu begreifen oder – wenn Eigenschaften von Molekülteilen bekannt sind – daraus auf das Verhalten des ganzen Systems zu schließen. Die Theoretische Chemie hat daher – als einer der zuletzt entwickelten Bereiche der Chemie – in den letzten Jahrzehnten an Bedeutung sehr zugenommen.

Ganz anders liegen die Dinge, wenn es sich um einen Erfahrungsbereich handelt, bei dem keine Experimente vorgenommen werden können, sondern nur Verbesserungen an den Apparaten möglich sind, die die Beobachtungsmöglichkeiten erweitern, wie dies z.B. in der Astronomie und Kosmologie der Fall ist. Hier läuft die Strategie darauf hinaus, die Beobachtungen – also die Erfahrungen – so zu lenken und zu dirigieren, daß bestimmte mögliche Strukturen ausgeschlossen werden können. Man schafft also Beobachtungen, die selektive Ergebnisse gegenüber der Natur sind.

Hier hat sich nun auch die Astrophysik entwickelt, und eigentlich müßte man auch von „Astrochemie" sprechen, denn in diesem Falle werden die gemachten Beobachtungen den Kriterien unterworfen, die man auch in Physik und Chemie verwendet. Ein solches Vorgehen hat sich als ausgesprochen erfolgreich erwiesen, wenn man bedenkt, daß unsere Erfahrungen (Beobachtungen) mit dem Kosmos in Anbetracht seines Alters und der in der Zukunft noch zu erwartenden Zeit als „Momentaufnahme" gesehen werden müssen. Dennoch haben wir viele von der Theorie vorhergesagten Aussagen über dynamische Vorgänge im Kosmos bestätigen können, wenn auch noch manches nicht verstanden worden ist. Auch hier nimmt man an, daß die Postulate der Physik im ganzen Weltraum gelten, weil wir wissen, daß alle chemischen Elemente, die wir auf der Erde kennen, auch im Weltall vorhanden sein können und es auch tatsächlich sind!

Es handelt sich also hier um Übertragungen von Erd- oder erdnahen Erfahrungen, zusammen mit der Theorie, auf die Beobachtungen und Messungen im Weltraum.

Auch dies ist ein schönes Beispiel dafür, daß Experimente auf der Erde und Beobachtungen im Kosmos eine Strategie ermöglichen können, die zum besseren Verständnis führen, ohne daß unmittelbar am Objekt (es handelt sich dabei letztlich um Energie und Masse) experimentiert wird, denn schließlich geschehen im Kosmos fortlaufend so viele Ereignisse, die – wenn sie beobachtet werden – sozusagen als „Experimente" aufgefaßt werden könnten.

Aus allem ersieht man, daß es sehr entscheidend ist, wie gescheit man die Materie ansieht und beobachtet. Es genügt eben gar nicht, alle Erfahrungen und Beobachtungen aufzuschreiben und im Computer zu speichern. Das kann nur der Anfang sein. Das Ziel ist immer die Theorie, das Verständnis, damit sich alles Punktwissen in eine vernetzte Information verwandelt, die aus wenigen Postulaten (Annahmen) hergeleitet werden kann!

Die Chemie, also die Lehre von der Materie bezüglich ihrer Molekülbildungen und der Reaktionen (siehe oben), zeigt, daß anfängliches Sammeln von Erfahrungen und Regeln zwar schon in einer gewissen Weise praktische Handhabung ermöglicht, daß aber dadurch vieles, ja, fast alles, aus Probieren hervorgeht, was gelegentlich auch wiederum zu neuen Vermutungen führen kann. So war viele Jahre die Chemie eine reine Erfahrungswissenschaft! Erst als man erkannte, daß es die Elektronen in den „Elektronenhüllen" der Atome waren, die zu den Vielfältigkeiten der in der Chemie besonders zahlreichen Erfahrungen führten, war die Richtung der Experimente und der Untersuchungen besser vorgegeben: Das Verständnis des Elektronenverhaltens ist der Schlüssel zum Verständnis der Chemie und zur Theorie der Materie (im chemischen Sinne wie oben diskutiert) überhaupt! Das gilt allerdings, wie später erkannt wurde, nur solange man die chemischen Verbindungen für sich betrachtet. Berücksichtigt man nämlich die Wechselwirkungen der Verbindungen untereinander, die zu den chemischen Reaktionen führen, also zu neuen Verbindungen – und das muß man unbedingt tun, denn die Chemie „lebt" von den chemischen Reaktionen –, so sind auch die Einflüsse und die Bedeutung der Atomkerne, besonders die der Atomkernbewegungen zu beachten.

Die chemischen Bindungen zwischen den Atomen werden allerdings von den Elektronen „bewerkstelligt"; die bewegten Atomkerne ermöglichen dann, daß sich Bindungen lösen, neue bilden und daß auch die Schwingungen und Rotationen von Molekülen und Molekülteilen berücksichtigt werden müssen. Dabei gehen auch die Atomkernmassen in die Vorgänge mit ein, da sie wegen der Massenträgheit die Rotationen und Schwingungen beeinflussen.

Was hier so knapp – und hoffentlich klar genug – hingeschrieben wurde, ist das Ergebnis vieler Experimente, die sehr geschickt, also mit überlegter Strategie jahrzehntelang von Physikern und Chemikern gemacht wurden, und man muß zugeben, daß es ein faszinierendes Szenarium ist:

Atomkerne (Z-fach positiv geladen) umgeben von Elektronen, deren Anzahl ein wenig mehr oder weniger als Z betragen kann (um auch die Ionen zu berücksichtigen), gehen miteinander Bindungen ein, bleiben also für kurze oder sehr lange Zeit zusammen, so daß Schwingungen der miteinander verbundenen Atome beobachtet werden können. Gleichzeitig treten auch Rotationen von Molekülen oder von Molekülteilen gegenüber dem Rest des Systems auf. Bei einem vielatomigen Molekül können daher viele Schwingungsformen (auch bei Molekülteilen gegeneinander) auftreten, und auch die Möglichkeiten der Rotationen sind mannigfaltig.

Schließlich tritt diese Materie auch noch mit elektromagnetischer Strahlung in Kontakt und es gibt neue Effekte. Denn auch hier können sich neue Bindungen bilden oder alte lösen. Die Rotations-Schwingungsbewegungen können geändert werden, da von den Molekülen mit der Strahlung Energie aufgenommen wird. Diese kann dann wieder ganz oder teilweise abgegeben werden, so daß auf Seiten der Experimentatoren am Anfang der Entwicklung eine ziemliche Verworrenheit vorgelegen hat, bevor man diese durchaus komplexen Vorgänge verstanden hatte.

Da war schon ein geschicktes Taktieren im Rahmen der Experimente gefragt, denn was die Experimentatoren so an Spektren (elektromagnetische Strahlung, die von den Molekülen absorbiert oder abgestrahlt wird) beobachteten, war nicht gerade dazu angetan zu hoffen, eine einfache Lösung zu finden. Einmal wurden ganz bestimmte Strahlungen (Spektrallinien) mit engbegrenztem Frequenzbereich (oder Wellenlängen) gefunden, zum anderen gab es aber auch große Frequenzbereiche, in denen die Verbindungen abstrahlten (Kontinuum). Das war die „optische Seite" der Erfahrungen. Noch verwegener ging es zu, wenn chemische Reaktionen im Spiel waren; einmal strahlten und absorbierten die Systeme, die bei der Reaktion entstanden oder sich veränderten, in der Regel auf anderen Frequenzbereichen weiter, zum anderen reichte auch die Phantasie nicht aus, was mit der Zeit bei den Reaktionen an Verbindungen zwischen verschiedensten Atomen „gefunden" wurde.

Bald sah man ein, daß das Aufstellen derartiger „Erfahrungskataloge" (gesammeltes Punktwissen) nicht der richtige Weg zum Verständnis ist, und es war klar, daß derartige Sammlungen beliebig fortgesetzt werden können, zumal die Diskussionen darüber nie zu Ende kamen und die Ergebnisse sich widersprachen.

Es kam dann letztlich zu einer guten Zusammenarbeit, als sich die Physiker immer mehr mit den Elektronen beschäftigten und auch auf ihrem Gebiet ein „Elektronenproblem" auftrat. Denn das wurde langsam immer klarer: Die gesamte umfangreiche und verwirrende Erfahrung mit Atomen und Molekülen ist allein mit dem Elektronenverhalten und den Atomkernen zu begründen. Das wird unser Thema im folgenden Kapitel sein.

Ich möchte aber noch ein „retardierendes Moment" einschalten, um die Sache – wie auf der Bühne eines Theaters – ein wenig spannender zu machen, indem ich die Leser noch hinhalte.

Bevor der ganze Problemkreis aufgeklärt wurde, hatten die Chemiker eine Reihe interessanter Gesetzmäßigkeiten (zumindestens gut funktionierende Regeln) entdeckt, die zwar sehr nützlich waren, aber auch wiederum die Situation nicht einfacher machten, wenn man an die Elektronen dachte, die das Ganze verursachen, denn die Regeln waren von einer Art, die keinen Aufschluß über das Elektronenverhalten zuließen.

Es stellte sich nämlich heraus, und das waren Experimente mit Atomgewichten, daß sich bei den Molekülbildungen immer nur bestimmte Vielfache der beteiligten Atomsorten (Elemente) zusammentaten.

Das heißt: Waren etwa drei „Atomsorten" X, Y und Z am Zustandekommen eines Moleküls beteiligt, so kann man für diese Verbindung eine sogenannte *Bruttoformel* in der Form $X_m Y_n Z_p$ aufschreiben, die besagt, daß das Molekül aus m X-Atomen, n Y-Atomen und p Z-Atomen besteht. Dieses Vorgehen ist leicht zu erweitern, aber man beobachtet, daß nur *bestimmte ganzzahlige m, n und p (multiple Proportionen)* auftreten und daß nur diese Möglichkeiten in der Natur vertreten sind. Die m, n und p stehen offenbar im Zusammenhang mit den beteiligten Atomtypen (Elementen).

Wenn Sie als Leser die Sache schon kannten, dann wird Sie das wenig aufregen. Gehören Sie aber zu den Lesern, die das nie so richtig verstanden, so etwas eben mal am Rande gehört hatten oder alles das erste Mal erfahren, dann sollten Sie sich schon ein wenig wundern und wenn das der Fall ist, bin ich mutig genug, davon auszugehen, daß es mir gelungen ist, die Problematik einigermaßen verständlich darzustellen.

Es hatte mich einmal vor vielen Jahren sehr berührt, als ich diese Tatsache – gleichsam vorerst als „Märchen" – vor sehr jungen Menschen erzählte. (Ich bin nämlich der Meinung, daß die Tatsachen der Naturwissenschaften spannender sein können als ein Krimi und dabei – im Gegensatz zu letzterem – sehr zur Bildung und zu einem grundlegenden naturwissenschaftlichen Denken beitragen können. Daher sollte man damit schon bei Kindern beginnen!)

Die Reaktion einiger Kinder war für mich als Naturwissenschaftler schon überraschend! „Das ist", sagte ein Mädchen, „als wenn wir in der Gruppe keinen Neuen mehr dazuhaben wollen". „Und was nun weiter", fragte ich voller Neugier und auch aus einer gewissen Ratlosigkeit heraus. „Nun", sagte sie weiter, „es sollten aber auch in einer Gruppe nicht zu viele Jungen oder Mädchen sein, – das macht nicht so viel Spaß." So, da hatte ich es erfahren, die multiplen Proportionen waren offenbar im Grundprinzip bei Kindern längst bekannt! Eigentlich kennen wir alle diese Einsicht, daß eine Party erst dann gelingt, wenn „die Richtigen" zusammenkommen. Und das soll nun schon, wenn auch mit einer „mathematischen Strenge" für Atome gelten? Es handelt sich schließlich dabei nur um Atome! Der wissende Leser wird denken, was für ein Unsinn, bestenfalls handelt es sich hier um eine Analogie. Aber Vorsicht. Die wirkliche Bedeutung des Analogons für die Naturerkenntnis ist meines Wissens nach nicht restlos erkannt worden. Vor einigen Jahren ist in der Chemie der Begriff der „Analogchemie" geprägt worden, und die damit erzielten Ergebnisse waren sehr interessant. Wie dem auch sei – als die Proportionalität (der Atommassen) erkannt wurde, wurde auch bald eine Lösung gefunden, die zwar noch nichts über Elektronen aussagte, aber Aussagen über die beteiligten Atome machte.

Man hatte nämlich bald mit Hilfe von Experimenten bemerkt, daß jedes Atom eine bestimmte maximale Anzahl von Atomen an sich binden kann, also offenbar mit seinen Bindungskräften an eine obere Schranke stößt.

Genauer gesagt, man konnte die große Menge der Erfahrungen einigermaßen unter einen Hut bringen (es gab auch Ausnahmen!), wenn man jedem Atom eine bestimmte, für dieses Atom typische Anzahl von möglichen Bindungen zuschrieb, die man *Valenzen* nannte, so daß die Anzahl der maximalen Valenzen (Wertigkeit) ein Atom charakterisierten.

Die Rechnung ging – wie gesagt nicht immer, aber in sehr vielen Fällen – auf, wenn das H-Atom die Wertigkeit 1 erhielt, während die Atome C, N, O (um einige zu nennen) die Wertigkeiten 4, 3 und 2 erhielten. Fluor (F) muß übrigens wieder einwertig sein, und die Edelgase (siehe Periodensystem) etwa Helium (He) besitzen keine Valenzen, können sich also an kein Atom chemisch binden.

Damit war die Erfahrung reproduzierbar, denn es gibt nur das H_2-Molekül und z.B. die Verbindungen CH_4 (Methan), NH_3 (Ammoniak), H_2O (Wasser) und FH (Fluorwasserstoff), und man kann, wenn man die Verhältnisse grafisch darstellen will (sogenanntes grafisches Modell), eben die Valenz durch einen Strich darstellen und erhält dann die bekannten *Valenzstrichschemata*:

$$H—H \quad H—\underset{\underset{H}{|}}{\overset{\overset{H}{|}}{C}}—H \quad \underset{H}{\overset{H\diagdown\diagup H}{N}} \quad \overset{H\diagdown\diagup H}{O} \quad F—H \quad He$$

Und wie steht es mit C_2, N_2, O_2 und F_2? Fangen wir mit den letzten Molekülen an:

$$F—F \quad O=O \quad N\equiv N \quad \text{und } C_2?$$

Damit wäre die Valenzregel nicht verletzt, und wir sprechen dann im F_2, O_2, N_2 von *Einfach-*, *Zweifach-* und *Dreifach-Bindungen*. Diese Unterscheidung wird auch durch die experimentell meßbare Stärke der Bindungen (Energie, um die beiden Atome zu trennen, *Bindungsenergie*) bestätigt.

Da wir gerade von Bindungsenergien sprechen. Natürlich ist ein Valenzstrich nicht mit einer immer gleichen Bindungsenergie verknüpft (er beschreibt bestenfalls eine gewisse Proportionalität). F_2 ist z.B. wesentlich schwächer gebunden als H_2.

Überhaupt ist herauszustellen, daß das Valenzstrichschema nur ein grobes Bild sein kann, das allerdings (bis heute) für den Chemiker trotzdem eine große Hilfe ist, weil es eben doch eine beträchtliche Ordnung in die Verhältnisse bringt, ohne daß man freilich verstanden hat, warum das so ist. Die Bindungsenergien sind jedenfalls bei gleichen Valenzstrichschemata sehr verschieden. Dies weist schon darauf hin, daß wir mehr über Elektronen wissen müssen!

Das Valenzstrichschema hat manche Korrekturen, Verfeinerungen und Erweiterungen erfahren, worauf wir allerdings hier nicht eingehen wollen, obwohl dies reizvoll wäre, denn das Valenzstrichschema birgt auch seine „Geheimnisse".

Auf jeden Fall ist das „Gesetz der multiplen Proportionen" damit teilweise erklärt und auf allgemeine und einfachere Schemata zurückgeführt.

Auch die Vorstellung der multiplen Proportionen hat Abschwächungen erfahren, und wenn man heute die Sache übersieht, so ist doch vieles

Geschichte geworden und manche erprobte Tradition geblieben. Schließlich haben wir mit Hilfe der Wellenmechanik das Elektronenverhalten und damit das Verhalten von Atomen und Molekülen verstehen gelernt, so daß wir heute alles mit ganz anderen Augen ansehen.

Aber wie steht es noch mit dem C_2-Molekül? Sollten wir – konsequenterweise –

$$C\equiv C$$

schreiben? Alle Erfahrung spricht dagegen (und die Wellenmechanik schließt es aus). Denn C_2 ist bei weitem schwächer gebunden als N_2, dies ist allerdings ein nicht voll überzeugendes Argument. Da aber auch die Abstände der Atome – wie zu erwarten – eine gewisse sinkende Tendenz mit der Anzahl der Valenzstriche zeigen und danach wie auch die Bindungsenergie gegen eine Vierfachbindung sprechen, ist hier eine Vierfachbindung auszuschließen.

Machen wir es kurz: Man kann darlegen, daß C=C der Wahrheit am nächsten kommt. Sagten wir nicht, daß es eine maximale Wertigkeit gibt? Im C_2 ist der Kohlenstoff bescheidener und kommt mit einer Doppelbindung aus. Aber schon im Ethen

$$\begin{array}{c}H\\ \diagdown\\ C\end{array}\!\!=\!\!\begin{array}{c}H\\ \diagup\\ C\end{array}\qquad \text{oder Ethin} \qquad H\!-\!C\!\equiv\!C\!-\!H$$

ist er wieder voll mit 4 Valenzen vertreten. Das schließt noch eine Beruhigung für diejenigen ein, die unbefangen an die chemische Bindung herangehen.

Fast jedem von uns ist (zumindest dem Namen nach) das Benzol (C_6H_6) bekannt. Es hat – und das ist experimentell bewiesen – die ebene Struktur:

$$\begin{array}{ccc} & \overset{H}{C} & \\ {}^H C & & C^H \\ {}_H C & & C_H \\ & \underset{H}{C} & \end{array}$$

Wie würden Sie hier die Valenzstriche einzeichnen? Mit

```
      H
      |
   H  C   H
    \ / \ /
     C   C
     |   |
     C   C
    / \ / \
   H   C   H
       |
       H
```

wären die Wasserstoffatome einwertig, aber bei dem Kohlenstoff fehlt doch offenbar noch eine Valenz – oder ist C hier dreiwertig?

Nein, und das zeigt die Grenzen der Valenzstrichmethode auf. Wir wissen heute, daß jedes der 6 Kohlenstoffatome seine vierte Valenz sozusagen „in den Ring" gibt, weil damit das Benzol energetisch stärker stabilisiert wird. Es gibt ein Naturgesetz, nach dem jedes System – wenn es kann und ungestört ist – die *tiefste* Energie einnimmt (stabilstes System). Es möchte in den Zustand übergehen, aus dem es mit der *größten* Energie (Energieaufwand) wieder herauszubringen ist.

Wie formulieren wir also C_6H_6? Es ist üblich

```
       H
       |
    H  C   H
     \ / \ /
      C   C
      | O |
      C   C
     / \ / \
    H   C   H
        |
        H
```

zu schreiben, was wirklich eine gute Idee ist, denn sie drückt genau diesen Sachverhalt aus. Die Darstellungen (wir lassen C und H weg)

a)　　　　b)

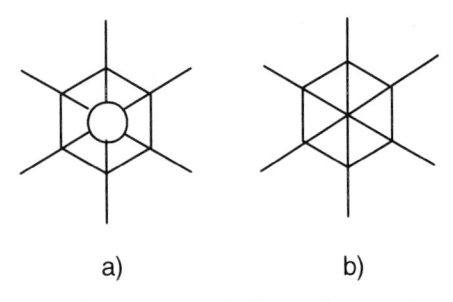

wären nicht nur „gestelzt", sondern auch sehr unpraktisch gewesen (ganz abgesehen davon, daß bei b) ein Atom in der Mitte zu denken gewesen wäre)!

Aus alledem ersehen Sie, welche Geduld, Mühe und Arbeit, Fleiß und Intelligenz notwendig waren, um mit geschickter experimenteller Strategie das alles zu erfahren und miteinander zur Deckung zu bringen. Ganz zu schweigen von der Lebenszeit und den Kosten, die von den Wissenschaftlern und ihren Förderern darin investiert wurden.

Natürlich hat jeder seinen Beruf (jetzt heißt es Job), aber es ist auch gut zu fragen, welchen Sinn das Können und Wissen haben soll, was es für die Gesellschaft bedeutet und wie wir es sehen sollten, ja müssen. –

In der bis hier vorliegenden Diskussion wissen wir allerdings, trotz mancher Erfahrung mit ihnen, noch immer nicht, wie Elektronen erfaßt werden können. Aufgrund des bisherigen Wissens behaupten wir jedoch zurecht, daß sie zwar nicht die Masse der Materie bestimmen, aber daß diese so unvorstellbar kleinen Teilchen mit definierter Masse und Ladung mit einem Drehimpuls (Spin) und mit magnetischem Verhalten die Eigenschaften und das „Wesen" der Materie erzeugen und darstellen!

Die Elektronen werden uns noch ziemliche Überraschungen bereiten, und das soll im nächsten Kapitel näher behandelt werden.

5 Der „gesunde Menschenverstand" – hilflos?

Elektronen und elektromagnetische Strahlung haben sehr viel miteinander zu tun. Aus didaktischen Gründen empfiehlt es sich, mit der Erläuterung der Strahlung anzufangen. Es muß also nun ein wenig genauer auf diesen Begriff eingegangen werden, denn bisher haben wir die Vorstellungen von der elektromagnetischen Wellenstrahlung ziemlich vage vorgebracht. Eine vertiefte Klarstellung ist hier unbedingt notwendig, da sonst das Folgende nicht verstanden werden kann.

Der Leser wird inzwischen bemerkt haben, daß Verständnis nur erreicht werden kann, wenn die Begriffe, über die man spricht (hier z.B. die elektromagnetische Strahlung), klar definiert sind. Andernfalls wird alles Geschwätz, und jeder kann das annehmen, was ihm gerade so paßt.

Wir wollen also zur Beschreibung der elektromagnetischen Wellenstrahlung noch ein wenig weiter ausholen und zuerst über den *Feldbegriff* sprechen – ein in der Physik fundamentaler Begriff –, der in den letzten Jahren immer mehr an Bedeutung gewinnt. Hier wollen wir ihn zwar klar, aber vereinfacht darlegen, denn der Feldbegriff hat in der modernen Physik noch manche Erweiterung erfahren, die wir hier nicht benutzen wollen.

Unter „Feld" wollen wir einen Raum (Raumbereich) verstehen, in welchem auf ein Teilchen (Elektronen oder Atomkerne) Kräfte ausgeübt werden.

In einem *elektrischen Feld* werden Kräfte auf ein positiv oder negativ geladenes Teilchen ausgeübt. Dies gilt also auch für Elektronen und Atomkerne, da diese elektrische Ladung tragen.

Teilchen mit magnetischen Eigenschaften (dies gilt ebenfalls für Elektronen und für viele Atomkerne) erfahren Kräfte in einem *magnetischen Feld*.

Schließlich wirkt ein *Gravitationsfeld* (Schwerkraftsfeld) auf alles, was eine Masse besitzt. Hier handelt es sich um eine allgemeine Anziehungskraft zwischen Massen, denn jede Masse erzeugt ein Gravitationsfeld um sich herum.

Das elektrische Feld wird von Ladung erzeugt, und „Magnete" erzeugen dementsprechend das magnetische Feld, mögen sie noch so klein sein wie im Falle des Elektrons. Hier ist allerdings Vorsicht geboten. Während wir aus der Alltagserfahrung heraus an Magnete denken, mit denen wohl jeder von uns als Kind einmal gespielt hat, spricht nichts dafür, das Elektron als „kleinen Magneten" im Sinne der Alltagserfahrung zu betrachten. Alle Erfahrungen mit Elektronen zeigen lediglich, daß das Elektron die „Eigenschaft" eines Magneten besitzt, d.h. die Experimente zeigen nur, daß Elektronen sich in einem magnetischen Feld wie „kleine Magnete" verhalten, ohne daß wir diese durch die Lage von „Nord- und Südpolen" (etwa auf einer Kugel) erkennen können. Wir werden auf diesen wichtigen Punkt noch näher zu sprechen kommen.

Wegen der unvorstellbar kleinen Masse von Elektronen oder Atomkernen spielen die Massenanziehungskräfte eine so untergeordnete Rolle, daß man sie bisher nicht zu berücksichtigen brauchte.

Ein Feld (Kraftfeld) ist also beschrieben, wenn man für jeden *Raumpunkt* (Punkt im Raum) den Wert der Kraft angeben kann, welche ein dort befindliches Teilchen erfährt.

Wie wird das in der Praxis durchgeführt? Nun, unser Raum ist durch Höhe, Breite und Länge definiert. Diese Größen (oder Richtungen) stehen alle senkrecht aufeinander! Denken wir uns einen Kasten, so wäre jeder Punkt darin festgelegt, wenn wir seine kleinsten Abstände zu den drei aufeinander senkrecht stehenden Wandflächen angeben würden. Ähnlich wird es auch in der Wissenschaft gemacht. Man führt erst einmal ein sogenanntes „Achsenkreuz" ein (Bild 5-1), dessen senkrechte Achsen man

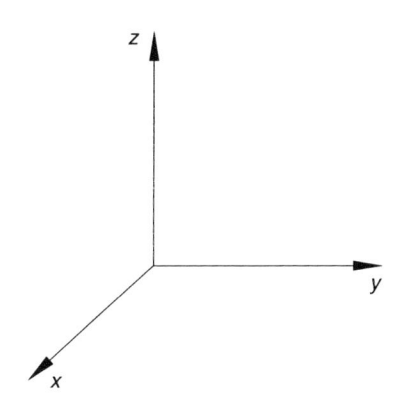

Bild 5-1

mit x, y und z bezeichnet. Dann geht man noch einen Schritt weiter und bringt auf jeder Achse einen Maßstab (Skala) an (Bild 5-2). Damit wäre

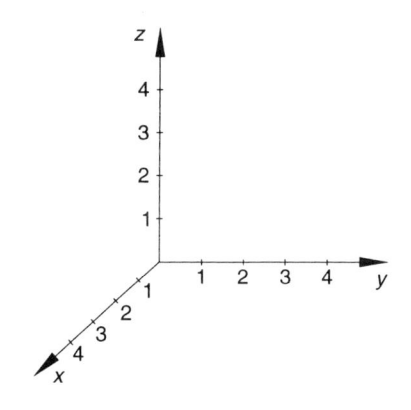

Bild 5-2

jeder Punkt im Raum festgelegt. Nehmen wir zum Beispiel irgendeinen Punkt P im Raum (x, y, z-Raum) an (Bild 5-3),

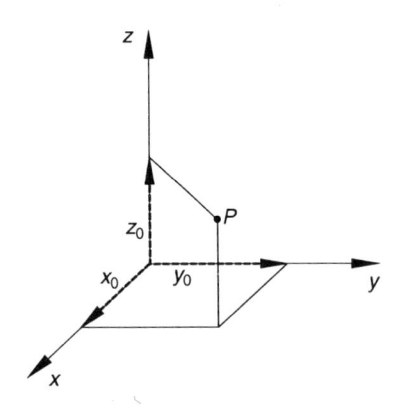

Bild 5-3

so ist dieser durch die Werte x_0, y_0 und z_0 eindeutig festgelegt: Die Werte x_0, y_0, z_0 werden auf den Skalen der Achsen x, y und z gemessen.

Wir schreiben dafür abgekürzt $P = P(x_0, y_0, z_0)$ und meinen damit, daß der Punkt P (den wir betrachten) durch die drei Werte x_0, y_0 und z_0 auf den drei x-, y- und z-Achsen nach Bild 5-3 festgelegt ist (beschrieben wird). Der Punkt $P = P(0,0,0)$ entspricht danach dem „Ursprung" der drei Koordinaten, dieser Stelle also, aus der in Bild 5-3 die Achsen hervorgehen, oder besser gesagt, in welcher sich alle Achsen schneiden.

Um nun den ganzen Raum zu erfassen, erweitern wir die x-, y- und z-Achsen auch für negative x-, y- und z-Werte,

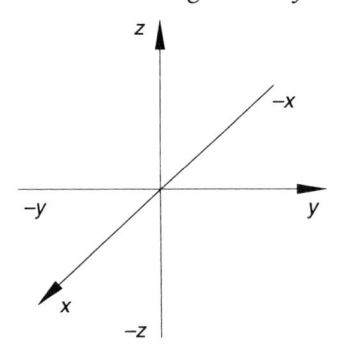

Bild 5-3a

so daß jeder Punkt P im ganzen Raum durch positive oder negative x-, y- und z-Werte – die wir *Ortskoordinaten* nennen wollen – festgelegt ist. Entsprechend bezeichnen wir das Achsenkreuz als die drei Koordinatenachsen und das Ganze als *Koordinatensystem*, in welchem man alle Punkte im Raum eindeutig bezeichnen kann.

Jetzt können wir ein Feld genauer beschreiben: Beispielsweise die Kraft im Punkt $P = P(x_0, y_0, z_0)$, die dort auf ein Elektron ausgeübt wird – es handelt sich also um ein elektrisches Feld –, wird mit dem Buchstaben K bezeichnet, und wir schreiben dann einfach $K = K(x_0, y_0, z_0)$ und haben damit den oben beschriebenen Sachverhalt mathematisch zum Ausdruck gebracht. (Man erkennt schon aus diesen einfachen Vorgängen, daß in wissenschaftlichen Beschreibungen Absprachen alles bedeuten; ohne sie ist alles wertlos!)

Der Buchstabe K steht also für die Kraft, die auf das Elektron im Punkt $P(x_0, y_0, z_0)$ wirkt. Damit ist gezeigt, daß in K sozusagen *zwei* Informationen stecken müssen.

Da ist zum einen die *Richtung* der Kraft (die ebenfalls durch drei Zahlenwerte festgelegt werden muß) und zum anderen der *Wert* der Kraft selbst, ihre „Stärke" also, die schon durch einen Zahlenwert erfaßt wird. Das mag für manchen ein wenig kompliziert klingen. Man kann daher auch etwas übersichtlicher vorgehen und führt die drei Kräfte K_x, K_y und K_z in die Richtungen x, y und z ein, so daß wir – in Erweiterung von $K = K(x_0, y_0, z_0)$ – schreiben können:

$$K_x = K_x(x_0, y_0, z_0) \qquad (5\text{-}1a)$$

$$K_y = K_y(x_0, y_0, z_0) \qquad (5\text{-}1b)$$

$$K_z = K_z(x_0, y_0, z_0) \, . \qquad (5\text{-}1c)$$

Jetzt ist ein wenig Aufmerksamkeit erforderlich, denn was bedeuten eigentlich genau die rechten Seiten von Formel (5-1a bis 5-1c)? Haben wir den Punkt $P(x_0, y_0, z_0)$ vorgegeben, also die Werte x_0, y_0, z_0, dann müßte durch $K_x(x_0, y_0, z_0)$ offenbar eine *Rechenvorschrift* eingeführt werden, die es erlaubt, aus den Punktwerten x_0 y_0 z_0 die Kraft K_x in x-Richtung auszurechnen – genauso ist es. Das gleiche gilt auch für K_y und K_z.

Nun gehen wir noch einen Schritt weiter und machen uns vom Punkt x_0 y_0 z_0 frei, indem wir nun alle Punkte x, y und z in Betracht ziehen, wobei später gegebenenfalls spezielle Werte herausgegriffen werden können, die wir aus irgendwelchen Gründen festlegen wollen. Also z.B. den Punkt 1

$$P_1 = P_1(x_1, y_1, z_1). \tag{5-2}$$

Wir zählen so die *ausgewählten* Punkte durch und kommen zu

$$P_2 = P_2(x_2, y_2, z_2) \text{ usw.} \tag{5-3}$$

Jetzt nochmals einen Schritt weiter. Wir schreiben

$$P_i = P_i(x_i, y_i, z_i). \tag{5-4}$$

Damit wollen wir folgendes sagen: Der i-te-Punkt – und i soll für 1, 2, 3, ... stehen – ist durch x_i, y_i und z_i gegeben. Schreiben wir noch

$$i = 1, 2, 3...M, \tag{5-5}$$

dann heißt das, daß nun M Punkte betrachtet werden und diese durch ihre Koordinatenangaben festgelegt sind. i darf nicht größer als M werden, und M können wir wiederum vorgeben, etwa $M = 100$, wenn 100 Punkte im Koordinatensystem betrachtet werden sollen.

Der aufmerksame Leser wird bemerkt haben, daß wir zwar – nach drei Rechenvorschriften – die Kräfte K_x, K_y und K_z an jedem Punkt ausrechnen können, aber wie steht es neben den wichtigen Richtungen der Kraft mit deren absoluten Größe (Stärke) K selbst?

Hier wollen wir es uns einfacher machen, zumal für das folgende mehr Wissen nicht nötig ist.

Ohne Beweis sei angegeben, daß sich die Größe der Kraft K aus

$$K^2 = K_x^2 + K_y^2 + K_z^2 \tag{5-6}$$

ergibt, besser aus

$$K = \sqrt{K_x^2 + K_y^2 + K_z^2}. \tag{5-6a}$$

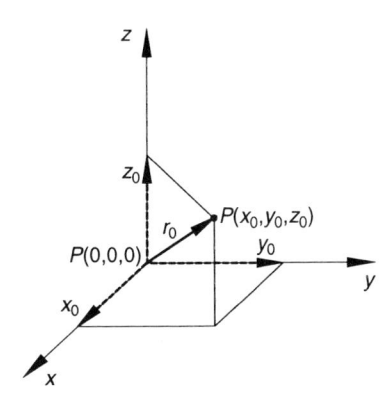

Bild 5-4

Der ein wenig geübte Leser wird dies leicht aus Bild 5-3 herleiten können, indem er erkennt, daß sich der Abstand r_0 des Punktes $P(x_0, y_0, z_0)$ zum Koordinatenursprung $P(0, 0, 0)$ zu

$$r_0^2 = x_0^2 + y_0^2 + z_0^2 \tag{5-7}$$

ergibt. Ersetzen wir in Bild 5-3 die Werte x_0, y_0 und z_0 durch K_x, K_y und K_z, so erhalten wir die Formel (5-6a), d.h. der Radius r_0 ist dadurch formal zur Kraft K geworden.

Bei diesen Überlegungen ist allerdings etwas Wesentliches in Bezug auf den Punkt zu beachten, an welchem die Kraft (mit ihren Komponenten) berechnet wird. Der Radius r_0 rechnet ja vom Koordinatenursprung aus, so daß wir in diesem Falle die Kräfte K_x, K_y und K_z vom Punkt $P(0, 0, 0)$ aus berechnet haben, und diese Kraft, die vom Koordinatenursprung ausgeht, zielt in diesem Beispiel auf den Punkt $P(x_0, y_0, z_0)$. Das darf nicht mit den Formeln (5-1) verwechselt werden. Dort werden nämlich wirklich die Kräfte am Punkt $x_0\ y_0\ z_0$ ausgerechnet und zählen von dort aus, während es sich hier *nach der Herleitung* um eine Kraft am Koordinatenursprung handelt, also $K(0, 0, 0)$!

In diesem Falle also können wir schreiben:

$$K_x = K_x(0, 0, 0) \qquad \qquad (5\text{-}8a)$$

$$K_y = K_y(0, 0, 0) \qquad \qquad (5\text{-}8b)$$

$$K_z = K_z(0, 0, 0) \ . \qquad \qquad (5\text{-}8c)$$

Daß wir gerade den Punkt $P(x_0, y_0, z_0)$ als Richtung der Kraft von $P(0, 0, 0)$ aus betrachten, lag daran, daß wir von Anfang an angenommen haben, daß die Kräfte (Komponenten) K_x, K_y und K_z in $P(0, 0, 0)$ – zusammengefaßt zu K – diese Richtung haben. Wir hätten auch als Beispiel andere Werte für die Richtung der Kraft annehmen können (andere x_0 y_0 z_0-Werte) und wären damit natürlich auf andere Punkte (andere Komponenten) gekommen.

Die Werte K_x, K_y und K_z stellen also die Richtungskomponenten (in x-, y-, z-Richtung) einer Kraft K dar. Alle Komponenten zusammen ergeben die resultierende Gesamtkraft K (ein Zahlenwert) nach (5-6a), dann aber ist auch klar (aus Bild 5-3), daß sich die Richtung von K – also auch die Richtung von r vom Koordinatenursprung ausgehend – aus den Größen der Komponenten ergibt, wie oben dargelegt wurde.

Felder, für die in jedem Punkt P des Raumes nach einer Rechenvorschrift eine *Kraft K* (Betrag und Richtung) angegeben werden kann, nennen wir *Kraftfelder*!

Was aber bedeutet nun die schon oft erwähnte *Rechenvorschrift*, die dann notwendig wird, wenn wir uns über den Punkt, den wir betrachten wollen, einig geworden sind?

Ist sie willkürlich? Keineswegs. Gerade hier liegt das Wesentliche unserer Überlegungen! Haben wir den *Punkt*, an welchem wir die Kraft kennen wollen, die auf ein Teilchen wirkt, noch nach Belieben bestimmen können, so ist die Berechnung dieser *Kraft* – also die besagte Rechenvorschrift – von der Natur gegeben. Es handelt sich damit um ein Naturgesetz, also eine Rechenvorschrift, die für jeden Punkt definiert ist und es an jedem Punkt auch wirklich ermöglicht, die entsprechenden *Kraftkomponenten und K* auszurechnen.

Es ist ja gerade die Aufgabe der Theorie (wir haben es oben schon besprochen), derartige Gesetze aufzuspüren und zu ermöglichen, daß aus Ihnen allgemeine Ergebnisse berechnet werden können, die mit den gemessenen Werten (Erfahrung) übereinstimmen.

In diesem Sinne sind die Ausdrücke

$$K_x = K_x(x, y, z) \tag{5-9a}$$

$$K_y = K_y(x, y, z) \tag{5-9b}$$

$$K_z = K_z(x, y, z) \tag{5-9c}$$

insgesamt als die *mathematische Darstellung des Kraftfeldes* zu betrachten, wobei die Rechenvorschriften auf der rechten Seite der drei Gleichungen sich im einzelnen zu

$$K_x = K_x(x, y, z) = \frac{xQ}{\left(\sqrt{x^2 + y^2 + z^2}\right)^3} \tag{5-10a}$$

$$K_y = K_y(x, y, z) = \frac{yQ}{\left(\sqrt{x^2 + y^2 + z^2}\right)^3} \tag{5-10b}$$

$$K_z = K_z(x, y, z) = \frac{zQ}{\left(\sqrt{x^2 + y^2 + z^2}\right)^3} \tag{5-10c}$$

ergeben, wobei die das elektrische Feld *erzeugende* Ladung Q sei. Q ist in unserem Falle immer ein Vielfaches der Elementarladung, wenn es sich um Elektronen und Atomkerne handelt. Das ist das besagte Naturgesetz. Für andere Felder existieren andere Rechenvorschriften!

Die Gleichungen (5-10a bis 5-10c) mögen manchem schon ziemlich kompliziert erscheinen, aber in der Praxis sieht das so aus:

Man wähle einen Punkt x, y, z aus (also $P(x, y, z)$), bildet von jeder Koordinate (also von x, y und z) das Quadrat (x^2, y^2, z^2), zählt diese Werte zusammen ($x^2 + y^2 + z^2$) und zieht dann daraus die Wurzel

$$\sqrt{x^2 + y^2 + z^2}.$$

Dann rechnet man von diesem Ergebnis die dritte Potenz („hoch 3") aus

$$\left(\sqrt{x^2 + y^2 + z^2}\right)^3,$$

und schließlich teilt man im Falle K_x das Produkt $x \cdot Q$ durch das obige Ergebnis.

Ich habe das so ausführlich dargestellt (und manche Leser mögen mir das verzeihen), weil ich schon vorbereitend auf das Kapitel 7 (wo die mathematischen Operationen nochmals genauer behandelt werden) zeigen möchte, daß diese in Worten so umständliche Prozedur mit dem mathematischen Ausdruck (5-10a) so klar dargestellt werden kann.

Übrigens ist dabei *angenommen* worden, daß die Ladung Q *im Ursprung des Koordinatensystems* liegt, wenn die Formeln diese „Gestalt" haben, anderenfalls, wenn die Lage von Q beliebig ist, verändert sich die Rechenvorschrift ein wenig.

Die Ladung Q „erzeugt" also ein elektrisches Kraftfeld wie in (5-10) dargestellt, und wenn wir die Kräfte K_x, K_y und K_z für ein Teilchen mit der Ladung q (wieder ein Vielfaches von e) ausrechnen wollen, welches wir in diesem Feld an den Ort x, y, z, also an den Punkt P (x, y, z), gebracht haben, so müssen wir die Komponenten K_x, K_y und K_z (nach 5-10) noch mit diesem q multiplizieren. Denn die Kräfte sind ja um so stärker, je größer q und natürlich Q sind.

Schließlich noch ein Zahlenbeispiel: Für den Punkt x = 0, y = 3 und z = 4 (er liegt auf der Ebene, die durch die Achsen y und z „aufgespannt" wird) ergibt sich $x^2 + y^2 + z^2 = 25$, so daß sich

$$K_x = 0; \quad K_y = 3Q/125; \quad K_z = 4Q/125 \tag{5-11}$$

ergibt. In x-Richtung tritt in diesem Punkte keine Kraft auf, was mit der Form des Kraftfeldes und mit der Wahl der Punkte zusammenhängt. Die Festlegung der Einheiten, in denen die Kräfte gemessen werden, lassen wir vorerst aus. Für ein Elektron gilt natürlich q = e.

Wir haben bisher Kraftfelder betrachtet, also Felder, in denen jeder Punkt im Raum mit einer *Kraft* in Beziehung gesetzt werden kann (Rechenvorschrift), die dort auf ein Teilchen wirkt. Wir kennen Kraftfelder, die sich aus elektrischen, magnetischen oder Massenwechselwirkungen ergeben. Weitere Felder existieren *in* den Atomkernen (Wechselwirkungen zwischen den Nukleonen), worauf wir allerdings nicht eingehen wollen, da uns ja die „chemische Materie" (Elektronen und Atomkerne) interessiert.

Neben den bisher so betrachteten Kraftfeldern gibt es noch *Energiefelder*, die eigentlich ursprünglicher sind, weil aus ihnen die dazugehörigen Kraftfelder abgeleitet werden können. Energiefelder sind dadurch festgelegt, daß in jedem Punkt des Raumes die *Energie* angegeben werden kann, die das Teilchen dort gegenüber einem feldfreien Raum besitzt.

Im Falle des elektrischen Feldes z.B. ist es die Energie, die *aufgewendet* werden muß, um das Teilchen aus dem Unendlichen in den Punkt x, y, z zu bringen, wenn sich die Ladungen Q und q abstoßen, oder *freigesetzt* wird, wenn sich die Teilchen anziehen.

Wir erkennen hier einen wesentlichen Unterschied der beiden Feldtypen: Kraftfelder werden durch die drei Komponenten der Kraft je Punkt definiert, wir nennen sie *Vektorielle Felder*, während das Energiefeld nur durch *eine* Größe – die Energie – festgelegt werden kann, die vom jeweiligen Raumpunkt abhängt. Sie heißen *Skalare Felder*.

Auch hier gibt es wieder die entsprechenden Energiefelder E für die elektrischen oder magnetischen Wechselwirkungen sowie der Massenanziehung.

Das Energiefeld, welches durch eine Ladung Q im Koordinatenursprung erzeugt wird, ist übrigens durch

$$E = \frac{qQ}{\sqrt{x^2 + y^2 + z^2}} \qquad (5\text{-}12)$$

gegeben, wenn dieses Feld auf eine Ladung q wirkt. Es ist wichtig, darauf hinzuweisen, daß E negativ definiert wird, wenn q und Q *verschiedene* Vorzeichen haben, also eine Anziehung vorliegt, so daß damit Anziehungsfelder durch negative Energien charakterisiert sind. Eine wichtige Feststellung, die wir später benötigen.

Damit wäre dann das Allerwichtigste über Felder gesagt, wobei wir uns auf einige wenige Beispiele beschränkt haben.

Mancher Leser wird sich wundern, daß wir den Feldbegriff so ausführlich, ja beinahe langatmig besprochen haben. Es war mir wichtig, daß einmal mit wenig Voraussetzungen dargelegt wird, was ein Feld ist, denn mit diesem Begriff wird in manchen Bereichen unserer Gesellschaft sehr leichtsinnig und oft falsch umgegangen. Felder sind für viele etwas Unfaßbares, Geheimnisvolles und aus diesem Grunde können auch viele Irrtümer und fehlerhafte Weltvorstellungen entstehen.

Zum anderen spielt auch der Feldbegriff in diesem Buch für das Folgende eine so zentrale Rolle, daß man sich Zeit nehmen sollte, um in dieser Art darauf einzugehen.

Nachdem wir nun das alles dargelegt haben, wollen wir zu den *elektromagnetischen Wellen* übergehen. Das ist nach allem bisher Besprochenen relativ einfach.

Zuerst wollen wir noch nachtragen, daß die betrachteten Felder (und wir beziehen uns auf elektrische und magnetische Felder) zeitlich unverändert waren, also nicht (neben x, y, z) noch von der Zeit (die wir t nennen wollen) abhängen. Übrigens ist es üblich, x, y, z (als Längenangabe) in Metern anzugeben, während t in Sekunden gezählt wird.

Jetzt kommen wir zu einem interessanten Aspekt! Bewegen wir die Ladung Q, die das elektrische Energiefeld E erzeugt, z.B. auf der z-Achse hin und her, so haben wir damit sicher ein *zeitabhängiges E-Feld* erzeugt, denn E ändert sich jetzt in jedem Punkt x, y, z.

Wir wollen noch voraussetzen, daß sich die Ladung Q durch den Punkt P (0, 0, 0) gleichmäßig wiederholend (wie ein Pendel) bewegt. Was geschieht nun in der Umgebung von Q?

Die Ladung q weiter draußen wird natürlich das periodisch veränderliche E-Feld (oder K-Feld) bemerken und ebenfalls hin- und herschwingen, um den zusätzlich durch die Bewegung von Q entstehenden Kräften (Feldänderungen) nachzugeben.

Auf diesem Vorgang beruht das Radio, das Fernsehen, die Mikrowelle und die Langwellensender, aber auch die Wärmestrahlung, das sichtbare Licht, die UV-Strahlung und schließlich auch die Röntgenstrahlung.

Wir haben also allen Grund, uns langsam und aufbauend die Vorgänge klarzumachen, denn zuletzt werden daraus Konsequenzen entstehen, die den Titel dieses Kapitels rechtfertigen!

Zuerst aber noch ein paar Fakten: Die bewegte negative Ladung Q stellt einen elektrischen Strom dar, denn elektrischer Strom ist nichts anderes als ein Strom von Elektronen (etwa durch einen Draht), wenn man von Einzelheiten absieht. In unserem Falle handelt es sich um einen periodischen elektrischen Strom von Q Elementarladungen (wie wir oben feststellten). Der Strom ändert also regelmäßig seine Richtung, so daß man dies auch grafisch leicht darstellen kann.

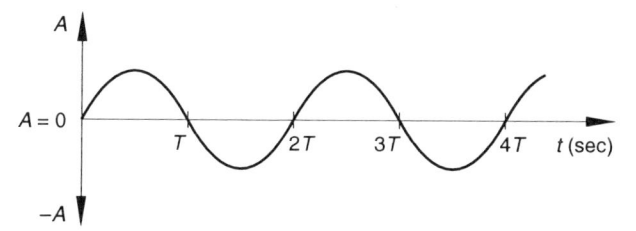

Bild 5-5

Auf der waagerechten Geraden von links nach rechts verläuft die Zeit t und in Höhe und Tiefe ist die Bewegung von Q in der Zeit aufgetragen, wobei die Auslenkung (von Punkt P (0, 0, 0) aus) durch die Größe A dargestellt ist. Zu jedem Zeitpunkt t haben wir also eine ganz bestimmte Auslenkung der Ladung Q aus der Ruhelage $A = 0$ heraus. Oder anders ausgedrückt, die eingezeichnete Kurve (Wellenlinie) beschreibt die jeweiligen Amplituden der Schwingung von Q. Immer nach gewissen Zeiten T, $2T$, $3T$ ist die Auslenkung der Amplitude A wieder 0 (Ruhestellung). Wir haben dabei jetzt t mit T gleichgesetzt, da es sich um *bestimmte* Zeiträume handelt, bei denen das gleiche Ereignis ($A = 0$) auftritt.

Um es noch einmal zu sagen: Nach oben (+A) und unten (-A) ist eine räumliche Veränderung von Q in z-Richtung aufgezeichnet, während die Zeit von links nach rechts verläuft.

Wie aber steht es nun mit der Ladung q (in gewisser Entfernung von Q), die ja aufgrund der Feldänderung mitschwingt? Der Vorgang ist bemerkenswert, denn offenbar ist Energie übertragen worden: Nachdem sich Q bewegte, fing nämlich auch q damit an, Bewegungen auszuführen, so daß q Bewegungsenergie erhalten hat, nachdem auch Q in Bewegung geriet. Geschieht diese Übertragung augenblicklich?

Die Erfahrungen – und es gibt dazu eine Theorie – zeigt nun, daß sich *senkrecht* zu bewegter elektrischer Ladung (Strom) ein magnetisches Feld aufbaut, sobald die Bewegung beginnt. In unserem Falle *umschließt* das Magnetfeld die z-Achse im Bereich der Q-Bewegung und wechselt ebenso seine Richtung (Drehsinn), sobald Q an den Stellen maximaler Auslenkung umkehrt.

Können Sie sich das so ungefähr vorstellen? Es ist nicht einfach, und es gelingt auch nur unvollständig – das aber genügt vorerst: Wir erkennen ein schwingendes elektrisches Feld (durch die Q-Bewegungen) und um die z-Achse ein magnetisches Feld mit periodisch wechselndem Drehsinn, denn während die Kräfte eines elektrischen Feldes auf die erzeugende Ladung gerichtet sind, kann man diese Kräfte beim magnetischen Feld auf „Kreisen" um die z-Achse erwarten.

Nun geschieht etwas Fundamentales. Während die Ladung Q hin- und herschwingt, entstehen auf oben beschriebene Weise in der Umgebung periodische elektrische Felder, um die sich (wie bei der Q-Bewegung oben) magnetische Felder bilden, deren Stärke ebenfalls periodisch ist, entsprechend der Bewegung von Q. Diese miteinander verknüpften *elektromagnetischen Felder* lösen sich aus der Umgebung von Q und wandern – mit Lichtgeschwindigkeit – in den Raum hinaus, und da diese Änderungen der elektromagnetischen Felder periodisch sind, bewegen sich elektromagnetische *Wellen* durch den Raum. Treffen sie auf die Ladung q, so wird diese im nun entstehenden elektromagnetischen Kraftfeld ebenfalls periodisch bewegt. Es „fließt" also ein periodischer q-Strom, der durch die Bewegung von Q im Raum ausgelöst wurde. (In einem Draht würde in der Tat ein Strom fließen.)

So also muß man sich die Entwicklung der elektromagnetischen Wellen vorstellen. Die „Störung" im Raum bedingt durch die Entstehung eines schwingenden elektrischen Feldes (durch die Bewegung von Q), bewegt sich dann sogleich verknüpft mit einem magnetischen Feld mit der Geschwindigkeit von rund $c = 300.000$ km/sec. (c = Lichtgeschwindigkeit, s. S. 8) immer schwächer werdend durch den Raum, weil sich Energie auf eine immer größer werdende Kugelschale um den Ausgangspunkt verteilen muß. Das heißt: An weiter draußen liegenden Punkten wird eine wesentlich schwächere elektromagnetische Feldänderung festgestellt (gemessen).

Das ist also die Ausbreitung der elektromagnetischen Wellen von einem kleinen Raumgebiet (hier Koordinatenursprung) aus, wo sich die elektrische Ladung Q periodisch bewegt.

Eine vollständige Schwingung besteht aus einem Wellenberg und einem Wellental, denn dann beginnt der Vorgang aufs Neue. Diese Schwingung benötigt also nach Bild 5-5 $2T$ Sekunden. In dieser Zeit hat sich ein solches „Gebilde" vom Entstehungsort abgelöst und bewegt sich mit c davon weg. Das heißt, die Wellenfront ist in $2T$ Sekunden um einen Wellenberg und um ein Wellental (wir nennen das eine *Wellenlänge*, λ) vorangekommen. Die zurückgelegte Strecke – hier λ – geteilt durch die Zeit, in der sie zurückgelegt wurde – $2T$, – ist offenbar die Geschwindigkeit c, somit gilt, als Formel

$$\lambda / 2T = c. \tag{5-13}$$

Fragen wir dagegen nach der Anzahl periodischer Schwingungen pro Sekunde, also nach der *Frequenz* ν, so müssen wir eine Sekunde durch $2T$ teilen, weil jede Schwingung in der Zeit $2T$ abgelaufen ist, und erhalten

$$\nu = 1 / 2T \tag{5-14}$$

und damit geht (5-13) über in die wichtige Beziehung

$$\lambda \nu = c. \tag{5-15}$$

Eine Schwingung in einer Sekunde nennen wir ein *Hertz* (benannt nach einem deutschen Physiker). Wir messen λ in Meter, ν bedeutet Schwingungen pro Sekunde und c ist die Lichtgeschwindigkeit. Je größer die Wellenlänge, desto kleiner die Frequenz (in Hertz gemessen), da c eine Konstante ist; das können wir erst einmal aus der Gleichung (5-15) herauslesen.

Die Erfahrung zeigt übrigens, daß die elektromagnetischen Wellen, die sich mit c durch den leeren Raum ausbreiten, je nach Frequenz (oder Wellenlänge) verschiedenes Verhalten gegenüber der Materie zeigen, auf die sie treffen.

Dazu noch ein paar Feststellungen: Die Wellenlängen der Radioprogramme und des Fernsehens liegen etwa zwischen 15000 m und einigen Metern. Die Wellenlängen der Wärmestrahlung sind ungefähr um 0,0003 m lang. Die Wellenlängen des sichtbaren Lichts liegen ungefähr zwischen 0,0000004 m (violett) und 0,0000007 m (rot), UV-Strahlung bei ungefähr 0,0000001 m. Röntgenstrahlen haben Wellenlängen von ca. 0,00000005 bis 0,0000000001 m. Schließlich gibt es eine Strahlung aus dem Weltall, deren Wellenlängen noch kürzer als Röntgenstrahlen sind (0,0000000000005 m).

Das ist eine ziemlich „bunte Palette". Die wesentliche Aussage der hier erreichten Erkenntnis besteht darin, daß alle diese Strahlungen auf elektromagnetische Wellen zurückgeführt werden können, und diese Strahlung entsteht durch bewegte Ladungen. Aber hier stutzen wir schon!

Entsteht nicht die Strahlung in der Materie? Strahlt nicht z.B. ein metallischer Körper – je nach Temperatur – Wärmestrahlen, Lichtwellen, UV- oder Röntgenstrahlen ab? Das hieße aber, wir müssen die Atome und Moleküle der Materie als Quellen der elektromagnetischen Wellenstrahlen ansehen. Alle Erfahrungen, alle Experimente und Versuche bestätigen diesen Sachverhalt!

Atome und Moleküle geben elektromagnetische Strahlung ab! Nicht genug, es stellt sich heraus, daß ganz bestimmte Frequenzbereiche abgestrahlt werden (das sogenannte *Spektrum*), die *typisch für das Atom oder Molekül* sind. Genauer gesagt: Einmal wird spezifisch in ganz bestimmten, sehr eng begrenzten Frequenzbereichen (*Spektrallinien*) abgestrahlt, zum anderen aber auch in großen Bereichen, deren Frequenzen sich kontinuierlich verändern (*Kontinuum*).

Das gilt auch dann, wenn ein Körper, also Materie, elektromagnetische Strahlung aufnimmt (absorbiert).

Das ist der Grund, daß wir bei den Untersuchungen der Spektren, die aus dem Weltall zu uns kommen, erkennen können, um welche Atome oder Moleküle es sich handelt, die „da draußen" existieren und Strahlung aufnehmen oder abgeben. *Im ganzen Kosmos*, das ist unsere Erfahrung (und die Theorie bestätigt das), gibt es *die gleichen Atomtypen*, und ihre *Zusammensetzung* zu Molekülen *unterliegt überall den gleichen Gesetzen*! Wir werden darüber bald genauere Aussagen machen.

Wie machen es die Elektronen in den Atomen und Molekülen also, daß derartige Spektren (also elektromagnetische Wellen) entstehen?

Nun gut, würde man sagen: Die Elektronen bewegen sich um die Atomkerne, daher entsteht elektromagnetische Strahlung. Aber so einfach kann es nicht sein. Bewegungen der Elektronen um die Atomkerne herum würde ja dann bedeuten, daß wir periodische Schwingungen der

Elektronen annehmen müssen, da sie ja die Atome oder Moleküle nicht verlassen können und somit „irgendwie" um die Atomkerne kreisen oder schwingen. Mit anderen Worten, da es sich um eine schwingende Bewegung handelt, würden Atome und Moleküle fortlaufend Strahlung – also Energie – abgeben, bis der Vorrat der Atome erschöpft ist und die Elektronen mit den positiven Atomkernen „zusammengefallen" sind, denn die Energie – das ist klar – kann nur aus den Anziehungskräften zwischen den Elektronen und Atomkernen herrühren. So geht es also nicht! Andererseits versteht man auch gar nicht, warum von Fall zu Fall ganz bestimmte Frequenzen (in Absorption und Abstrahlung) auftreten, andere nie beobachtet werden.

Ein eventueller Verdacht, die Energie rührt von Zusammenstößen zwischen den Atomen und Molekülen her, kann sofort ausgeräumt werden, denn die Wärmeenergie eines Stückes Materie besteht aus den Bewegungsenergien der Atome und Moleküle. Ein solcher Körper müßte, da er ja – wie oben dargestellt – immer abstrahlen muß, auch immer mehr abkühlen und die Strahlung würde schwächer werden oder ganz aufhören, was keineswegs beobachtet wird.

Nein – wie wir es auch drehen und wenden, wir finden so keine Erklärung für die Entstehung elektromagnetischer Strahlung in den Atomen und Molekülen.

Was hier so einfach dargestellt wird, war wirklich einmal die Sensation in den Naturwissenschaften, besonders in der Physik Ende des 19. Jahrhunderts bis in die Anfänge des 20. Jahrhunderts hinein. Spektren auf Spektren von den Atomen und chemischen Bindungen wurden damals aufgenommen, aufgezeichnet und gesammelt, ohne daß man verstand, wie das alles zustande kommt.

Es schien, als könne es der menschliche Verstand nicht erfassen, was da im Allerkleinsten geschieht, obwohl die Existenz von Elektronen und Atomkernen längst gesichert war und man immer mehr Erfahrungen sammelte.

Als ob es mit der Rätselhaftigkeit der Strahlungsentstehung noch nicht genug sei, wurde nach Verbesserung der Meßtechniken und des Apparatebaus eine ganz andere Erfahrung gemacht, die nun offenbar vollends dem gesunden Menschenverstand spottete.

Daß es sich bei der elektromagnetischen Strahlung um Wellenbewegungen des elektromagnetischen Feldes handelt, so wie wir es oben dargelegt haben, steht ohne Zweifel, denn schon im vergangenen Jahrhundert wurde immer wieder gezeigt, daß sich Licht (also die elektromagnetische Strahlung) auslöschen kann, also Dunkelheit entsteht, wenn ein Wellenberg mit dem Wellental einer anderen Strahlung zusammenfällt. Dann werden die Amplituden kompensiert, und es entsteht ein feldfreier Raum. Man nennt das *Interferenz*. Sehr vereinfacht haben wir das in Bild 5-6 dargestellt.

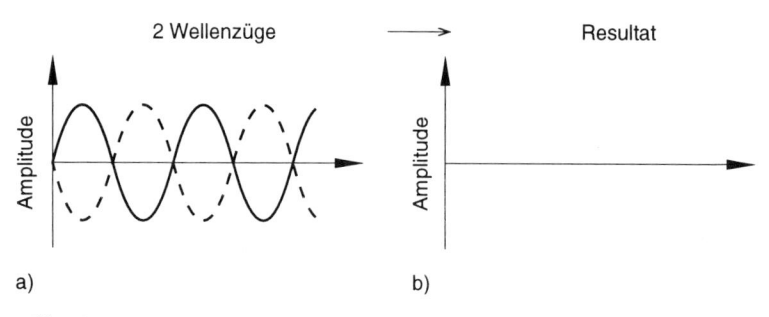

Bild 5-6

Links (5-6a) sind die beiden Wellenzüge (durchgezogene bzw. gestrichelte Linie) zu erkennen. Rechts (5-6b) ist die Kompensation (Interferenz) mit den Amplituden nach oben und unten aufgetragen. Vergleichen Sie bitte nicht Bild 5-6 mit Bild 5-5. Denn in Bild 5-5 ist in der waagerechten Achse die Zeit t aufgezeichnet worden, um zu zeigen, wie sich bei einer Schwingung die Amplitude mit der Zeit ändert, wenn eine Welle entsteht. In Bild 5-6 sind dagegen die Wellen schon entstanden; jetzt geht es vielmehr darum, auf der waagerechten Achse einen *Raumbereich* zu zeigen, in welchem sich zwei Wellenzüge treffen und zwar in der Weise, daß gerade Wellenberge mit Wellentälern zusammenfallen und sich kompensieren, was keineswegs immer der Fall zu sein braucht, wie Bild 5-7 zeigt.

Dort ist die andere Möglichkeit gezeichnet. Wellenberge fallen hier aufeinander (c), so daß in jeder Richtung eine Verstärkung der Amplitude auftritt (d).

2 Wellenzüge → Resultat

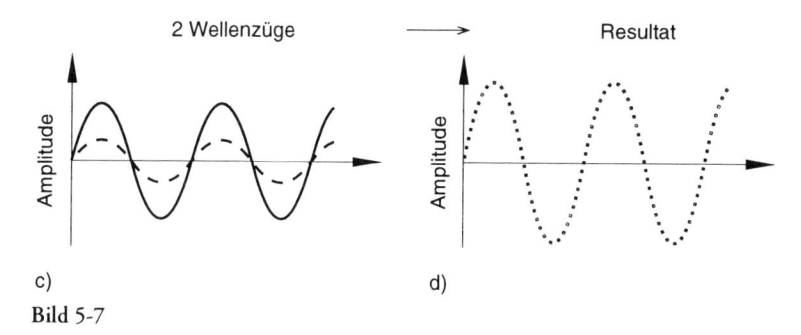

c) d)
Bild 5-7

Durchgezogene und gestrichelte Amplituden werden also in jedem Fall zusammengezählt: In Bild 5-6 ergibt das Ergebnis eine Auslöschung des elektromagnetischen Feldes, in Bild 5-7 werden die Berge und Täler der resultierenden Wellenstrahlung (d) bezüglich positiver und negativer Werte sogar verstärkt (gepunktete Linie).

Kurz und gut – die Interferenz ist ein überzeugendes Beispiel für die „Wellennatur" der elektromagnetischen Strahlung, welche Frequenz sie auch haben mag, und das ist bis heute so geblieben!

Ganz im Einklang damit steht auch die Erfahrung, daß sich ziemlich komplexe Wellenbewegungen „aufbauen" können, wenn in einem Raumbereich Wellenberge und Wellentäler der beiden Strahlungen gegeneinander verschoben sind, wie in Bild 5-8 gezeigt (e), (f).

Alles kann beobachtet werden und steht damit im Einklang, daß eine elektromagnetische Strahlung beliebiger Frequenz (und Wellenlänge), die von Atomen und Molekülen erzeugt wird, einer *Wellenbewegung* des elektromagnetischen Feldes entspricht!

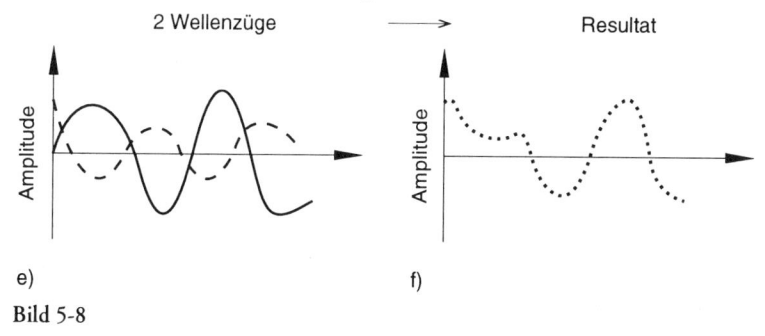

2 Wellenzüge → Resultat

e) f)
Bild 5-8

Allerdings, das muß auch gesagt werden, merken wir im allgemeinen nichts davon, wenn wir in der Welt des Lichtes und der Strahlungen leben, denn diese Wellenbewegungen laufen mit der Geschwindigkeit des Lichtes durch den Raum, so daß derartige Interferenzen nicht so ohne weiteres beobachtbar sind, zumal, wie man leicht einsieht, die miteinander interferierenden Wellenzüge von annähernd gleicher Wellenlänge sein müssen, damit überhaupt so etwas bemerkbar wird. Denn damit eine deutliche Auslöschung (durch Kompensation der Amplituden) stattfindet, müssen die Bereiche von Wellenbergen und Wellentälern (im Raumbereich der Welle) schon einigermaßen übereinstimmen.

Das heißt, eine Menge Erfahrung und einiges Nachdenken ist schon von Nöten, damit man die experimentellen Bedingungen finden und herstellen kann, die einem dann so einleuchtend und überzeugend die Wellenbewegung des so schnell fortschreitenden Feldes zeigen.

Für die folgenden Kapitel ist es allerdings notwendig, daß wir auf einige klassische Experimente eingehen, die die Verhältnisse besonders gut demonstrieren und in der Entwicklung der Theorie eine sehr wichtige Rolle gespielt haben.

Ich werde allerdings nur die allerwesentlichsten Elemente dieser Versuche darlegen, um den Leser nicht durch Details – die natürlich auch ihre Bedeutung und Notwendigkeit haben – abzulenken. Es wird uns allein um den wesentlichen Vorgang gehen, der den Ablauf der Wellenbewegung so deutlich und eindeutig wiedergibt.

Wir haben bisher eine elektromagnetische Strahlung betrachtet, die einen ziemlich begrenzten Ausgangsbereich hat, nämlich den Koordinatenursprung, um den eine elektrische Ladung periodische Bewegungen ausführt. Man beobachtet dann eine „Kugelwelle", eine kugelförmige Wellenform, die mit Lichtgeschwindigkeit nach allen Seiten fortschreitet. Als Mittelpunkt dieser Kugelwelle kann dann der Koordinatenursprung angesehen werden, wobei noch betont werden muß, daß wir das xyz-Koordinatensystem absichtlich in diesen Punkt gelegt haben. Aus diesem Grunde nämlich waren die Formeln für das elektrische Feld sowie auch für das entsprechende Kraftfeld relativ einfach. Hätten wir den Koordinatenursprung in einen anderen Raumpunkt gelegt, die Strahlenquelle dagegen an ihrem Ort gelassen, so hätten die Gleichungen eine andere Form angenommen, obwohl das Feld an sich völlig unverändert geblieben wäre. Das liegt daran, daß wir E sowie die Kräfte K_x, K_y und K_z von einem anderen Punkt aus berechnen, eben gerade von dem neuen Koordinatenursprung aus! Die *Werte* für die Kräfte sowie die Energie in den Raumpunkten sind dagegen die gleichen, weil ja das Feld, welches noch immer aus der alten Strahlungsquelle hervorgeht, das gleiche geblieben ist. Wir haben also durch *Veränderungen der Koordinaten nicht die Natur verändert, sondern nur deren Beschreibung anhand der Formeln.* Es ist daher ein allgemeines Prinzip unter Naturwissenschaftlern, daß man dasjenige Koordinatensystem wählt, welches die einfachsten (dem Aussehen und der Brauchbarkeit nach) Gleichungen liefert. Das bezieht sich nicht nur auf „Verschiebungen" unseres xyz-Systems, welches man das *kartesische Koordinatensystem* nennt, sondern auch auf ganz andere drei Koordinaten, die ebenfalls einen Punkt im Raum festlegen. Im kartesischen Koordinatensystem waren es die drei Längen x, y und z. Im System der *Polarkoordinaten* z.B. wird jeder Punkt durch die Angabe zweier Winkel (ϑ und φ) und einer Länge r erfaßt, wie Bild 5-9 zeigt.

Hier ist das kartesische Koordinatensystem ebenfalls eingezeichnet. Zwischen x, y, z und r, ϑ, φ gibt es „Transformationsgleichungen", die die Werte x, y und z des Punktes $P(x, y, z)$ in *seine* Werte in Polarkoordinaten (Kugelkoordinaten) r, ϑ und φ überführen, also dabei der gleiche Punkt angenommen wird ($P(x, y, z) = P(r, \vartheta, \varphi)$). Doch wollen wir darauf nicht näher eingehen. Eine Transformationsgleichung kennen Sie schon in der Beziehung zwischen r und x, y und z nach Gleichung (5-7), denn r in Bild 5-9 ist das gleiche r wie in Bild 5-4.

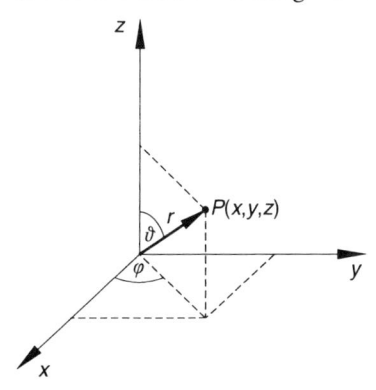

Bild 5-9

Nach diesen langen Einführungen und Vorbereitungen – der Leser wird später noch erkennen, wie notwendig das gewesen war, wenn das Ziel erreicht werden soll – können wir nun eine entscheidende Frage angehen, die manchem Leser vielleicht inzwischen schon gekommen sein mag. Folgende Frage nämlich: Die in $P\,(0, 0, 0)$ erzeugte Kugelwelle pflanzt sich mit der Geschwindigkeit c in den Raum hinein fort, wobei r der Radius der „Kugelwelle" ist. Kann man nicht jeden Raumpunkt, den die Welle gerade erreicht, im Augenblick als Ausgangspunkt einer neuen Kugelwelle betrachten? Denn in diesem Augenblick ist das Feld bis an diesen Punkt gelangt, und es ist eigentlich gar nicht einzusehen, warum wir nicht die vergangenen Vorgänge (Ausbreitung) vergessen und von den neuen Punkten (auf der Kugeloberfläche) ausgehen?

Die Frage ist mit einem klaren Ja zu beantworten. Aber ich fürchte, der unbefangene Leser sieht nun ein Wirrwarr der Ausbreitung von Wellenbergen und Wellentälern und kann sich eine geordnete Fortpflanzung der Wellen nicht mehr vorstellen. Aber gerade diese Tatsache, so zeigen die näheren Untersuchungen, führt zu vernünftigen und mit der Erfahrung im Einklang stehenden Bewegungen der sich vom Ursprung ausbreitenden elektromagnetischen Welle. Mit anderen Worten, die Annahme, daß jeder Punkt wieder Ausgangspunkt einer Kugelwelle ist, steht im Einklang mit der Erfahrung. Es stellt sich nämlich heraus, daß gerade die oben besprochene Interferenz dazu führt, daß sich eine Kugelwelle ausbreitet, so wie wir es auch erwarten würden. Werden alle Punkte auf der Kugeloberfläche berücksichtigt und die Wirkungen aufsummiert, so tritt aufgrund der Interferenz genau das auf, was die Erfahrung zeigt: Eine Strahlung nach rückwärts wird durch allgemeine Interferenzen ausgelöscht, und die Kugelwelle schreitet weiter in den Raum hinaus. Innen erweitert sich das Gebiet ohne elektromagnetische Wellen kugelförmig, wenn die Schwingung von Q nach kurzer Zeit wieder beendet worden ist.

Mit diesen Überlegungen haben wir alles zusammen, was wir zur Besprechung des erwähnten Versuches brauchen, der so eindrucksvoll die Wellennatur der elektromagnetischen Strahlung zeigen wird.

Er besteht darin, elektromagnetische Wellen, also z.B. Licht, durch einen sehr dünnen Spalt zu schicken (Bild 5-10), wobei wir annehmen,

Schirm

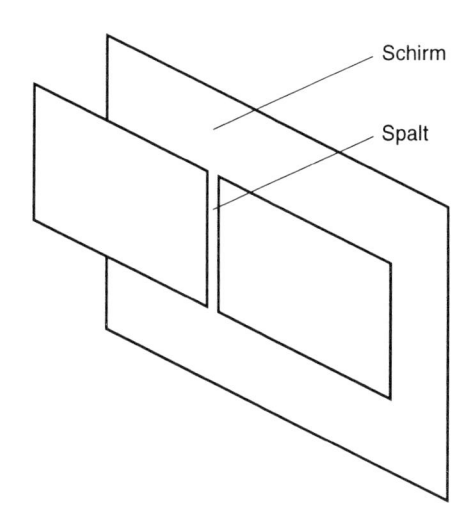

Spalt

Bild 5-10

daß dieser weit genug von der Lichtquelle entfernt ist, so daß in diesem Raumgebiet die Kugelwelle näherungsweise in eine ebene Welle (Radius der Kugel ist sehr groß) übergeht. Zum anderen gelingt der Versuch besonders gut, wenn der Durchmesser des Spaltes in der Größenordnung der Wellenlänge λ der verwendeten elektromagnetischen Strahlung liegt.

Hinter den Spalt stellen wir eine Wand (Schirm), auf der wir dann die Abbildung des Spaltes erwarten. Das Ergebnis ist allerdings etwas komplizierter.

Wir sehen nicht nur den Spalt auf dem Schirm abgebildet, sondern parallel dazu noch eine Reihe von hellen Streifen (in der Zeichnung (Bild 5-11) als dunkle Streifen dargestellt), zwischen denen es immer wieder dunkel ist. Der Spalt tritt sozusagen mehrfach nebeneinander auf. Man nennt diesen Vorgang die *Beugung des Lichtes* (oder irgendeiner anderen elektromagnetischen Wellenstrahlung), und gerade dieses Bild zeigt zweifelsfrei und überzeugend, daß es sich um einen Wellenvorgang handeln muß!

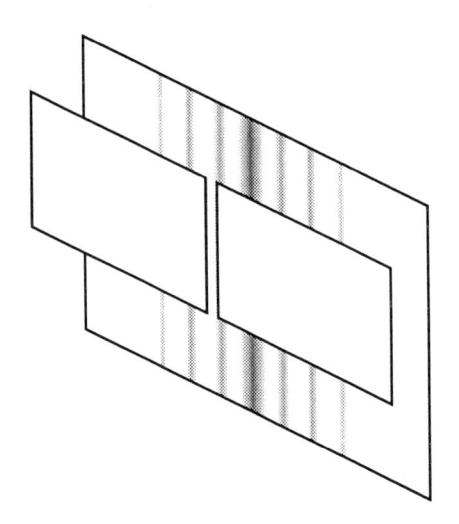

Bild 5-11

Dazu betrachten wir die ganze Anordnung von oben (in Bild 5-12 schematisch dargestellt)

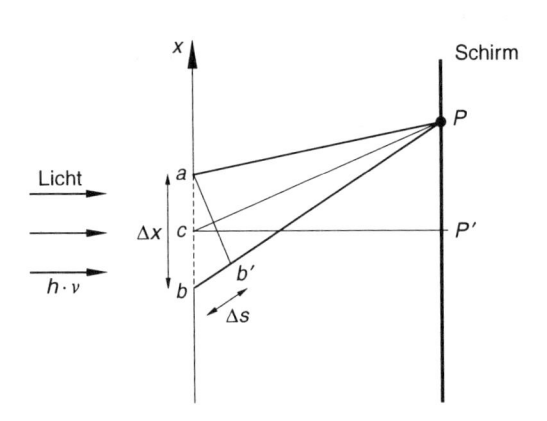

Bild 5-12

und gehen davon aus, daß jeder Punkt im Spalt (mit dem Durchmesser Δx) als Ausgangspunkt einer Kugelwelle angesehen werden kann. Dann aber können wir etwa die Strahlen von a nach P und von b (im Abstand von Δ*x* von *a*) nach *P* betrachten, wobei der Weg von *b* nach *P* um Δ*s* länger ist, da Punkt *P* nicht genau dem Spalt gegenüberliegt wie der Punkt *P'* in Bild 5-12.

Nun kann es vorkommen – das hängt von der Lage des Punktes *P* ab –, daß Δ*s* genau einer halben Wellenlänge entspricht, wobei wir davon ausgehen, daß wir ein Licht von einer bestimmten Frequenz ν (bei einer bestimmten Wellenlänge λ) verwenden. In diesem Falle geschieht im Punkt *P*, wo beide Strahlen zusammentreffen, eine vollständige Kompensation der Strahlung, denn ein Wellenberg von *a* fällt mit einem Wellental der Strahlung von *b* zusammen und löscht sich damit aus, weil sich die Längen der Strecken von *a* nach *P* bzw. von *b* nach *P* um eine halbe Wellenlänge unterscheiden. Dabei ist zu beachten, daß die Strecken *aP* und *b'P* gleich lang sind, wie wir das angenommen hatten. Die Amplituden in *a* und *b'* selbst sind daher um λ/2 verschoben und somit von gleichem Wert, aber im Vorzeichen (+, –) verschieden.

Nun kommen wir zur entscheidenden Aussage: Wird der Punkt *P* etwas verschoben, so geht diese Kompensation nicht mehr vollständig auf. Erst wenn Δ*s* durch Bewegung von *P* wieder λ/2 ist, erfolgt die Auslöschung. Auf diese Weise kommen die hellen Streifen links und rechts von der Abbildung des Spaltes zustande.

Jetzt ist allerdings noch eine Überlegung notwendig, denn wir müssen ja noch zeigen, daß *alle* Punkte im Spalt (als Ausgangspunkte von Strahlung) zur Auslöschung in *P* führen, denn bis jetzt gilt das nur für die Punkte *a* und *b*.

Dazu übertragen wir alle Überlegungen, die wir bisher auf die Punkte *a* und *b* bezogen haben, auf die beiden Punkte *a* und *c* (siehe Bild 5-12). Damit aber wieder – wie vorher bei *a* und *b* – in *P* Auslöschung erfolgt, müssen wir annehmen, daß jetzt Δ*s* = λ (nicht mehr λ/2) gilt, damit der Wegunterschied von *c* nach *P* nun λ/2 beträgt! Man kann nämlich zeigen, da *c* in der Mitte des Spaltes liegt, daß gerade dann die entsprechende Strecke Δ*s* bei *c* im Vergleich zur ursprünglichen Strecke bei *b* halbiert ist.

Jetzt löschen sich die Strahlen von *c* und *b* nach *P* aus, weil der Längenunterschied jetzt wieder λ/2 beträgt.

Nun kann man sich aber zwei andere Punkte im Spalt denken, die den gleichen Abstand Δ*x*/2 voneinander haben wie beispielsweise *a* und *c* (etwa durch starres Verschieben von *a* und *c* nach unten bis *c* in Punkt *b* übergeht), so daß sich auch die jeweiligen Strahlen von diesen beiden Punkten aus in *P* auslöschen. Solche Paare von Punkten im Spalt kann man – durch die besagte starre Verschiebung von *a* nach *c* (und *c* nach *b*) – unendlich viele finden, so daß auf diese Weise *alle* Punkte des ganzen Spaltes erfaßt sind, denn dadurch sind alle Punkte in ganz bestimmte Paare aufgeteilt worden, ohne daß ein Punkt übrig bleibt. Somit wäre gezeigt, daß erst für $\Delta s = \lambda$ als Wegunterschied der Strecken *a-P* und *b-P* unter Berücksichtigung des *ganzen* Spaltes in *P* Dunkelheit herrscht.

Nur wenig neben dem Punkt *P* dagegen gilt ja nicht mehr exakt $\Delta s = \lambda$, so daß auch die Auslöschung nicht mehr vollständig ist und folglich ein Bereich auf dem Schirm entsteht, in welchem ein wenig Licht beobachtet wird (siehe Bild 5-11). Das Beugungsbild ist damit erklärt und auf einige grundsätzliche Begriffe zurückgeführt. Es konnte damit aber vor allem gezeigt werden, daß das *Beugungsbild nur verstanden werden kann, wenn die elektromagnetische Strahlung eine Wellenstrahlung ist* – und das gilt für alle Frequenzen ν (bzw. Wellenlängen λ)!

Nachdem nun lang und breit der Wellencharakter der elektromagnetischen Strahlung dargelegt und bewiesen wurde, ist es gut, sich daran zu erinnern, daß wir bei der Entstehung der Strahlung in Atomen und Molekülen in Widersprüche geraten waren und nicht wissen, wie die Systeme aus Atomkernen und Elektronen (also die Materie) es zustande bringen, eine Wellenstrahlung mit definierter Frequenz ν bzw. Wellenlänge λ abzugeben! Die Widersprüche scheinen, so haben wir oben dargelegt, nicht auflösbar, und gerade diese Tatsache, die so ganz gegen den gesunden Menschenverstand spricht, zeigt, daß wir offenbar auf etwas ganz Neues in der Natur gestoßen sind. *Die Auflösung des Widerspruchs muß uns eine neue Naturerkenntnis liefern.* Wie weit diese reicht, werden wir noch zu diskutieren haben!

Aber nun tritt ein neuer Widerspruch auf, der sich dadurch ergibt, daß wir diese Wellenstrahlung auf Materie wirken lassen, also sozusagen den Entstehungsprozeß – den wir noch nicht verstanden haben – umkehren. Banal gefragt: Wie „verschwindet" diese Wellenstrahlung in den Atomen und Molekülen der Materie, und „geht" vielleicht ein Teil wieder heraus?

Das diesbezügliche Experiment (es ist in vielen Abwandlungen durchgeführt und diskutiert worden und wird *lichtelektrischer Effekt* genannt) besteht darin, Licht bestimmter Frequenz ν auf eine Metallplatte (I) fallen zu lassen, wobei diese Platte in einem Glaskolben eingeschlossen ist, der so gut wie luftleer gepumpt worden ist (Vakuum), damit der Versuch überhaupt durchgeführt werden kann. Der Platte gegenüber wird nochmals eine weitere Metallplatte (II) in das Glasgefäß gebracht, und schließlich führen von beiden Platten jeweils Drähte (Kontakte A und B) nach außen, die im Glas verschmolzen sind, damit das Vakuum im Glaskolben erhalten bleibt (Bild 5-13).

Das ist die sehr vereinfachte, fast nicht mehr zu vertretende Darstellung der experimentellen Anordnung, denn es wurde an diesem System viel verbessert und erweitert, aber für unsere Zwecke reicht diese Beschreibung aus.

Was geschieht nun also, wenn Licht – unter diesen Umständen – auf die uns im Bild zugewandte Seite der Metallplatte fällt? Das Ergebnis hört sich vorerst einfach an: Elektronen verlassen (ab einem *bestimmten* ν) die Platte und fliegen in Richtung der anderen Metallplatte II davon,

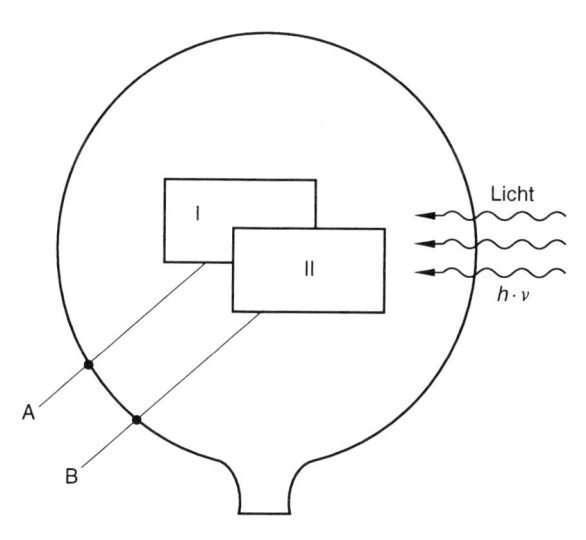

Bild 5-13

aber sie kommen nicht weit und das Phänomen hört bald ganz auf. Die ersten Elektronen erreichen vielleicht noch die zweite Platte und laden diese negativ auf (Elektronen sind ja negativ geladen), so daß die nachfolgenden Elektronen gegen ein abstoßendes elektrisches Feld anfliegen müssen. Andererseits lädt sich aber die vom Licht bestrahlte Platte positiv auf, weil ja negative Ladung (Elektronen) diese verlassen haben. Damit entsteht ein anziehendes elektrisches Feld, das auf die davonfliegenden Elektronen wirkt.

Zusammengefaßt, Elektronen verlassen die bestrahlte Platte, und wenn die Belichtung aufhört, ist auch sogleich der Effekt vorbei.

Das wäre alles nicht sehr aufregend. Der unbefangene Leser, der bisher alles verarbeitet hat, kann auch sogleich mit einer Erklärung (wie sie auch Anfang dieses Jahrhunderts den Forschern kam) aufwarten: Das schwingende elektromagnetische Feld wirkt mit Hilfe des dazugehörigen Kraftfeldes auf die Elektronen in den Atomen und Molekülen des Metalls ein, so daß diese schließlich das Metall verlassen! Das ist mit unseren Vorstellungen und auch sonst mit unserer Alltagserfahrung im Einklang: Wird heftig genug gerüttelt, „fliegt die Sache auseinander".

Um das nochmals zu prüfen (es kann eigentlich nur so sein), erhöhen wir die *Intensität* des Lichtes (es wird also „heller"), was nur einer Erhöhung der Wellenberge und einer Vertiefung der Täler entspricht, also einer Vergrößerung der Amplituden. Tatsächlich verlassen jetzt mehr Elektronen die Metalloberfläche. Aha, werden viele denken, ganz klare Sache, wenn die Amplituden größer werden, wird auch „stärker" auf diese Elektronen eingewirkt!

Aber wie es mit der Neugier so ist, man erfährt gelegentlich zwar mehr, aber das neue Wissen macht nicht froh. So auch hier. Als die Physiker die *maximale Bewegungsenergie* E_{max} der Elektronen maßen, mit der sie die Platte verlassen, gab es die erste Überraschung. Dazu muß noch erklärt werden, daß E_{max} die maximale Energie der austretenden Elektronen bedeutet: Es gibt kein Elektron, das mit einer höheren Energie als mit der Bewegungsenergie E_{max} davonfliegt, aber eine ganze Menge, die langsamer die Platte verlassen. Noch genauer: E_{max} nennt sich die *maximale kinetische Energie* (Bewegungsenergie) und ist durch die einfache Formel

$$E_{\max} = \tfrac{1}{2} m v_{\max}^2 \qquad (5\text{-}16)$$

gegeben, wobei m die Masse des Elektrons ist und $v_{\max}$ bedeutet die Geschwindigkeit, mit der das schnellste Elektron bei Beleuchtung die Platte verläßt.

Nach dem retardierenden Einschub, nun zur Überraschung zurück, denn diese verdient es, so herausgehoben zu werden!

Als man nämlich $E_{\max}$ maß und gleichzeitig die Intensität des Lichtes erhöhte – blieb $E_{\max}$ unverändert! Ein vorerst vollständig unverständliches Phänomen, denn wie kann es möglich sein, daß eine Intensitätserhöhung der Bestrahlung die maximale kinetische Energie beim Austritt der Elektronen aus dem Metall nicht verändert? Welche Wirkung hat denn dann die Intensitätserhöhung überhaupt, wenn man einmal von der Erhöhung der Zahl der insgesamt austretenden Elektronen absieht?

Aber es wird noch aufregender. Änderte man dagegen (bei gleicher Intensität) die Frequenz ν der Wellenstrahlung, so stieg mit der Frequenz auch die maximale kinetische Energie an. Also, ein schnell wechselndes elektromagnetisches Feld (ν steigt an) erhöht auch die maximale Geschwindigkeit der austretenden Elektronen. Man bedenke aber – und das ist die Überraschung –, daß bei gleicher Intensität (gleiche Amplitude des Wellenfeldes) der Einfluß dieses Wechselfeldes auf die Elektronen der Materie allein durch die Frequenz der Strahlung gegeben ist, die die maximale kinetische Energie des Austritts bestimmt oder anders ausgedrückt: Vergrößerung der Amplitude (mehr „Rütteln") erhöht nicht $E_{\max}$. *„Schneller"* Rütteln sollte eigentlich auch keinen Erfolg bringen, weil es erst die großen Amplituden, die ein größeres Feld am Ort erzeugen, den Elektronen ermöglichen sollten, das Atom oder Molekül zu verlassen.

Wenn die Elektronen das Metall verlassen, müssen sie übrigens noch eine sogenannte *Austrittsarbeit A* leisten, die jeweils vom speziellen Metall abhängt, aus dem die Platte besteht. Diese A-Werte kennt man aus anderen Experimenten, denn A stellt die Energie des Elektrons im Atomgefüge (Kristallgefüge) des Metalls dar, verglichen zu der, die das Elektron besitzt, wenn es sich außerhalb des Metalls befindet, sozusagen im freien Raum.

Berücksichtigt man diese Austrittsarbeit (Austrittsenergie) A für jedes im Experiment verwendete Plattenmaterial (Metall), indem man diese

Energie zu E_{max} addiert, so stellt sich heraus, daß die dann so erhaltene kinetische Energie (E'_{max}) der Elektronen *im* Metall,

$$E'_{max} = E_{max} + A, \qquad (5\text{-}17)$$

völlig unabhängig vom jeweils verwendeten Metall ist und allein von der Frequenz des eingestrahlten elektromagnetischen Feldes abhängt und zwar in der einfachen mathematischen Form

$$E'_{max} = \text{Konstante} \cdot \nu, \qquad (5\text{-}18)$$

wobei die Konstante *materialunabhängig* ist. Eine solche Aussage, die man aus dem Experiment erhält, ist in der Tat vorerst unverständlich. Es scheint zu bedeuten, daß – ganz unabhängig wie die Elektronen vom eingestrahlten Feld beeinflußt werden – diese Elektronen immer *maximal* im Metall eine Energie E'_{max} erhalten, die unabhängig vom Material und damit unabhängig von der Struktur der jeweils verwendeten Materie ist!

Wir haben uns lange mit der elektromagnetischen Strahlung beschäftigt, aber es wird sich sogleich zeigen, daß dies notwendig und sehr wichtig war. Es ist dadurch klargeworden, daß wir vorerst weder verstehen, wie Strahlung in Atomen und Molekülen entsteht, noch haben wir die Möglichkeit zu begreifen, wie diese Strahlung, die offenbar eine Wellenstrahlung des elektromagnetischen Feldes ist, auf die Elektronen in den Atomen und Molekülen wirkt. Mit anderen Worten: Wir haben keine Theorie darüber!

Sollte jemand jetzt vielleicht der Meinung sein, daß wir hier über ziemlich abstrakte Dinge sprechen und mit diesen Erkenntnissen im Leben nicht viel anzufangen ist, so müssen wir ihm energisch widersprechen!

Die Wechselwirkung von Strahlung mit Materie – und darum geht es ja hier – ist nicht nur ein Phänomen, das letztlich unser Leben und unsere Umgebung repräsentiert, ja geradezu definiert, da „nichts mehr geht", wenn diese Wechselwirkungen „ausgeschaltet" werden würden. Das Ende von allem wäre gekommen, genaugenommen wäre die Welt, in der wir leben, nie entstanden!

So gesehen ist dieses Wissen (und wir werden ja noch viel mehr erfahren) auf jeden Fall Bildungswissen.

Vielleicht mag sich ein Mensch, der dieses Wissen ablehnt, für einen Realisten halten, dann weisen wir darauf hin, daß diese oben diskutierten Phänomene entscheidend unser Leben geprägt haben. Denn sie sind nicht nur der Ausgangspunkt der Produktion von Fotozellen und Ähnlichem, sie treten nicht nur in Fernsehgeräten auf, sondern überall dort, wo Elektronen (in Atomen und Molekülen) auf irgendeine Weise durch Felder beeinflußt werden, die auch wiederum von Elektronen herrühren können: also z.B. im Transistor, praktisch in der gesamten Licht- und Strahlungstechnik oder in der Schalttechnik, um nur einige Beispiele zu nennen.

Manch einer mag dann dem entgegenhalten, daß das einen nicht interessiere – weil es wohl zu schwierig sei –, sondern daß man es nur gebrauche, also entweder Geld dafür ausgibt oder Geld damit verdienen möchte.

Aber wir wissen inzwischen ganz genau, daß eine derartige Lebenseinstellung lebensfeindlich, ja menschheitsbedrohend sein kann und insofern *hängt das Weiterleben auch eng mit dem Wissen zusammen*, was schnell in die Praxis übergehen kann – wenn man will! Wenn man allerdings „eingesehen" hat, wenn man eine Theorie besitzt (und versteht) und wenn man weiß, welche Gefühle und Triebe den Menschen aus seiner vorgeschichtlichen Vergangenheit noch „anhängen" und bestimmen, sollte der Übergang zur Praxis nicht so leicht fallen und kontrollierter sein.

Kurz und gut – das altbekannte Wort von der „Umstellung", dem Umdenken, aber auch vom „Umwissen" ist wieder einmal gefragt und dazu sollten auch die obigen Bemerkungen beitragen, auch wenn es so scheint, als sei der Übergang zu diesen Feststellungen unerwartet und der Bogen zu groß, der hier geschlagen wird. Das Gegenteil ist der Fall. Immer noch viel zu wenig sind die Naturwissenschaften in den Rahmen unserer Gesellschaft gestellt worden. Gerade unser Verhältnis zur Materie gibt Anlaß dazu, auch einmal derartige Aspekte anzudeuten, auch wenn es einigen nicht gefällt. Es sollte ganz klar sein, daß das Wissen über den Aufbau und die Struktur der Materie mit allen seinen möglichen Folgen weit in unsere Lebensbereiche eingreift, denn alles in und um uns ist Materie! Also fragen wir nach den Konsequenzen und im besonderen: Was „ist" Materie und was bedeutet ihre Existenz, zu was ist sie „fähig", besonders im Hinblick auf den Menschen?

Naturwissenschaftliches Wissen muß daher mit seinen Konsequenzen auf den Prüfstand gestellt werden. Man soll auch zu klären versuchen, welche Hintergründe dabei beim Wissenserwerb im Spiel sind. Dabei darf es – zum Wohl der menschlichen Gesellschaft – keine Tabus geben, damit wir nicht an bestimmten Vorstellungen zu lange hängen, andere eventuell zu früh ablegen oder vielleicht dabei auf manche Überlegungen gar nicht kommen, sozusagen die Signale nicht wahrnehmen, die „an der Zeit" sind und wiederum aus unseren Wissenschaften kommen.

Die Einsicht in die Natur, und damit meinen wir letzten Endes die Einsicht in das Verhalten aller Atomkerne und Elektronen unseres Kosmos – auch wir bestehen daraus, was immer wieder betont werden muß – in allen ihren Strukturen, Wirkungen, Ausdrucksformen und Komplexitäten, ist eine Existenznotwendigkeit für diejenigen Lebewesen unserer Welt, die die Evolution bewußt beeinflussen können und die zwischen „Gut und Böse" klarer als zuvor unterscheiden müßten, denn auch die „Wechselwirkungen" zwischen den Menschen, den Tieren und den Pflanzen bedarf der Nachprüfung im Hinblick auf die erfolgten Erweiterungen der Natureinsicht, die somit wissenschaftlich fundiert sein muß.

Und noch etwas sollte in diesem Zusammenhang gesagt werden: Wissenschaft ist nicht grundsätzlich menschenfeindlich, und Bildung, genauer gesagt naturwissenschaftliche Bildung, sollte daher schon früh vermittelt werden. Die oft vorhandene Ablehnung der Theorie beweist darüberhinaus einmal mehr, daß nicht viel verstanden worden ist. Der wissenwollende Mensch aber, der sein Denken vernetzt in einen allgemeinen Rahmen stellen will, der sich als Teil der Natur empfindet, macht sich seine einmalige Position mit aller Bescheidenheit bewußt und nutzt sein Wissen zum Wohle der anderen.

Warum sogar diese Feststellung an dieser Stelle? Ich habe diese Gedanken bewußt in diesem Kapitel herausgestellt und dessen Länge beweist die Bedeutung, die ich diesem Problem beimesse. Beim vorliegenden Stand der Darstellung ist es besonders wichtig, sich klarzumachen, was der Sinn naturwissenschaftlichen Denkens (und Handelns) ist, was wir eigentlich wollen, wozu wir diese Ausführungen machen und was letztlich unser Ziel ist! Denn die Widersprüche im Verhalten von Materie und Strahlung (Wellen), die wir aufgezeigt haben und die in dieser Weise auch den Entwicklungsprozeß in historischer Sicht widerspiegeln, verraten uns ja, daß wir am Anfang einer neuen Sicht der Materie stehen, man könnte sagen vor der Entstehung eines erweiterten Bewußtseins.

Materie müssen wir als aus Atomkernen und Elektronen zusammengesetzt betrachten, so daß die Chemie letztlich mit diesen „Teilchen" operiert und damit alles darauf Aufbauende bis zum Organischen im allgemeinsten Sinne einschließt. (Da also die Chemie der Ausgangspunkt unserer Überlegungen ist, erkennen wir also, daß wir die Feinheiten des Atom*kern*aufbaus bis hin zu weiteren Elementarteilchen ausklammern können, weil es die Atome selbst sind, von denen wir hier ausgehen.)

Mit den hier skizzierten Erfahrungen mit Wellenstrahlung und Materie (Atomkerne und Elektronen) und ihren unüberwindbaren Widersprüchen ist offenbar alles in Frage gestellt, was bis dahin (wiederum historisch betrachtet) gegolten hat: Elektromagnetische Strahlung als Wellenvorgang im Rahmen eines elektromagnetischen Feldes, Elektronen und Atomkerne als Teilchen mit Masse und Ladung und magnetischen und Drehimpuls-Eigenschaften, sozusagen verkleinerte „rotierende Bälle", die mit den Gesetzen der Mechanik beschrieben werden sollten.

Aber diese Vorstellungen – so naheliegend sie auch aus der Alltagserfahrung abgeleitet werden könnten – sind falsch und das heißt: Sie stimmen mit der Erfahrung nicht überein! Und wie sieht nun die Erfahrung mit Elektronen wirklich aus?

Dazu sogleich ein weiteres Experiment: Werden mit Elektronen ähnliche Versuche angestellt (wie sie in Bild 5-11 schematisch dargestellt mit elektromagnetischer Strahlung durchgeführt wurden), so zeigt sich, daß auch ein *Elektronenstrahl* nach einem Spaltdurchgang *die gleichen Beugungsbilder* zeigt!

Bis ungefähr 1924/25 war dieses Phänomen völlig unverständlich. Es gab überhaupt keine Möglichkeit, in irgendeiner Weise das Ergebnis in die Schlußfolgerungen aus früheren Erfahrungen einzuordnen. Denn daß es sich um Teilchen mit Masse und Ladung handelt, war ohne Zweifel. Andererseits sprachen die Beugungsbilder – wir haben das deswegen hier so ausführlich dargelegt – eine deutliche Wellensprache. Da gab es auch keinen Zweifel.

Aber noch nicht genug: Auch mit Atomkernen wurden Beugungsbilder beobachtet, deren Streifen in der Regel enger beieinanderstanden. Wurde die Geschwindigkeit der Partikel erhöht, so bewegte sich das Beugungsmuster zum Originalbild des Spaltes hin, die Abstände der Streifen wurden kleiner. Wie bei den Experimenten mit elektromagnetischer Strahlung war die Spaltbreite entscheidend, und sie mußte immer eine bestimmte geringe Abmessung aufweisen.

Aber selbst Atome, also Atomstrahlen, waren in der Lage, Beugungseffekte zu zeigen, wenn sie auch, besonders wenn die Atome groß waren, nicht so ausgeprägt erschienen.

Dem Unbefangenen und an die Materie des Materialismus Glaubenden müßte jetzt klar sein, daß Materie offenbar mehr ist, als bisher angenommen, daß die Atome und Moleküle keine verkleinerten Tennisbälle sein können und daß im schwingenden elektromagnetischen Feld mehr enthalten sein muß, als unsere einfache Schwingungsüberlegung hergibt. Anders ausgedrückt: *Atome (und damit auch Moleküle) müssen von einer Art sein, die man nach gewohnter mechanistischer und materieller Vorstellung nicht erfassen kann*, und die Strahlungen, die sie abgeben oder aufnehmen, muß eng mit der Struktur der Atome und Moleküle zusammenhängen!

Zum Schluß des Kapitels wollen wir uns das Beugungsverhalten (Bild 5-11) von Teilchen (sie brauchen weder geladen zu sein, noch einen Spin zu besitzen), die eine bestimmte Masse aufweisen, einmal näher betrachten, um das vorerst Unbegreifliche klarer zu erkennen.

Da fliegt also ein Strahl von sehr vielen Teilchen – mit der Masse m – gegen einen Spalt, und entgegen der alltäglichen Erfahrung (die wir etwa mit Sandkörnchen machen würden, die wir gegen den Spalt fliegen lassen) beobachten wir dahinter – neben der Abbildung des Spaltes – auf beiden Seiten noch weitere helle Streifen, die mehrfache Abbildungen des Spaltes bedeuten können. Dabei ist noch darauf hinzuweisen, daß auf dem Schirm ein Stoff aufgetragen ist, der an der Stelle aufleuchtet, wo er von einer Teilchenstrahlung getroffen wird. Die Auftreffenergie wird auf diese Weise in Licht verwandelt, und der Gesamteindruck ergibt dann das Beugungsbild, wie es in Bild 5-14 vereinfacht dargestellt ist.

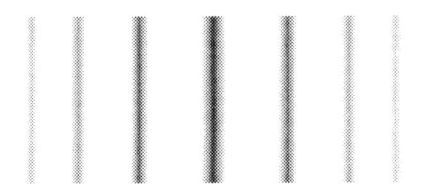

Bild 5-14 Abbildung des Spaltes

Hierzu kann man viele Fragen haben. Zum Beispiel: Was veranlaßt das Teilchen, eine „krumme Bahn" anzunehmen und weiter rechts oder links auf den Schirm zu treffen? Und die nächste Frage, wenn man an die Originalabbildung des Spaltes denkt, gibt es vielleicht nur bestimmte Teilchen unter den vielen, die diese „Eigenschaft" haben?

Diese Fragen kann man mit dem bisher Besprochenen vorerst so beantworten: Eine „krumme Bahn" müßte eigentlich bedeuten, daß das Teilchen anfangs geradeaus geflogen ist und daß dann eine Kraft eingewirkt haben muß. Allerdings kommt dann sofort die Frage, wo diese Kraft herkommen soll, denn weit und breit ist eine solche Kraft nicht zu erkennen.

Bezüglich der zweiten Frage verweisen wir darauf, daß Elektronen nicht unterscheidbar sind, daß alle die gleichen vier Eigenschaften haben, die wir oben erwähnten.

So einfach kann es beim Durchgang durch den Spalt also nicht zugehen! Was den Teilchencharakter anbetrifft, so kann man eindeutig experimentell zeigen, daß sogar Massenteilchen auf den Schirm treffen und da wir den Schirm ja etwas bewegen können – dabei ändert sich das Beugungsbild ein wenig –, kann man den Schluß ziehen, daß zu jeder Zeit, wenn auf dem Schirm irgendwo ein Lichtblitz erscheint, *dort ein Teilchen aufgetroffen ist*. Also handelt es sich um Teilchen, und das beim Vorliegen von Beugungsbildern, die eindeutig aus Wellenbewegungen folgen!

Man liest manchmal, daß diese Teilchen Welle *und* Korpuskel sind, was wertlos ist, denn diese Aussage erklärt nichts, sondern formuliert den Sachverhalt auf seine Weise. Dann heißt es oft, daß diese Teilchen Welle *oder* Korpuskel sind, je nach Versuchsbedingungen; das heißt dann also: je nachdem wie die „Frage" im Experiment gestellt wird, beobachtet man Teilchen oder Wellen.

Eine solche historisch orientierte Formulierung (Dualität) trifft den Sachverhalt ebenfalls nicht, denn man bedenke, daß wir ja genaugenommen nicht wissen, was vor dem Spalt schon festgelegt ist. Sicher ist nur, daß der Strahl der Teilchen nach dem Durchgang durch den Spalt auf dem Schirm in Form eines Beugungsbildes auftreffen wird. Dies ist offensichtlich ein Argument für den Wellencharakter. Im Augenblick des Auftreffens allerdings (im Rahmen des Beugungsbildes) liegen dann Teilchen vor, wie offenbar vor dem Spaltdurchgang.

Wir kennen auch noch die Geschwindigkeit v der Teilchen, die weitgehendst einheitlich sein muß, damit ein Beugungsbild auftritt! Das heißt aber, daß die Form der Beugungsbilder offensichtlich von v abhängt! v ist also hier als Teilchengeschwindigkeit definiert, aber so einfach ist die Sache eben nun auch wieder nicht, wenn man weiter erfährt, daß auch die Masse das Beugungsbild beeinflußt.

Obwohl sich im nächsten Kapitel ergeben wird, daß die Auflösung überraschend einfach ist, wird sich später zeigen, daß dies nur möglich ist, wenn man sich von *festen Denkgewohnheiten* löst, die bis dahin die Menschen hatten.

Das heißt aber wiederum, daß ein *neues Weldbild* in Bezug auf die Materie notwendig wird, wenn die Widersprüche aufgelöst werden sollen! Man lasse sich diese Feststellung noch einmal durch den Kopf gehen, denn das scheint offenbar ein allgemeines Prinzip zu sein. Hier geht es um nichts anderes als um die Auflösung von *Widersprüchen in der Erfahrung*, mit denen ein denkender Mensch letztlich nicht leben kann!

6 Durch Unschärfe zur Klarheit

Am Ausgang des 19. Jahrhunderts trat in der Physik ein Problem auf, welches sich bald als ziemlich zentral erweisen sollte, obwohl es aus heutiger Sicht ein vergleichsweise einfaches Problem ist: Es handelte sich um die Erforschung der Abstrahlung von elektromagnetischen Wellen aus Materie als Funktion ihrer Temperatur.

Ein erwärmter Körper (etwa ein Stück Metall) strahlt normalerweise zunächst für das menschliche Auge unsichtbare Wärmestrahlen ab. Erhöht man die Temperatur allerdings weiter, so beobachtet man ein dunkles Glühen, welches bei weiterer Temperaturerhöhung in ein helles Licht übergeht. Schließlich leuchtet der Körper hellblau, bevor er spätestens bei weiterer Temperaturerhöhung ab einer bestimmten Temperatur schmilzt und schließlich verdampft, weil die Schwingungen der Atome und Moleküle so stark geworden sind, daß der Zusammenhalt zwischen den Atomen oder Molekülen aufgelöst wird.

Die Frage, die damals auftrat, war die nach der Verteilung der abgestrahlten Energie ε auf die verschiedenen Frequenzen ν bei einer vorgegebenen Temperatur T.

In Bild 6-1 sind zwei gemessene Kurven für verschiedene T als graphische Darstellung (*sehr* schematisch) zu sehen. Man erkennt ein Maximum im Verlauf der Kurven als Funktion der Frequenz ν, in welchem die meiste Energie, bezogen auf die Frequenz, abgestrahlt wird.

Bis 1900 war es nicht möglich gewesen, mit Hilfe theoretischer Überlegungen eine solche „Strahlungskurve" zu berechnen, was bedeuten muß, daß offenbar die bis dahin entwickelten Theorien aus der Wärmelehre, Elektrodynamik und Mechanik nicht in der Lage waren, diese Vorgänge richtig (also im Einklang mit der Erfahrung) zu beschreiben.

$\varepsilon(\nu)$

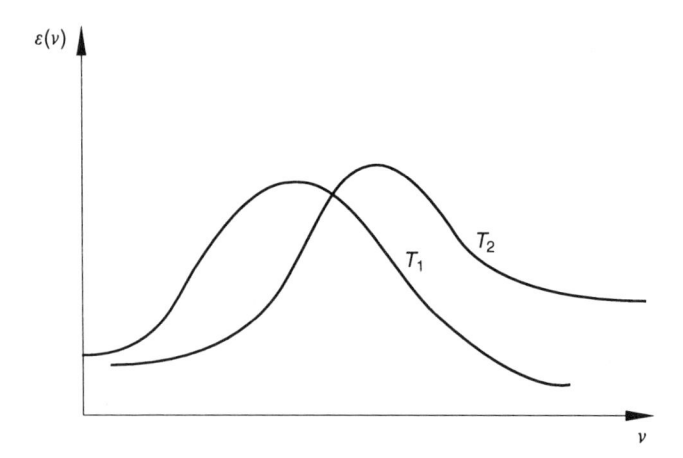

T_1 T_2

ν

Bild 6-1

Die vorgeschlagene Erklärung, die Max *Planck* schließlich am 14. Dezember 1900 vor der Preußischen Akademie in Berlin vortrug und die sich als vollkommen richtig erwies, war der Anfang der *Quantentheorie*!

Es ist heute interessant und reizvoll nachzulesen, wie überrascht selbst Max Planck gewesen sein mag, daß er eine Annahme zum Erhalt der richtigen Strahlungskurve einführen mußte, von der er glaubte, daß sie wohl nur vorübergehend notwendig ist. Auch er selbst konnte noch nicht ahnen, was diese Annahme in ihren Konsequenzen bedeutet.

Jedenfalls war die richtige *Strahlungsformel* (Energieverteilung) vollständig durch Überlegung und Rechnung zu erhalten, wenn man die bisherigen Theorien weiter beibehielt, aber darüber hinaus die so wichtige weitere Annahme machte, daß die abgestrahlte Energie E der jeweiligen Atome und Moleküle des Materials linear mit der abgestrahlten Frequenz verbunden ist, also

$$E = \text{Konstante} \cdot \nu \qquad (6\text{-}1)$$

gilt! Wurde diese zusätzliche Annahme gemacht und sonst die bis dahin bekannten Theorien im wesentlichen beibehalten, so erhielt man genau die gemessenen Kurven, wobei allerdings die Konstante in Gleichung (6-1) noch genau festgelegt werden mußte. (Übrigens sind E und ε nicht zu verwechseln, denn ε als Funktion von ν bezieht sich auf die Energie der strahlenden Materie, E dagegen auf die Energien der Atome und Moleküle der Materie.)

Planck bezeichnete diese Konstante mit h (so ist es bis heute geblieben), und es zeigte sich, daß h eine unvorstellbar kleine Größe ist, nämlich (aufgerundet)

$$h = 6{,}625 \cdot 10^{-34} \, \text{J} \cdot \text{s}^{\,1}. \tag{6-2}$$

Die Bezeichnung rechts nach dem Zahlenwert gibt die sogenannte *Dimension* der Größe h an. So wie wir gewohnt sind, Längen in m (die Länge hat die Dimension Meter) oder Volumen in m³ anzugeben, so hat h die Dimension Energie · Zeit, wobei die Energie in Joule (J) gemessen wird und s die Zeit in Sekunden bedeutet.

Energie · Zeit nennen wir in der Physik eine *Wirkung*, so daß h die Dimension einer Wirkung hat, wobei wir beiläufig noch erwähnen wollen, daß z.B. Energie geteilt durch die Zeit die Dimension der *Leistung* ist.

h nennt man, was später noch klarer werden wird, das *Plancksche Wirkungsquantum* oder kurz: die *Plancksche Konstante*. h ist eine der ganz fundamentalen Naturkonstanten – wie etwa die Elementarladung e oder die Elektronenmasse m. *Die Rolle, die h in der Naturbeschreibung spielt, ist nicht zu unterschätzen!*

Das wundert einen, wenn man – wie eben – erfährt, wie einfach, beinahe naiv, diese so bedeutsame Naturkonstante vom Menschen erkannt wurde. Sollten Sie den Wunsch verspüren, darüber mehr und Genaueres zu erfahren, so beachten Sie, daß diese oben diskutierte Strahlung in der Literatur unter dem Namen „Strahlung des Schwarzen Körpers" geführt wird, worauf wir nicht näher eingegangen sind.

Nun wollen wir uns mit der Gleichung (6-1) näher beschäftigen, die nun als

$$E = h \cdot \nu \tag{6-3}$$

---

[1] $6{,}625 \cdot 10^{-34}$ bedeutet 0,0 ... 33 Nullen ... 625. Näheres wird im 7. Kapitel behandelt.

geschrieben werden kann. Die Dimension von ν ist übrigens (zur Erinnerung) 1/sec = sec^{-1}, womit noch einmal ausgesagt wird, daß die Frequenz ν „Schwingungen pro Sekunde" bedeutet, so daß sich die Zeit wegen der Dimension von h (Wirkung) in (6-3) weghebt und die Energie in Joule übrigbleibt.

Die Gleichung (6-3) sagt etwas über den Vorgang aus, der in Atomen und Molekülen bei der Abstrahlung und vermutlich auch bei der Aufnahme von Wellenstrahlung geschieht, denn offensichtlich geben Systeme aus Elektronen und Atomkernen die Energie der elektromagnetischen Strahlung in der Form $h \cdot \nu$ ab, was allerdings noch nicht viel besagt. Denn das war ja eigentlich die Plancksche Annahme. Aber nach früheren Experimenten war bekannt, daß Atome und Moleküle nur in ganz bestimmten Energiezuständen existieren können, sodaß offenbar *nur $h \cdot \nu$ oder Vielfache davon abgegeben oder aufgenommen werden können!* Anders ausgedrückt: Systeme aus Elektronen und Atomkernen können nur ganz bestimmte Energiebeträge enthalten, wir wollen sie ganz allgemein mit E_n bezeichnen, wobei der Index n nur die einzelnen diskreten Zustände der Energie durchzählen soll, also $E_0, E_1, E_2 \ldots$ oder allgemeiner E_n mit ($n = 0,1,2,3 \ldots$). Dabei machen wir über die numerischen (Zahlen-) Werte von E_n keine Aussagen, denn es zeigte sich, daß diese (unendlich vielen) Werte *typisch für das jeweilige Atom oder Molekül* sind. Daß wir mit $n = 0$ beginnen, ist eine Absprache. Danach wäre dann E_0 der sogenannte *Grundzustand*, da vom System in diesem Fall keine weitere Energie mehr abgegeben werden kann. Sind alle $h \cdot \nu$-Beträge abgegeben, so bleibt sozusagen noch die Energie E_0 im System übrig, von der es nichts mehr abgeben kann. Es ist üblich, *die Energien E_n in stabilen Atomen und Molekülen negativ* anzugeben (man vergleiche die Vorzeichen bei den Potentialfeldern), was ebenfalls eine Absprache ist und noch näher erläutert werden muß, so daß jetzt erst einmal gilt

$$E_0 \leq E_1 \leq E_2 \leq E_3 \leq \ldots, \tag{6-4}$$

wobei wir noch klären müssen, was das Symbol $\leq$ bedeutet: Es gibt an, daß der linke Wert energetisch „tiefer" liegt als der rechts Stehende, wenn wir die folgende Skala zugrunde legen:

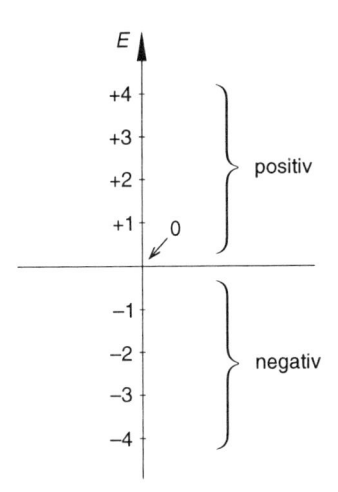

Bild 6-2

Dabei sind die positiven E-Werte „oberhalb von 0"! Das heißt also, daß im Sprachgebrauch ein Wert in Bild 6-2 *kleiner* ist als der „Darüberliegende". Das Zeichen $\leq$ bedeutet aber darüber hinaus noch (und das zeigt das Zeichen – in $\leq$ an), daß die rechte und linke Seite auch den gleichen Wert haben können, also dann gleich groß sind. Das Zeichen $\geq$ bedeutet dann genau das Umgekehrte. An einige Beispielen soll das erläutert werden:

$$+3 < +4, \quad -3 < +4, \quad -3 > -4, \quad \text{aber} \quad +3 \leq x+2 \quad \text{für } x = 1; 2; 3; \ldots \quad (6\text{-}5)$$

Das Rechnen mit diesen Symbolen der Ungleichheit ist sehr nützlich, weil ja nun einmal nicht alles in der Welt gleich ist. Das Gleichheitszeichen wiederum zusammen mit dem Symbol der Ungleichung ergibt dann die Symbole, die wir eben diskutiert haben.

Wir stellten oben fest, daß international verabredet worden ist, daß die diskreten Energien eines Systems aus Elektronen und Atomkernen negativ gezählt werden. Der „Tiefste" ist also der Grundzustand. Alle übrigen Zustände eines derartigen Systems liegen dann sozusagen „darüber", wie wir das in Bild 6-2 graphisch an Hand einer Skala darstellten. Alle diskreten Zustände, die *über dem Grundzustand* liegen, nennen wir *angeregte Zustände*. Nur diese existieren bei einem vorliegenden System, werden auch gemessen und sind wie gesagt negativ. Die *negative Energie* ist also diejenige Energie, die ein Elektronensystem im Anziehungsfeld des positiven Atomkerns oder der positiven Atomkerne (wenn es sich um Moleküle handelt) besitzt. Sagen wir es noch etwas anders: Atome und Moleküle enthalten negative Energie, wenn Elektronen und Atomkerne stabil zusammenbleiben, wenn also kein Elektron das System verlassen kann. Die Entfernung eines Elektrons würde dann einen gewissen Energieaufwand erforderlich machen, auf den wir später zu sprechen kommen werden. Auch die positiven Energien werden wir gleich noch behandeln.

Zunächst betrachten wir der Einfachheit halber diese Verhältnisse beim Wasserstoffatom einmal genauer: Hier liegt ein Atomkern (Proton) mit einer positiven Elementarladung vor. Um diesen Kern bewegt sich das eine Elektron (Elektronenhülle). Solange das Elektron nicht „wegfliegt", also um den Kern herum verbleibt, hat das H-Atom (das Elektron) wie gesagt negative Energie. Wir können uns vorstellen, daß das Elektron erst dann den Kernbereich, also das Atom, verlassen kann, wenn es eine kinetische Energie besitzt, die zu diesem Vorgang ausreicht. In diesem Falle definieren wir diese Energie positiv, da nun kein stabiles System (Atom) mehr vorliegt: Das Elektron kann das Atom verlassen. Es ist auch einsichtlich, daß es eine minimale Energie geben muß, bei der es das erste Mal möglich ist, daß das Elektron das Atom verläßt. Für diese Energien, bei denen das Elektron das Atom verlassen kann, gilt $E > 0$. Wir erkennen auch zugleich, daß die positiven Energien nicht diskretisiert sind, also nicht durch Energien beschrieben werden können, die diskret durch einen Index durchgezählt werden, wie wir das oben dargelegt haben (Gleichung 6-4), denn jeder Wert der *Bewegungsenergie* kann dann angenommen werden, wenn das Elektron „davonfliegt". Die Diskretisierung (Gleichung 6-4) gilt nur für negative Energiezustände, also für sogenannte *gebundene Zustände*, wenn wir uns auf das Elektron beziehen. Und von diesen gebundenen Zuständen ist der tiefste eben der besagte Grundzustand – tiefer geht es nicht mehr!

Im Falle des Grundzustandes kann also das Atom keine Energie mehr abgeben und nur in einen angeregten Zustand übergehen, wenn dem Atom Energie *zugeführt* wird. In Wirklichkeit sind die angeregten Zustände des Atoms also Zustände des Elektronensystems im Feld des Atomkerns und im Fall des Wasserstoffatoms die des einen Elektrons.

Die Energie dieses einen Elektrons im Feld des Protons (elektrisches Feld) ergibt sich übrigens aus der Theorie genau zu

$$E_n = \frac{-K}{2(n+1)^2} \quad (n = 0, 1, 2 \ldots), \tag{6-6}$$

wobei K eine positive Konstante ist, die typisch für das Wasserstoffatom ist. Wie man aus (6-6) ersieht, werden die Differenzen zwischen den E_n-Zuständen ($E_n - E_{n-1}$) immer kleiner und „gehen", wie man mathematisch sagt, „gegen Null", erreichen also den Wert Null nie genau, so groß auch n gewählt ist. Ich erwähne dies so nebenbei und verbinde damit die Hoffnung, bei einigen Lesern eine gewisse Neugier zu wecken für die vielen interessanten Aspekte der Mathematik. Denn schon an diesem kleinen Beispiel, am Wasserstoffatom, erkennt man in der Reihenfolge der verschiedenen Energiezustände – die mit der Erfahrung übereinstimmen – ein numerisches Verhalten, das in gewisser Weise ein Gefühl für die (Un)Endlichkeit liefern kann! Man kann also schreiben

$$-\frac{K}{2(n+1)^2} < 0 \text{ (für alle unendlich vielen, ganzzahligen positiven } n\text{)} \tag{6-7}$$

und darf das Symbol ≤ hier nicht verwenden, solange n eine endliche Zahl ist, also eine Zahl kleiner als unendlich ($n < \infty$ (unendlich)).

Es ist trotz $h \cdot \nu$ noch nicht verständlich, warum Atome und Moleküle nur bestimmte Energiebeträge enthalten können. Diese „Quantisierung" der Energie, die in Systemen von Elektronen und Atomkernen erfolgt, ist eine Erfahrungstatsache, aber es fehlt noch (im Rahmen dieser Darstellung) die Theorie dazu!

Wir können aber schon die zum H-Atom gemachten Aussagen auf alle Atome und Moleküle erweitern und sagen:

Atome und Moleküle, die Bausteine der chemischen Materie, bestehend aus Elektronen und Atomkernen, können nur Energiebeträge aufnehmen und abgeben, die den Energiedifferenzen

$$E_{n'} - E_n \quad (n \neq n') \tag{6-8}$$

entsprechen. Da gleichzeitig – nach Gleichung (6-3) – diese Beträge durch $h \cdot \nu$ gegeben sein können (Planck), wollen wir Energiedifferenzen der Atome und Moleküle mit (6-8) gleichsetzen und schreiben, was tatsächlich die Erfahrung bestätigen wird:

$$E_{n'} - E_n = h \cdot \nu \,. \tag{6-9}$$

Damit haben wir eine sehr fundamentale Gleichung vor uns, denn kennen wir die E_n, dann sind uns auch die Differenzen bekannt und damit auch nach (6-9) die Frequenzen der elektromagnetischen Strahlung, die das jeweilige System abgeben oder aufnehmen könnte. Hier muß leider angemerkt werden, daß die Sache nicht ganz so einfach ist. Es zeigt sich nämlich darüber hinaus, daß nicht alle Frequenzen ν nach (6-9) beobachtet werden, und wir wissen nach der Theorie (Wellenmechanik), die damit im Einklang mit der Erfahrung steht, daß einige „Übergänge"

$$E_n \rightarrow E_{n'}$$

sozusagen von Natur aus „verboten" sind. Die Theorie kann darüberhinaus auch angeben, warum das so ist.

Im Fall der elektromagnetischen Strahlung wird die Gesamtheit aller Frequenzen ν, die ein System als Strahlung aufnehmen oder abgeben kann, das *Spektrum* des jeweiligen Atoms oder Moleküls genannt, wobei ν für die jeweiligen Energiedifferenzen steht.

Daß wir hier von *Übergängen* sprechen, trifft den Sachverhalt sehr gut, denn das System aus Elektronen und Atomkernen muß ja am Anfang im Zustand E_n sein und danach – wenn die elektromagnetische Strahlung gewirkt hat – die Energie $E_{n'}$ besitzen. In diesem Falle (Aufnahme von Strahlungsenergie) gilt

$$E_{n'} > E_n \tag{6-10}$$

(Man beachte das negative Vorzeichen von $E_{n'}$ und E_n, siehe Bild 6-2).

Sagen wir es noch genauer: Wird elektromagnetische Strahlung aufgenommen, so gilt, daß zuerst der Zustand E_n vorgelegen hat, der ja tiefer als $E_{n'}$ ist, und daß dann nach Aufnahme der Strahlung, also der Strahlungsenergie, der Zustand $E_{n'}$ vorliegt, den wir einen „angeregten Zustand" nennen, weil in ihm auch die aufgenommene (positive) Energie $h \cdot \nu$ steckt, die dann wieder abgegeben werden könnte (Abstrahlung). Soweit sind wir also – immerhin – schon in unserem Wissen über die Abstrahl- und Absorptionsvorgänge in Atomen und Molekülen gelangt.

Die Formel (6-9) wurde sehr früh von *Einstein* hervorgehoben, aber auch Niels *Bohr* verwendet sie schon 1913 in seinem bekannten *Bohrschen Atommodell*. Darauf wollen wir ebenfalls nicht näher eingehen, da dieses Modell die wirklichen Verhältnisse nicht richtig beschreibt, unerklärbare Annahmen macht und letztlich kein Verständnis liefert. Seine Bedeutung liegt – ohne Zweifel – in der Genialität Bohrs, der schon so früh den ersten Versuch unternahm, das damalige Wissen zur Konstruktion eines *Wasserstoffatommodells* zu verwenden, wohl wissend, daß dies ein Versuch war und daß auf diese Weise vieles nicht erkannt und erfaßt ist. Immerhin war es möglich, das Spektrum vom Wasserstoffatom zu berechnen! Alle anderen Konsequenzen aus dem Modell sind nicht mehr zeitgemäß und unzutreffend.

Der Leser hat inzwischen längst erkannt, daß wir hier nur Fakten bringen. Ein Verständnis der hier angegebenen Gleichungen liegt noch vor uns, aber eine Theorie kann nur entstehen, also konstruiert und formuliert werden, wenn ausreichende Erfahrungen gemacht worden sind. Denn eine Theorie ist keine Spekulation und auch keine Hypothese, wie wir schon oben feststellten, sondern die erlangte Fähigkeit, alle Erfahrungen (des vorliegenden Bereiches) zu beschreiben, auf wenige Postulate zurückzuführen und Voraussagen zu machen, womit der praktische Aspekt unmittelbar angegeben ist. Die Sicherheit (und der Wahrheitsgehalt) einer Theorie ist somit die Grundlage für ihre praktische Bedeutung. Das klingt trivial, aber optimale Technik kann daher nie ohne Theorie auskommen, das sollte einmal festgestellt werden!

Erstaunlich ist nun, daß es gelang, mit diesem hier vorgebrachten fragmentarischen Wissen eine Interpretation des (in Kapitel 5 besprochenen) *lichtelektrischen Effekts* zu geben, die sich als vollständig zutreffend erwies. Dies wurde von Albert Einstein 1905 vorgeschlagen, nachdem er schon durch seine *Relativitätstheorie* bekannt und weitgehend anerkannt worden war.

Die nur von der Frequenz des eingestrahlten Lichtes abhängige maximale kinetische Energie E_{max} der herausfliegenden Elektronen war der Ausgangspunkt. Einstein nahm an, daß Licht aus „Energieportionen" $h \cdot \nu$ (siehe (6-3)) besteht, und ging damit über Plancks Interpretation hinaus. Wäre das der Fall, dann könnte die elektromagnetische Strahlung immer nur *quantenweise* den Betrag $h \cdot \nu$ auf die Atome und Moleküle der Metallplatte I (s. Bild 5-13) und damit auf die Elektronensysteme übertragen, so daß die herausfliegenden Elektronen mit dieser Maximalenergie die Metallplatte verlassen könnten, wenn man noch (siehe Kap. 5) die Austrittsarbeit berücksichtigt, die sie verlieren, wenn sie durch die Oberfläche nach draußen gelangen! Dabei ist vorausgesetzt, daß die elektro-magnetische Strahlung aus sehr vielen „Energieportionen" $h \cdot \nu$ besteht und jede einzelne maximal auf jeweils ein Elektron übertragen wird, wobei $h \cdot \nu$ ausreichend groß sein muß, damit das Elektron dann schließlich die Metallplatte verlassen kann.

Diese Annahme führt sofort zu den Gleichungen (5-17) bzw. (5-18), wobei nun die Konstante in (5-18) bestimmt ist: Sie erweist sich – wie es zu erwarten ist – als die Plancksche Konstante h, was auch durch Experimente bestätigt wird! Das ist ein beträchtlicher Erfolg, denn nun dämmert ein Gesamtbild herauf: Die Atome und Moleküle bei der Planckschen Strahlungsformel geben $h \cdot \nu$ ab, weil sie nur in bestimmten Energiezuständen E_n existieren können und somit stellen die Energiedifferenzen die entsprechenden $h \cdot \nu$-Beträge dar. Diese Energie $h \cdot \nu$, dieses *Energiequantum der elektromagnetischen Strahlung*, trifft in der Metallplatte im lichtelektrischen Effekt wieder auf Atome und Moleküle, und diese werden jetzt so „beeinflußt", daß ein Elektron das Atom sogar verlassen kann, wenn die Energie des „Quants" $h \cdot \nu$ ausreicht. Es entfernt sich (bestenfalls) mit maximaler kinetischer Energie, also mit E'_{max}, muß aber noch die Austrittsarbeit A überwinden. E_{max} wird dann nach Gleichung (5-17) gemessen!

Aber das ist vorerst eine Hypothese, die zu stimmen scheint, denn sie verbindet schon einige, vorher zusammenhanglos erscheinende Erfahrungen. Allerdings sind noch viele wichtige Fragen offengeblieben:
1. Was bedeutet die quantenhafte elektromagnetische Strahlung?
2. Was geschieht, wenn ein Elektron mit geringerer Energie E als E_{max}

$$E < E_{max} = h \cdot \nu - A \qquad (6\text{-}11)$$

die Platte verläßt?
3. Wie entstehen die Energiezustände E_n? Und schließlich:

4. Was bedeuten die Beugungsbilder von Elektronen oder Atomkernen und anderen Masseteilchen? Hängen sie mit dem obigen Effekt irgendwie zusammen?

Besonders unbegreiflich erscheint die Quantenhaftigkeit der elektromagnetischen Strahlung (Punkt 1). Was haben wir uns unter der „Übertragung" von Energieportionen $h \cdot \nu$ (mit Lichtgeschwindigkeit) vorzustellen? Das berührt auch Punkt 2, denn wie wird die Energie $h \cdot \nu$ auf Elektronen übertragen?

Aber da gibt es noch ein anderes Phänomen. Fällt elektromagnetische Wellenstrahlung auf Materie, so übt sie auf diese einen wenn auch sehr geringen Druck aus (Lichtdruck). Dieser Lichtdruck kann gemessen werden und spielt beispielsweise im Weltraum bei bestimmten Vorgängen eine ziemliche Rolle, besonders wenn das getroffene Materieteilchen sehr klein ist. Das kann doch eigentlich nur bedeuten, daß vom Licht ein Impuls auf die Materie übertragen wird, wie es beispielsweise beim Stoß eines Körpers auf einen anderen zu beobachten ist, der (ursprünglich in Ruhe) durch den Stoß in Bewegung gerät.

Erinnert das nicht an den lichtelektrischen Effekt, wo aus der Metallplatte durch elektromagnetische Strahlung Elektronen „herausgestoßen" werden, wobei wir davon ausgehen, daß die Energie $h \cdot \nu$ viel größer ist als die Energie, mit der die Elektronen an die Atomkerne gebunden sind.

$$h \cdot \nu \gg - E_n \qquad (E_n < 0), \qquad (6\text{-}12)$$

wobei das Zeichen >> „viel größer als" bedeutet. Wir können Gleichung (6-12) noch in ihrer Aussage verfeinern, denn es genügt ja schon, wenn $h \cdot \nu$ energetisch ausreicht, *eines* der vielen Elektronen in den Atomen und Molekülen zu entfernen, damit es dann das Metall verlassen kann.

E_n ist nämlich – genau genommen – die Energie *aller* Elektronen eines Atoms oder Moleküls im elektrischen Feld des positiven Kerns oder der Kerne.

Nur im Wasserstoffatom ist die Energie auf *ein* Elektron bezogen, weil es eben nur eines im Wasserstoffatom gibt. Gleichung (6-12) bedeutet daher, daß $h \cdot \nu$ viel größer als die Energie aller Elektronen eines Systems ist. Dies ist sicher viel zu grob betrachtet – es genügt doch in der Tat weniger Lichtenergie $h \cdot \nu$, um den lichtelektrischen Effekt auszulösen, denn es soll ja eben mit $h \cdot \nu$ nur ein Elektron vom Atom entfernt werden können.

Wir haben die eben gemachten Überlegungen, die sehr vereinfacht sind, durchgeführt, um ein gewisses Gefühl für die Energieverhältnisse bei diesen Vorgängen zu gewinnen.

Aber nun fragen wir uns weiter: Besteht elektromagnetische Strahlung vielleicht sogar aus Teilchen? Dabei fällt uns erneut die Wellennatur des elektromagnetischen Feldes ein, und wir werden wieder unsicher, ja wir geraten in einen Widerspruch, der unauflösbar scheint.

Und wenn es doch stimmen würde? Dann würden „Teilchen des Lichtes" die Atome und Moleküle verlassen, wenn diese eine Strahlung der Frequenz ν aussenden, wobei nach wie vor gilt, $\lambda = c / \nu$. Ebenso aber würden diese „Teilchen" von Atomen und Molekülen absorbiert werden, wobei die Energiedifferenzen $E_{n'} - E_n$ (siehe (6-4) und (6-9)) maßgeblich wären, welche Energiequanten – „Teilchen" – aufgenommen werden. Aber wo bleiben diese „Lichtteilchen" im System von Elektronen und Atomkernen?

Gehen wir von einer anderen Seite an das Problem heran. Sicher kennen Sie die von *Einstein* in seiner Relativitätstheorie angegebene *Äquivalenz* von Energie E und Masse m

$$E = mc^2, \tag{6-13}$$

wobei c wieder die Lichtgeschwindigkeit bedeutet. Diese fundamentale Gleichung – wohl kaum eine andere Beziehung ist so oft auch in den Medien zu finden – bedeutet, daß sich Masse in Energie und umgekehrt nach (6-13) verwandeln kann. Da c eine große Zahl ist, „steckt" schon in sehr wenig Masse eine beträchtliche Energie, in die sie sich umwandeln könnte.

Nach dieser Gleichung könnte man doch die Energie $h \cdot \nu$ des Lichtquants einer Masse m_{ph} des Lichtquants zuordnen, die man aus

$$h \cdot \nu = m_{ph} c^2 \tag{6-14}$$

erhalten würde, wenn man die Gleichung (6-14) nach der Masse auflöst

$$m_{\text{ph}} = \frac{h \cdot \nu}{c^2} = \frac{h}{\lambda c}, \qquad (6\text{-}14\text{a})$$

wobei wir die bekannte Beziehung $\nu \lambda = c$ berücksichtigt haben.

Das Ergebnis (6-14a) ist in der Tat bemerkenswert. Je kürzer die Wellenlänge der elektromagnetischen Strahlung, desto größer ist die „Masse" der Lichtteilchen, die sich danach im elektromagnetischen Strahlungsfeld bewegen! Aber was sagen wir da? Haben wir nicht soeben das Bild der Teilchen und der Welle nebeneinandergestellt und damit den Widerspruch auf die Spitze getrieben, denn wie sollte das geschehen? Das können wir uns doch eigentlich gar nicht vorstellen! Lichtteilchen mit der Masse m_{ph} fliegen mit c durch den Raum und gleichzeitig ist mit ihnen eine elektromagnetische Strahlung als Wellenbewegung verbunden! Eine absurde Vorstellung!

Was sagt nun die Erfahrung dazu? Gibt es weitere Experimente, die uns helfen, unser Bild zu erweitern und vielleicht in seinen Widersprüchen aufzulösen – wenn wir darüber nachdenken?

Aber wie steht es noch einmal mit dem lichtelektrischen Effekt? Nehmen wir einmal an, daß die Lichtteilchen mit der Masse m_{ph} auf die Elektronen in der Materie stoßen und diese „herausschlagen". Was wäre das Ergebnis?

Treffen die Lichtteilchen direkt auf ein Elektron, so werden sie bei diesem „Stoß" ihre maximale Energie abgeben, und das Elektron fliegt mit dieser Energie (Bewegungsenergie) aus dem Metallatom heraus. Es verließe also dieses mit der maximalen Bewegungsenergie E_{max}.

Da sich die Elektronen aber um die Atomkerne herum bewegen, sind manche „Stöße" nicht so effektiv, es wird dabei weniger Energie auf die Elektronen übertragen. Diese fliegen also langsamer davon und gegebenenfalls können einige – wegen der Austrittsarbeit – sogar die Metallplatte nicht mehr verlassen.

Das alles würde dem experimentellen Befund nicht widersprechen! Im Gegenteil, das Auftreten von E_{max} (wie oben dargelegt) wäre ebenfalls erklärt, denn die Energiequanten $h \cdot \nu$ des elektromagnetischen Feldes würden dann maximal „im Stoß" auf das Elektron des Atoms (Moleküls) übertragen. Aber was geschieht, wenn dieser Stoß so beschaffen ist, daß nur ein Teil von $h \cdot \nu$ übertragen wird? Nun – jetzt müssen wir konsequent bleiben – dann gibt es eben noch ein $h \cdot \nu'$ mit $\nu' < \nu$, und $h \cdot \nu'$ wäre dann die Energie, die übrigbliebe und somit auch ein Lichtteilchen mit der Masse

$$m'_{ph} = \frac{h\nu'}{c^2} = \frac{h}{\lambda' c} \quad .\qquad (6\text{-}15) \text{ nach } (6\text{-}14a).$$

Damit haben wir einen Stoß zwischen Lichtteilchen mit der Masse m_{ph} und Elektronen mit der Masse m_e diskutiert! Es kann also noch ein elektromagnetisches Strahlungsfeld mit einer längeren Wellenlänge λ' übrigbleiben ($\lambda' > \lambda$).

Diese Überlegungen scheinen so abenteuerlich, daß wir sie nochmals zusammenfassen wollen, denn das ist alles vorerst Vermutung und löst keineswegs den Widerspruch. Vielmehr verstehen wir nun gar nicht mehr, wie Welle und Teilchenbilder zusammengehören sollen. Oder ist vielleicht noch eine andere Lösung zu finden?

Eine Masse m_{ph} (des Lichtteilchens $h \cdot \nu$) stößt auf die Elektronenmasse m_e – es gibt einen Stoß (angenommen) –, und es wird Energie auf das gestoßene Teilchen (Elektron) übertragen – maximal $h \cdot \nu$! Bei maximaler Energieübertragung gibt es offenbar kein Lichtteilchen mehr, denn dort, wo keine Lichtenergie mehr vorhanden ist, ist auch keine Masse zu erwarten. Andernfalls existieren noch Lichtteilchen mit sehr kleiner Masse, die dann nicht mehr viel Wirkung auf Elektronen zeigen, weil die Elektronenmasse ihnen gegenüber so riesig groß erscheint. Sie „prallen" sozusagen an den Elektronen ab!

Wir müssen zugeben, daß dies eine ziemlich klassische Vorstellung ist, die mit unserer Alltagserfahrung übereinstimmt, und man fragt sich, ob man sich nicht mit diesen Bildern zu weit von der Wirklichkeit der atomaren Teilchen und des elektromagnetischen Feldes entfernt hat. Denn das ist ja nun das Seltsame daran. So mechanisch diese Vorstellungen sein mögen, wir finden, in Bezug auf ihre Konsequenzen, keine abweichenden Ergebnisse von den Erfahrungen, und gleichzeitig verstärkt sich der Widerspruch zwischen dem Teilchenbild und der Vorstellung vom elektromagnetischen Feld, zwischen der elektromagnetischen Wellenstrahlung und den Energiequanten $h \cdot \nu$, die wir zum Schluß sogar als Teilchen mit der Masse m_{ph} interpretiert haben. Anderseits müssen wir uns aber auch fragen, was sind das für Elektronen, die auf diese Weise – also durch Lichtteilchen – mit dem elektromagnetischen Feld in Wechselwirkung treten?

Spätestens an dieser Stelle muß nun der berühmte Versuch von C. A. *Compton* (1927) erwähnt werden, der gewissermaßen die ganze Problematik auf einen Punkt bringt. Compton war es möglich, durch eine besondere Versuchsanordnung zu klären was geschieht, wenn ein Lichtteilchen mit einem Elektron „zusammenstößt". Wir wollen nicht auf die technische Seite des Versuches näher eingehen, nur soviel, und das ist für das Folgende wichtig: Compton konnte den Winkel zwischen einfallender Röntgenstrahlung mit $h \cdot \nu$ (also einer elektromagnetischen Welle) und wegfliegendem Elektron bestimmen und fand darüber hinaus, daß in einem anderen Winkel ein weiterer Strahl elektromagnetischer Wellen auftrat, der offensichtlich eine ganz andere Frequenz ν' hatte, also die Energie $h \cdot \nu'$ besaß, wobei $\nu' < \nu$, wie wir oben schon einmal in einem anderen Zusammenhang diskutierten.

Compton gelang aber noch viel mehr. Es war ihm möglich, aus den Beobachtungen die Informationen zu erhalten, was im Einzelnen geschieht, wenn ein Energiequant $h \cdot \nu$, also ein Lichtteilchen mit der Masse m_{ph} mit einem Elektron in Wechselwirkung tritt. Das Ergebnis ist in Bild 6-3 schematisch dargestellt.

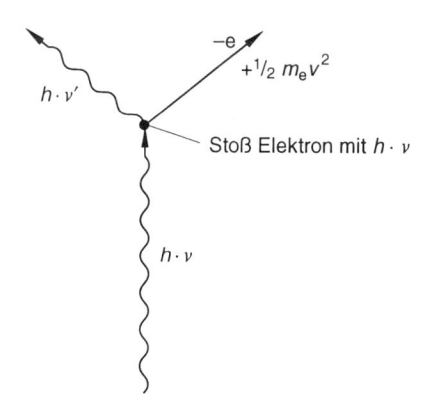

Bild 6-3

Beim näheren Auswerten der Ergebnisse erkannte man dann, daß nicht nur die Energiebilanz stimmt, also

$$h\nu - h\nu' = \tfrac{1}{2} m_e v^2 \tag{6-16}$$

gilt, wobei die rechte Seite die kinetische Energie (Bewegungsenergie) des wegfliegenden Elektrons darstellt, sondern – was eindeutig diesen *Stoßprozeß* definiert – daß die Summe der Impulse (vom Stoßpunkt aus) bezüglich der drei Richtungen Null ist (Impulserhaltung). Dies heißt, der Impuls des ankommenden Lichtteilchens $h \cdot \nu$ bleibt also erhalten und spaltet sich nur in die zwei Richtungen von $h \cdot \nu'$ und Elektron auf.

Also ein richtiger mechanischer Stoß! Wir müssen daher annehmen, daß die Lichtteilchen real sind – man nennt sie *Photonen* – und daß ein Photon offenbar mit einem Elektron zusammenstößt!

Damit wären unsere obigen Spekulationen richtig gewesen, also mit der Erfahrung übereinstimmend, und wir hätten somit eine endgültige Erklärung des lichtelektrischen Effektes vorbereitet. Die elektromagnetische Strahlung besteht also aus Photonen mit der Masse m_{ph}, und durch weitere Versuche, die über den Comptonschen noch hinausgehen, fand man, daß die Photonen auch noch einen Eigendrehimpuls (Spin) besitzen, der doppelt so groß ist wie der des Elektrons.

Nun war der Widerspruch zwischen Teilchen und Welle (Photon und Welle) klar herausgearbeitet. Und das alles durch bestimmte gezielte Experimente.

Man darf nicht fragen, ob eine elektromagnetische Strahlung eine Wellen- *oder* Korpuskelstrahlung ist. Denn auf der einen Seite beweisen die Beugungsversuche am Spalt, daß es sich um eine Wellenbewegung des elektromagnetischen Feldes handelt, welche sich mit Lichtgeschwindigkeit durch den Raum bewegt, zum anderen sind die Photonen als Teilchen nachgewiesen, wenn sie z.B. auf den Schirm treffen oder im Compton-Versuch wirksam werden.

Die Erklärung „Welle *und* Teilchen" können wir aber auch sogleich verwerfen, denn das ist ja gerade der Widerspruch, auf den wir jetzt gestoßen sind!

Man hat – historisch betrachtet – versucht, darin einen Dualismus zu sehen, und gesagt, daß Licht *entweder* Wellen- *oder* Teilchenstrahlung ist, je nach Versuchsbedingung als Teilchen im lichtelektrischen Effekt oder als Welle im Spaltversuch. Aber das hilft nicht weiter! Denn es würde ja bedeuten, daß der Mensch bestimmt, ob eine elektromagnetische Strahlung im Zeitverlauf eines Experimentes eine Wellenbewegung oder eine Teilchenstrahlung ist.

Die Vorstellung des *Dualismus* wird dann besonders fragwürdig, wenn es gelingen könnte, ein *einziges Photon* durch den Spalt fliegen zu lassen. Tatsächlich ist dieser Versuch möglich gemacht worden, und dabei zeigte sich nun endlich, was dahinter steckt.

Wer von den Lesern das Ergebnis noch nicht weiß, wird wahrscheinlich vermuten, daß ein ganz schwaches Beugungsbild des Spaltes beobachtet wird. Aber das ist ganz und gar nicht der Fall; die Überraschung ist komplett: Der Schirm wurde mit einer Schicht bestrichen, die beim Aufprall der Photonen genau an der Stelle aufblitzt, wo ein Teilchen auftrifft. Tatsächlich wurde bei diesem Versuch an irgendeiner Stelle des Schirms ein kurzer Lichtblitz registriert. An der Stelle also, wo das *einzige* Photon aufgetroffen war. Es ist also ganz klar: Ein Teilchen war durch den Spalt geflogen.

Und nun werden Sie fragen: Und was ist mit dem Beugungsbild, was doch beobachtet wird? Das paßt doch alles nicht zusammen! Ist die Natur in sich widersprüchlich und folgt einer anderen eigenen Logik als die unseres Gehirns?

Machen wir es uns nochmals klar, daß es für uns völlig unmöglich ist, uns vorzustellen, daß elektromagnetische Strahlung eine Wellenbewegung ist und gleichzeitig aus einem Strom von Massenteilchen (Photonen) mit definierter Masse m_{ph} (mit Spin) besteht.

Der Versuch mit einem Photon zeigt besonders deutlich, daß es sich um Photonen handelt, daß aber gleichzeitig im Versuch mit elektromagnetischer Strahlung Beugungsbilder beobachtet werden.

Wir gehen in unserem Versuch noch einen Schritt weiter und lassen ein zweites Photon durch den Spalt fliegen (dessen Durchmesser in der Größenordnung der Wellenlänge ist, die der hier vorliegenden elektromagnetischen Wellenstrahlung entspricht). Auf dem Schirm beobachtet man wieder einen Lichtblitz an einem anderen Ort.

So geht das weiter. Jedes weitere Photon – schön der Reihe nach – trifft auf irgendeinem Punkt des Schirmes auf und zeigt sich dort durch einen Lichtblitz an!

Und jetzt kommt die Überraschung: Würden wir uns jeden Auftreffpunkt merken, also alle Auftrittspunkte in ihren Koordinaten in einem Computer speichern, und wären wir in der Lage, noch einmal alle Lichtblitze gleichzeitig aufleuchten zu lassen, dann würden wir – vorausgesetzt ausreichend viele Elektronen sind durch den Spalt geflogen – ein Beugungsbild sehen! Das Beugungsbild setzt sich also aus einzelnen Lichtpunkten zusammen!

Ich weiß nicht, wie bewußt Sie die letzten Zeilen gelesen haben. Ich habe versucht, die Sache spannend darzustellen, um dem Leser zu zeigen, in welcher Form der Vorgang der Naturerkenntnis erfaßt, ja erlebt werden kann.

Noch ist freilich nichts verstanden, aber es ist doch erstaunlich, daß alles offenbar seine Prinzipien hat. Da fliegen Teilchen mit einheitlicher Geschwindigkeit durch einen sehr dünnen Spalt, erzeugen ein Beugungsbild, was eindeutig einer Wellenstrahlung entspricht, und bleiben dabei Teilchen, wie der Versuch zeigt, den man an ihnen einzeln vornimmt.

Ich bin sicher, wer die Lösung nicht kennt, muß jetzt sehr neugierig sein, wie die ganze Angelegenheit ausgeht. Ähnliche Gefühle müssen die Physiker damals auch bewegt haben, denn wenn man sich das einmal ganz klar macht, dann ist hier auch ein erkenntnistheoretisches Problem aufgeworfen, eben die Frage, wie nehmen wir Materie wahr und wie verhält sich diese? Mit anderen Worten: Was sind das eigentlich für Teilchen, die wir Photonen, Elektronen und Atomkerne nennen?

Bei den Elektronen (wir sagten es schon) zeigte sich nun eine weitere Überraschung, die die Problematik noch einmal auf die Spitze treibt. Werden mit Elektronen ähnliche Versuche unternommen wie mit Photonen, so ergeben sich ebenfalls Beugungsbilder! Anders und vereinfacht ausgedrückt: Geht ein Elektronenstrahl *gleicher* Geschwindigkeit durch einen Spalt, so erscheint, wenn der Spalt eng genug ist, ein Beugungsbild auf dem dahinterstehenden Schirm. Es wird also nicht nur der Spalt abgebildet, sondern neben diesem Spalt erscheinen – entsprechend dem

Versuch mit Photonen – weitere helle Streifen. Damit wird nun jetzt auf einmal ganz klar, daß die Elektronen ebenfalls „irgendwie" Welleneigenschaften zeigen müssen, denn auch im Falle der Elektronen wird beobachtet, daß ein einzelnes Elektron irgendwo einen Lichtblitz auf dem Schirm erzeugt und daß viele Elektronen – hier wieder hintereinander durch den Spalt geschickt – das Beugungsbild aufbauen, wenn man jeden Auftreffpunkt speichert und später zusammensetzt.

Ich verweise hier nochmals auf die Strategie, mit der diese Experimente gemacht wurden, die nun die ganze Unverständlichkeit der Teilchen-Welle-Problematik aufzeigen, und es ist wohl klar geworden, daß uns eine Lösung des Problems ein ganz neues Verständnis der Materie, die aus Elektronen und Atomkernen besteht, einschließlich der Wechselwirkung der Materie mit der elektromagnetischen Strahlung (also Photonen) liefern muß.

Es sollte noch erwähnt werden, daß auch mit Atomkernen die gleichen Resultate – ein Beugungsbild – erhalten wurden, wenn auch die einzelnen Beugungsstreifen in der Regel näher beieinanderliegen. Auch die Lage der Beugungsstreifen in Abhängigkeit von der Energie der ankommenden Teilchen zeigt bei allen Versuchen eine Gesetzmäßigkeit. Das gilt auch für die Abhängigkeit der Ergebnisse von der Masse der am Beugungsversuch beteiligten einheitlichen Teilchen.

Wir stellen also nochmals fest, daß offenbar jedem Teilchenstrahl, der durch den Spalt geschickt wird, eine „Wellenlänge" *zugeordnet* werden muß, die die Beugungsbilder – wie oben dargelegt – „verständlich" macht. Anders ausgedrückt: Unter Annahme dieser Wellenlänge können wir nach der üblichen Wellenvorstellung die Lage der Beugungsstreifen verstehen und berechnen.

In Anbetracht dieser widersprüchlichen Phänomene müssen wir uns fragen, was wir besonders in Bezug auf unsere Meinung über die Materie falsch gemacht haben, als wir im Laufe der Jahrtausende unser Weltbild entwickelten. Denn ohne „Materiewissen" läßt sich kein Weltbild, keine „Weltsicht", entwickeln und aufbauen.

Deutlich ist jedenfalls, daß Materie nicht das sein kann, was so landläufig angenommen wird: Etwas Totes, völlig Lebloses, das Gegenteil von Geist und Seele und sicher kein Thema für Gefühle. Materie zieht uns in den Bereich des Seelenlosen und Geistfeindlichen. Nein – soweit ist schon jetzt klar geworden, daß Materie mehr sein muß, wenn sie sich uns gegenüber im Augenblick so widersprüchlich gibt.

Dabei bestehen wir ja selbst aus Materie, die ganze Welt besteht daraus, und wenn es um Fragen der Chemie, der Biochemie, der Pharmazie, genaugenommen, wenn es um alle Phänomene und Erfahrungen geht, bei denen nicht allzu große Energien im Spiel sind, dann besteht diese „Welt" aus Photonen, Elektronen und Atomkernen. Was wir auch anfassen, sehen und riechen – immer nehmen wir Kontakt über diese drei Teilchen auf, die so gar nicht in unser Teilchenverständnis passen wollen!

Ich hoffe, mit diesen Ausführungen deutlich gemacht zu haben, daß es sich hier um ein fundamentales Problem unserer Existenz handelt, soweit wir zu den Menschen gehören, die ihre Umwelt bewußt und in allen *Facetten* erfassen, erleben – und verstehen wollen.

Also, wie sieht nun die Lösung aus, die uns verändern muß, weil wir dann auf einmal die Materie mit anderen Augen sehen müssen?

Der Anfang liegt in der Gleichung (6-14a), was man gar nicht vermuten würde. Aber alle Einsicht und Weisheit hat nun einmal mit den einfachsten Dingen des Lebens angefangen.

Wir wollen zuerst noch anmerken, daß der Impuls p eines Teilchens durch

$$p = m\,v \qquad (6\text{-}17)$$

gegeben ist, also durch das Produkt von Teilchenmasse mit seiner augenblicklichen Geschwindigkeit v (nicht zu verwechseln mit ½ $m\,v^2$, das die kinetische Energie, die Bewegungsenergie, darstellt).

Sehen wir uns (6-14a) an und multiplizieren beide Seiten mit der Lichtgeschwindigkeit c (auf beiden Seiten, damit das numerische Gleichgewicht des Gleichheitszeichens erhalten bleibt), so ergibt sich

$$m_{\mathrm{ph}}c = \frac{h}{\lambda}, \qquad (6\text{-}18)$$

und wir sehen, daß links vom Gleichheitszeichen der Impuls des Photons steht, da ja die elektromagnetische Welle die Geschwindigkeit c hat. Also schreiben wir

$$p_{\text{ph}} = \frac{h}{\lambda}.\qquad(6\text{-}19)$$

Die so geschriebene Gleichung bringt uns auf neue Gedanken! Denn sehen wir uns einmal diese seltsamen Gleichungen genauer an, so erkennen wir, daß hier ein wesentliches Element der Wellenvorstellung, nämlich die Wellenlänge, mit einem Element der Teilchenvorstellung, dem Impuls, durch die Plancksche Konstante h verknüpft ist. Das entspricht genau den Erfahrungen mit Elektronen und Atomkernen, da diese Teilchen beim Beugungsversuch mit einer Wellenlänge λ verknüpft sind, die das Beugungsbild verifiziert (aus λ berechnet werden kann). Gleichzeitig erkennen wir auch, daß diese Wellenlänge nur für einen ganz bestimmten Impuls festgelegt ist, wie es das Gleichheitszeichen verlangt. Dies ist deutlich aus der Gleichung

$$\lambda = \frac{h}{p_{\text{ph}}},\qquad(6\text{-}20)$$

zu erkennen, die mit (6-19) identisch ist.

Im Jahre 1924 schlug daher der französische Physiker *De Broglie* vor, die Gleichung zu erweitern (er stellte dabei eine Reihe von interessanten Überlegungen an, die wir hier überschlagen) und an die Stelle des Photonenimpulses p_{ph} ganz allgemein den Impuls $m \cdot v$ eines Teilchens zu schreiben. Also

$$mv = \frac{h}{\lambda}\qquad(6\text{-}21)$$

oder

$$\lambda = \frac{h}{mv}.\qquad(6\text{-}21\text{a})$$

Es zeigt sich, daß richtig gedacht worden war. Denn die Wellenlängen, die damit bei bestimmten Geschwindigkeiten und Massen der Teilchen ausgerechnet wurden, entsprachen genau denjenigen, die notwendig sind, um das beobachtete Beugungsbild zu berechnen!

Das war der erste Schritt. Wir haben zwar nicht viel verstanden, aber De Broglies genialer Gedanke hat uns in den Stand gesetzt, bei bekannter Masse und Geschwindigkeit der Teilchen und bekanntem Spaltdurchmesser ein Beugungsbild zu berechnen, das immer mit der Erfahrung übereinstimmt.

Dabei ist es interessant, sich nochmals klarzumachen, daß wir Gleichung (6-21) erhalten, wenn wir die *Einsteinsche Beziehung* zwischen Masse und Energie für Photonen und den Zusammenhang zwischen ν, λ und Lichtgeschwindigkeit verwenden. Schließlich gelingt es der Idee De Broglies, die Gleichung auf alle Massen auszudehnen. Genaugenommen haben wir mit der Konstante h auch die *Plancksche Hypothese* eingebaut.

Auf jeden Fall haben wir eines schon erkannt: Die *Plancksche Konstante h* spielt eine entscheidende Rolle dabei, denn sie verknüpft Wellenvorstellung (λ) mit Teilchenvorstellung (m, v). Es handelt sich offenbar um eine fundamentale Naturkonstante, die sozusagen die Vorgänge in der Materie „beherrscht"!

Ist denn mit Gleichung (6-21) der Widerspruch in unseren Erfahrungen mit der Materie wirklich schon aufgelöst?

Wir haben zwar die beiden Vorstellungen Wellen- und Teilchenbild *mathematisch* verknüpft, aber wir wissen noch nicht, was Gleichung (6-21) bedeutet. Wieso gelingt es, die beiden Vorstellungen in einer Gleichung zu verbinden, die offenbar die Erfahrungen richtig beschreibt?

Ich erinnere hier an die Ausführungen im dritten Kapitel, denn von einer Theorie kann vorerst noch keine Rede sein. Eher von einer richtigen Hypothese (mit Modellcharakter). Aber eine Hypothese, die sich immer wieder an der Erfahrung bewährt, muß zweifellos der Einstieg in eine Theorie sein, die dann noch weiter reicht.

Fragen wir noch einmal: Was haben wir falsch gemacht bei der Ausbildung unseres Weltbildes, daß wir in ein derartiges Dilemma bezüglich unserer Erfahrungen mit der Materie geraten konnten?

Nun haben wir wohl alle einmal die Erfahrung gemacht, daß wir zu neuen Einsichten, ja sogar zu einer Gesundung kommen können, wenn wir liebgewordene Angewohnheiten und sehr fixierte Standpunkte verlassen. Dabei stellt sich oft heraus, daß diese „alten" Vorstellungen und „Bequemlichkeiten" schon längst nicht mehr in unser Leben hineingepaßt haben und daß unsere Entwicklung ein anderes Denken und Handeln verlangt. Mit andern Worten: daß vieles von dem Eingelebten,

Eingewöhnten, ja Traditionellen, was uns so selbstverständlich schien, gar nicht so dauerhaft sein darf, wie wir es uns seinerzeit vorgestellt hatten.

Diese Erfahrungen machen wir nicht nur im persönlichen Leben. Die Geschichte der Menschheit zeigt immer wieder auf, daß es eine Frage des Überlebens sein kann, Althergebrachtes zu verlassen und neue Perspektiven zu entwickeln. Schon in scheinbar einfachen politischen Problemen zeigt sich, daß derjenige Erfolg hat, der zur rechten Zeit neue Alternativen nicht nur sieht und darüber spricht, sondern sie dann wirklich einschlägt und verwirklicht.

Man könnte fast von einem Bewußtseinswandel sprechen, und genaugenommen ist es auch ein solcher.

Allerdings muß ein solcher Wandel zur rechten Zeit geschehen, wenn das Problem klar erkannt ist und man einsieht, daß es – sei es, wie es will – so nicht weitergehen kann. Die Notwendigkeit muß also klar empfunden werden.

Sollte die Menschheit in eine existentielle Krise geraten – gleich welcher Art –, so werden die entstandenen Probleme nur dann gelöst werden können, das Überleben nur dann garantiert sein, wenn eine Reihe von Vorstellungen und Lebensarten verlassen werden, die – von wenigen schon vorher bemerkt – längst überfällig sind und „zur Menschheit nicht mehr passen". Eigentlich ist das eine fast triviale Angelegenheit, denn die Evolution arbeitet schon von Anfang an mit dieser Methode. Zwar tritt bei ihr in gewisser Weise die Mutation an die Stelle des Erkenntnisvorganges (wenn man vom Menschen absieht), aber auch hier spielen letztlich die Wechselwirkungen mit der Umwelt (Erfahrungen) eine wichtige Rolle, da sie entscheiden, ob es weitergeht oder nicht. Die Erfahrungen müssen mit den Erkenntnissen übereinstimmen (und umgekehrt)!

Kehren wir nun zu unserem Problem zurück. Welle oder Teilchen, das ist hier die Frage. Ist das hier wirklich die Frage? Natürlich spüren wir inzwischen, daß wir an einem Wendepunkt unseres Naturverständnisses stehen und das ist keine einfache Sache, denn alles, was um uns und in uns geschieht, zeigt sich in materiellen Vorgängen, scheint vielleicht – so ahnen wir besorgt – damit identisch zu sein.

Die Sorge ist unberechtigt, denn wenn es so wäre, dann ist Materie mehr, als wir bisher annahmen und mehr als die bisherigen Vorstellungen darüber, nach denen wir lebten. Ist Materie vielleicht ganz anders? Nicht so materiell, wie die Materialisten es immer behaupteten? Aber letztlich haben wir ja alle mehr oder weniger die Meinung gehabt, daß für „höhere" menschliche Vorstellungen und Regungen die Materie nicht gerade das Substrat ist, in welchem wir nach diesen höheren Werten „suchen" würden! Das sagen uns ja auch die Religionen, gleich welcher Couleur.

Ich hoffe, es ist mir gelungen, die Stimmung zu erzeugen, daß hier Vorsicht geboten ist, denn so wie die Lage beim Stand der Darstellung hier aussieht, ist noch gar nicht sicher, wie sich dieser Widerspruch auflöst und besonders welche Folgen sich daraus für uns alle ergeben könnten.

Es ist auch wichtig darauf hinzuweisen, daß diese scheinbar spezielle Problematik mit vielen anderen wichtigen Fragestellungen und Situationen des Lebens und der Geschichte in Verbindung gebracht werden kann. Das gibt auch der Materie ihre wirkliche Bedeutung zurück!

Betrachten wir also nochmals mit Abstand die Vorgänge. Ein Teilchen (Photon, Elektron oder Atomkern) fliegt durch einen engen Spalt, trifft dahinter auf irgendeinen Punkt des Schirmes auf und zeigt sein Auftreffen durch einen Lichtblitz an. Wir wissen im voraus grundsätzlich nicht, wo es auftreffen wird, denn wir haben keinerlei Möglichkeiten, diesen jeweiligen Punkt zu berechnen, da das nächste Teilchen an irgendeinem anderen Punkt auftreffen wird. Das ist die Erfahrung. Wir wissen aber schon, daß die Gesamtzahl dieser Lichtblitze (würde man sie aufsummieren oder alle Teilchen auf einmal durch den Spalt gehen lassen) das erwartete Beugungsbild liefert, wie es sich nach der Formel (6-21a) berechnen läßt, wenn die dort angegebene Wellenlänge λ verwendet wird, wobei für v dann c stehen muß, wenn es sich um Photonen handelt, und für m die entsprechende Masse hineingeschrieben wird (m_{ph}, m_e, m_{Atom} oder $m_{Molekül}$).

Hat jedes Teilchen seine eigene individuelle Flugbahn, die es zu den Punkten auf dem Schirm führt? Sicher nicht. Denn alle kommen mit der gleichen Geschwindigkeit v (bzw. c) angeflogen, sind ununterscheidbar und praktisch alle haben keinen Kontakt mit den Rändern des Spaltes, wenn man von wenigen vielleicht absehen mag, die aber wegen ihrer geringen Anzahl das Beugungsbild nicht beeinflussen können. Nein, so kommen wir an das Phänomen nicht heran. Aber ein anderer – fast trivialer – Aspekt taucht jetzt auf.

Zwar wissen wir nicht, *wo* das Teilchen auftrifft, aber wir können doch davon ausgehen, daß an den hellen Stellen des Beugungsbildes im Durchschnitt häufiger Lichtblitze zu beobachten sein werden, weil dort mehr Teilchen auftreffen. „Wissen" die einzelnen Teilchen etwas von dem zu erwartenden Beugungsbild? Nun, jedem Teilchen ist ja nach Formel (6-21a) eine Wellenbewegung zugeordnet, das haben wir früher schon festgestellt, wobei wir beim Photon an das elektromagnetische Feld denken, welches sich mit der Lichtgeschwindigkeit durch den Raum bewegt. Bei Elektronen und anderen Teilchen werden wir unsicher. Gibt es da auch ein Feld? Eine Wellenbewegung mit einer Wellenlänge „λ"? Diese müßte sich dann eigentlich mit der Geschwindigkeit v zu dem Spalt hin bewegen. Hier kommen wir an einen entscheidenden Punkt!

Das elektromagnetische Feld – wir wollen es B nennen – ist ja abhängig vom Raum (also von den Koordinaten x, y und z) und der Zeit t, denn für jeden Punkt x, y, z im Raum und zur jeweiligen Zeit t liegt ja ein Feld B vor, dessen *Intensität* sich übrigens zu B^2 ergibt. Unter Intensität müssen wir uns (beispielsweise bei Photonen) die Helligkeit an der jeweiligen Stelle vorstellen, die ja immer einen positiven Wert haben muß, andernfalls ist $B^2 = 0$ in irgendeinem Raumbereich und dann herrscht dort Dunkelheit.

Das heißt doch erst einmal, daß dort, wo auf dem Schirm B^2 im Rahmen des Beugungsbildes sehr groß ist, viele Photonen auftreffen werden, während wir an den Stellen, wo $B^2 = 0$ gilt, nie einen Lichtblitz beobachten würden. Es gibt also doch nicht den ganz willkürlichen Flug der Photonen? Richtig! Offenbar bestimmt B^2 (und das Wellenfeld ist ja bekannt), wo Photonen anzutreffen sind und wo nicht. Oder anders ausgedrückt: B^2 gibt die Häufigkeit der Photonen im Raum an! Denn wir können ja den Schirm bewegen und erhalten somit B^2 als Funktion des ganzen Raumes (x, y, z).

Kennen wir B^2 (x, y, z) also, so können wir voraussagen, wie *wahrscheinlich* es ist, an einer bestimmten Stelle des Raumes ein Photon zu finden. Eine solche Aussage – unter Verwendung des *Wahrscheinlichkeitsbegriffs* – steht im Einklang mit der Erfahrung, daß wir ja nicht wissen, wo das Photon auftrifft oder anzutreffen ist – d.h. wir können *nur Wahrscheinlichkeitsaussagen machen* und die werden durch B^2 geliefert – und durch die Erfahrung bestätigt.

Wir wollen diese Formulierung vorerst so stehen lassen und werden gerade im nächsten Kapitel auf diese Wahrscheinlichkeitsüberlegungen näher eingehen.

Wie aber sieht es bei Elektronen und Atomkernen damit aus? Hier gibt es kein elektromagnetisches Feld, aber es existiert hier nach Gleichung (6-21a) eine Wellenlänge λ, mit der wir – seien wir ehrlich – im Augenblick nicht viel anfangen können. Mit diesem λ, „der Wellenlänge der Materiestrahlung", können wir freilich das Beugungsfeld der Massenteilchen berechnen und auch hier gilt, daß an „hellen" Stellen (durch Aufsummierung der einzelnen Lichtblitze) die Wahrscheinlichkeit, ein Elektron zu finden, größer sein wird als an den „dunklen" Stellen, an die wohl kaum ein Elektron „hingerät"!

Bleiben wir vorerst bei *einem* Elektron, für das es ja schon ein λ und damit ein Beugungsbild gibt, denn mit diesem λ können wir uns eine Wellenstrahlung denken, die durch den Spalt geht. Die Geschwindigkeit spielt dabei vorerst keine Rolle.

Aber wir finden keine Wellenstrahlung, wenn ein Teilchen sich durch den Raum bewegt. Kein Meßinstrument schlägt aus, aber wir sehen ein Beugungsbild und messen die Eigenschaft des Teilchens: Masse, Ladung, Spin und magnetische Eigenschaften!

Wenn wir also zu einem Verständnis gelangen wollen, dann müssen wir etwas sehr Bemerkenswertes tun: Wir müssen uns – also sozusagen zwangsweise – ein Wellenfeld denken, was zur Wellenlänge λ gehört und *dessen Quadrat uns die Wahrscheinlichkeit angibt,* an jedem beliebigen Ort ein Elektron finden zu können.

Dieses zur Formulierung einer Theorie notwendige Wellenfeld wird von allen Wissenschaftlern Ψ (psi) genannt. Ψ^2 (die „Intensität") wäre also dann die Aufenthaltswahrscheinlichkeit eines Elektrons an einer Stelle, wenn man dort den Wert von Ψ bzw. Ψ^2 ausrechnet, denn Ψ hängt von den drei Raumkoordinaten x, y und z (oder anderen) und von der Zeit t ab. Wir schreiben also

$$\Psi = \Psi(x, y, z, t). \tag{6-22}$$

Hier würde ich gern eine Pause einlegen, um die Gedanken zu sammeln und sich klarzumachen, was eigentlich geschehen ist, denn was da in der Formel (6-22) steht – ist eine Weltsensation!

Denn das ist doch sofort klar: Ψ-Funktionen „gibt" es nicht nur für Elektronen und Atomkerne. Sie sind auch für Moleküle, Kristalle, Metalle, ja für alle Teile der Materie anzunehmen, denn alles besteht aus Elektronen und Atomkernen.

Und wenn wir jetzt die großen Systeme betrachten wollen, so müssen wir in (6-22) alle Raumkoordinaten der beteiligten „Bausteine" hineinschreiben, also in der Form

$$\Psi = \Psi(x_1, y_1, z_1, x_2, y_2, z_2, x_3, y_3, z_3, \ldots x_M, y_M, z_M, t), \tag{6-23}$$

wobei z.B. x_i, y_i, z_i ($i = 1, 2, \ldots M$) die drei Raumkoordinaten des i-ten Teilchens (ein Elektron oder ein Kern) sind.

Genauer: Gleichung (6-23) bedeutet, daß ein Zahlenwert für Ψ (linke Seite) ausgerechnet werden kann, wenn wir die Funktion Ψ *und* die Raumlage der n Elektronen und N Atomkerne ($n + N = M$) kennen. Ψ^2 drückt dann die Wahrscheinlichkeit aus, die M Teilchen zur gleichen Zeit t an diesen „Stellen" x_i, y_i, z_i zu finden, die wir oben zur Berechnung von Ψ verwendet haben.

Ein ganz einfaches Beispiel: Unsere Funktion Ψ (wir lassen einmal die Zeit weg) sähe z.B. so aus

$$\Psi = \Psi(x, y) = x^2 + y^2, \tag{6-24}$$

wobei Ψ – als abkürzendes Funktionssymbol – für die rechte Seite in (6-24) steht. Rechnen wir Ψ für $x = 1$ und $y = 3$ aus, so erhalten wir $\Psi = 10$ und somit $\Psi^2 = 100$.

Und wie sieht es mit

$$\Psi = \Psi(x, y, z, u, v) = \frac{xy + uv}{z + y^2 + u^2 + v^3} \tag{6-25}$$

aus?

Wie lautet beispielsweise der Wert von Ψ für $x = 1$, $y = 2$, $z = 3$, $u = 4$ und $v = 4$? Wir wissen jetzt, was gemeint ist, wenn wir von einer Funktion Ψ sprechen und den Wert von Ψ (Zahlenwert) für bestimmte Werte der Variablen x, y, ... ausrechnen. Die Zahlenwerte der Variablen stehen uns im Prinzip frei. Sie werden letztlich durch unser Interesse vorgegeben.

Das Wichtigste an der ganzen Sache ist die Kenntnis der Funktion Ψ (Zusammenhang zwischen den *Variablen* (Koordinaten) und dem Ψ-Wert).

Sollten Sie es vielleicht vorher noch nicht gewußt haben, so ist jetzt klar, was eine *Funktion* Ψ ist, was ein *funktionaler Zusammenhang* (zwischen Ψ und Variablen) bedeutet und was es heißt, eine *Funktion auszurechnen* (numerische Vorgabe der Variablen).

Der Funktionsbegriff ist in unserem Denken so fundamental, daß man sich eigentlich kaum etwas vorstellen kann, was nicht funktionell betrachtet werden kann – bis hin zur bekannten „Vernetzung" aller Erfahrungen und Ursachen.

Eine Funktion Ψ also, als Funktion der Teilchen (Koordinaten) ist offenbar eine sinnvolle Darstellung der vorliegenden, widersprüchlich erscheinenden Phänomene, denn obwohl Ψ selbst *nicht beobachtbar ist*, ist Ψ^2 nachweisbar, denn Ψ^2 liefert die Wahrscheinlichkeit für die Bewegungen der Masseteilchen (wie es das Quadrat, B^2, des elektromagnetischen Feldes für Photonen tut) und ist somit nachweisbar (z.B. im Beugungsbild)!

Haben Sie bemerkt, welchen Verzicht wir in den letzten Ausführungen geleistet haben? *Wir können den Widerspruch Teilchen/Welle nur dann auflösen, wenn wir akzeptieren, daß Teilchen, wie etwa Elektronen oder Atomkerne, sich nicht mehr in Form von Bahnen im Raum bewegen!*

Das ist in der Tat eine unglaubliche Situation: Wenn wir die Bewegung der Teilchen nur noch als Wahrscheinlichkeitsaussage bezüglich ihres Aufenthalts im Raum erfassen, löst sich der Widerspruch auf! Denn nun bleiben die Teilchen als solche (Masse, Ladung ...) erhalten, aber sie bewegen sich nicht mehr auf exakten Kurven oder Bahnen im Raum herum! Dieses „Wahrscheinlichkeitsfeld" Ψ^2 ist aus der Funktion Ψ entstanden, welche eine ähnliche Rolle wie B bei den Photonen spielt, aber nicht nachweisbar ist. Welle oder Teilchen? Dieses „oder" ist in der Natur nicht verwirklicht und steht im Widerspruch zur Erfahrung. Aber auch ein „und" träfe nicht die Situation. *Teilchen* (Massenteilchen), *deren Bewegungen nicht mehr kausal sind, müssen durch Wahrscheinlichkeitsaussagen erfaßt werden*, das ist offenbar das *Maximum unserer Informationen*, die wir – prinzipiell – erhalten können. Erst dann können die Widersprüche aufgelöst werden.

Wieso nicht kausal? Nun, bewegt sich ein Masseteilchen auf einer Bahn, so kennen wir zu jedem Augenblick seinen *Raumpunkt*, in welchem es sich befindet, und die dazugehörige *Geschwindigkeit*. Mit diesem Wissen können wir den unmittelbar danebenliegenden Raumpunkt berechnen, da wir ja auch die Richtung der Geschwindigkeit im vorherigen Punkte kennen. Auf diese Weise können wir eindeutig den nächsten Punkt finden, jedesmal ist uns dann wieder Ort und Geschwindigkeit sowie deren Richtung bekannt, und auf diese Weise ergibt sich Punkt für Punkt, einer aus dem anderen hervorgehend – also kausal – eine Raumkurve, auf der sich das Massenteilchen bewegt. Kausal also, weil sich jeder Punkt auf der Kurve (kontinuierlich) aus dem Vorangehenden (rechnerisch) ergibt. Jeder Punkt, der erreicht wird, ergibt sich so als Ursache des Vorhergehenden auf der Kurve. Alle Punkte liegen auf einer wohl bekannten und definierten Bahnkurve.

Dies aber ist in der Natur gerade nicht verwirklicht! Wäre dies der Fall, so bestünde der Widerspruch Teilchen/Welle erneut, und wir hätten kein Verständnis gefunden. Mit Ψ – die *Wellenfunktion* genannt wird – ist Verständnis gewonnen, wir haben allerdings die selbstverständlich erscheinende Auffassung von den kausal fliegenden Teilchen mit Masse aufgeben müssen. Dieses nichtkausale Verhalten der Elektronen und Atomkerne, aus denen sich die Materie aufbaut, ist nicht das, was man bis dahin stillschweigend als Eigenschaft der Materie vorausgesetzt hatte. Also, so darf man wohl sagen: Materie ist nicht materiell!

Die atomaren Bausteine der Materie genügen in ihren Bewegungen nicht dem *Kausalitätsprinzip*. Die *Aufenthaltswahrscheinlichkeiten* eines oder mehrerer Teilchen ist durch Ψ^2 im Raum – mit der Erfahrung im Einklang – beschrieben. Eine *Theorie* dieser Vorgänge muß ermöglichen, Ψ zu bestimmen (zu berechnen), *damit wir in Atomen und Molekülen, in Metallen und Kristallen die Bewegung der Elektronen und Atomkerne kennen, aus denen sich alle Eigenschaften der Materie ergeben!*

Anders ausgedrückt: *Erst die Akausalität der Teilchenbewegungen liefert die Materie so, wie wir sie aus unserer Erfahrung kennen.* Andere Annahmen ergeben Widersprüche zu den Erfahrungen!

Natürlich ist von einer Reihe von Menschen und Institutionen immer wieder versucht worden, diese Aussagen zu unterlaufen, um die Kausalität zu retten und die Erfahrung dennoch richtig beschreiben zu können. Aber seit über 70 Jahren, in denen die *Wellenmechanik* besteht – so nennt man die dazugehörige Theorie – ist diesen Versuchen *kein Erfolg* beschieden gewesen. Kein Wunder eigentlich, denn dann müßte ja eine Vorstellung gewonnen werden – eine kausalbegründete Vorstellung –, die dennoch alle Erfahrungen als Konsequenz daraus richtig wiedergibt.

Warum stemmen sich einige von uns eigentlich so dagegen, daß der Ursprung der Materie, ihr Inneres, akausal existiert? Der Materialismus ist doch damit tot mit seiner Kausalität und seinen „Mikromaschinen"! Es „lebe" also die Materie, die in sich schon den Kern einer gewissen „Freiheit" enthält – aber darüber später mehr!

Werner Heisenberg hat – so um 1925 – diesen Sachverhalt exakt in einer Gleichung wiedergeben können, die man heute die *Unschärferelation* (Unbestimmtheitsrelation) nennt.

Sie besagt, daß die *prinzipielle* (naturgesetzliche) *Kenntnis* über den Ort *und* die Geschwindigkeit eines Teilchens begrenzt ist. Bezeichnen wir unsere Unkenntnis (Unschärfe) über den Ort (in *x*-Richtung) mit Δx (und entsprechend auch für die anderen beiden kartesischen Koordinaten *y* und *z*) und die Unschärfe über die Geschwindigkeit *v* mit Δv, so gilt nach einer kleinen Umformung, auf die wir hier nicht näher eingehen wollen

$$\Delta x \, \Delta v_x \geq \frac{h}{m} \quad \text{und daneben} \quad \Delta x \, \Delta v_y \frac{h}{m} \quad \text{und} \quad \Delta x \, \Delta v_z \geq \frac{h}{m}, \quad (6\text{-}26)$$

wenn *m* die Masse des Teilchens bedeutet. *h* ist wieder die Plancksche Konstante.

Diese Beziehung ist so fundamental, daß wir heute noch nicht ganz übersehen können, welche Bedeutung sie eigentlich für uns alle hat und wie weit ihr Gültigkeitsbereich geht. Bei der Entstehung des Kosmos hat sie sicher eine Rolle gespielt, und heute begegnen wir ihr bei allen Vorgängen in der Materie, sei es an Molekülen auf der Erde oder im Kosmos. Wo auch immer: Die Unschärferelation ist dabei und bestimmt die Grenzen unserer Erkenntnis! Über ihre philosophischen Konsequenzen ist viel nachgedacht worden, denn schließlich eröffnet sie ein völlig neues Weltbild, soweit es die Materie angeht. Aber das ist schon zu einschränkend gesagt. Wenn Materie so beschaffen ist, wie eben dargestellt, wer garantiert uns denn dann noch, daß es in der Materie nichts weiter gibt als fliegende Teilchen? Hat sich daraus nicht eine derartige Komplexität ergeben, daß wir behaupten können, darin etwas Neues erkannt zu haben? Sind, als Konsequenz daraus, Teilchen also doch mehr als sich bewegende Korpuskel? Wir müssen die Materie ohne Zweifel jetzt anderes ansehen, als es bisher üblich war. Denn aus dieser Materie ist die Welt aufgebaut mit all ihren Mannigfaltigkeiten, die die Erfahrung darstellen!

Schauen wir uns noch einmal die Unschärferelation genauer an. Sie ist eine Ungleichung (siehe dazu die oben gemachten Ausführungen), die besagt, daß unsere prinzipielle Unkenntnis über den Ort (Δx) multipliziert mit der Unsicherheit bezüglich der Geschwindigkeit (Δv_x) nicht kleiner (bestenfalls gleich) als h/m sein darf. (Entsprechendes gilt für die y- und z-Richtung.)

In der Mathematik bezeichnet man mit dem Symbol Δ (es ist früher schon einmal aufgetreten) im Zusammenhang mit Δx oder Δv *kleine Differenzbeträge* bezüglich der entsprechenden Variablen, also etwa

$$\Delta x = x_1 - x_2 \quad \text{oder} \quad \Delta v = v_1 - v_2 \,, \tag{6-27}$$

wobei x_1 und x_2 bzw. v_1 und v_2 bestimmte, wenig verschiedene Beträge in x bzw. v bedeuten.

Da $h/m > 0$ ist, bedeutet die Aussage, daß keines der „unscharfen" Δx oder Δv Null sein kann, es sei denn, daß dann die entsprechende andere Größe unendlich groß wird, weil im *Grenzfall* (Δx wird immer kleiner und Δv immer größer, oder umgekehrt) „$0 \cdot \infty$" (∞ ist das Zeichen für Unendlich) unter Umständen einen endlichen Wert haben *kann*.

Das bedeutet aber wiederum: Ist uns der Ort eines Elektrons in x-Richtung genau bekannt ($\Delta x = 0$), dann ist die Unkenntnis über die Geschwindigkeit v_x beliebig groß, das heißt wir wissen nichts über dessen Geschwindigkeit. Entsprechendes gilt auch umgekehrt.

Das Wasserstoffatom – wir sagten es schon – besteht aus einem Atomkern (Proton) und einem Elektron.

Nehmen wir einmal an, wir wüßten, daß sich das Elektron in der Umgebung des Protons aufhält, also etwa im Bereich 0,0000000001 m (das ist ungefähr die „Größe" des Wasserstoffatoms), so ergibt sich nach der Unschärferelation, daß wir dessen Geschwindigkeit bestenfalls auf plus oder minus 70.000 km/h genau wissen können. Das ist eine naturgesetzliche Aussage!

Von einer Bahn des Elektrons um das Proton herum (Bohrsches Atommodell) kann überhaupt keine Rede sein. (Bei den Rechnungen haben wir natürlich die Masse des Elektrons auf der rechten Seite eingesetzt.)

Das Proton hat eine rund 2.000 mal größere Masse als das Elektron. Wir erkennen, daß dann die rechte Seite von Gleichung (6-26) kleiner wird (m steht im Nenner). Das bedeutet, daß für Protonen (und größere Massen) die Unschärferelation immer weniger wirksam ist. Schließlich kann bei sehr großen Massen ($m \gg 1$) die rechte Seite der Unschärferelation so gut wie Null gesetzt werden und wir erhalten näherungsweise

$$\Delta x \, \Delta v_x \geq 0 \qquad (6\text{-}28)$$

Dies aber ist die Aussage, daß für diese sehr großen Massen die Bahnvorstellung wieder gilt, denn Gleichung (6-28) läßt $\Delta x = 0$ oder $\Delta v_x = 0$ und auch beides ($\Delta x = \Delta v_x = 0$) zu, so daß wir Ort und Geschwindigkeit des Teilchens zu jedem Zeitpunkt kennen, also – wie oben dargelegt – eine Bahnbewegung vorliegt. Das gilt zwar exakt nur für unendlich große Massen (damit die rechte Seite exakt Null wird), aber immerhin erkennen wir daraus, daß schon größere Massen immer stärker einer Kausalität unterliegen. Das ist ja auch unsere Alltagserfahrung. Im atomaren Bereich dagegen herrscht die Akausalität!

Die gleichen Überlegungen hätten wir auch für die y- und z-Richtung durchführen können, doch es genügt uns hier die Beschränkung auf eine Dimension.

So sind wir durch eine Beziehung, die unsere prinzipielle Unkenntnis (Unschärfe) aufzeigt, zur Klarheit gekommen und wissen nun, wie sich die Elektronen und Atomkerne verhalten – durchaus unmateriell! Sie sind weder kleine Tennisbälle, noch fliegen sie wie Geschosse durch den Raum. Und dennoch, sie bleiben sicher Teilchen, da wir ihre Masse und alle ihre anderen Eigenschaften messen können!

Aber ihre Bewegungen sind nicht kausal und werden durch ein Wellenfeld Ψ erfaßt, dessen Quadrat eine *Meßgröße* darstellt, denn sie gibt an, mit welcher Wahrscheinlichkeit wir das Teilchen in einem Raumgebiet (Stelle) finden können. „Meßgröße" deswegen, weil viele Messungen an einer „Stelle" uns Aufschluß über die Wahrscheinlichkeit geben, das heißt, wie oft wir dabei ein Elektron vorfinden.

7 Ohne „Denkökonomie" geht es nicht

Die letzte Aussage des Kapitels 6 muß genauer formuliert werden, denn was bedeutet die Aussage „an einer Stelle"?

Ist es ein *Punkt*, der durch die entsprechenden Koordinaten definiert ist, oder müssen wir hier einen kleinen *Raumbereich* definieren?

Zuerst noch einige Bemerkungen zur *Wahrscheinlichkeit*. Irgendein Ereignis hat eine Wahrscheinlichkeit, wenn es – geben wir ihm die Möglichkeit einzutreten – nur gelegentlich auftritt. Tritt es immer auf, wenn die Möglichkeit dazu gegeben ist, dann handelt es sich offenbar nicht mehr um einen wahrscheinlichen Vorgang und wir sprechen von der *Sicherheit* des Auftretens.

In der Mathematik bringt man die Wahrscheinlichkeit mit Zahlen in Verbindung, wobei die größte Zahl – die Sicherheit – eins sein soll. Alle Wahrscheinlichkeitsaussagen ΔW sind somit durch einen Wertebereich

$$0 \leq \Delta W \leq 1 \tag{7-1}$$

festgelegt. $\Delta W = 0$ bedeutet, daß dieses Ereignis nie auftreten wird, sozusagen „verboten" ist. Ein einfaches Beispiel ist ein Würfel. $\Delta W = 1$ gilt für das Ereignis, daß wir irgendeine Zahl von 1 bis 6 bei einem Wurf erhalten. Für das einmalige Ereignis eine „7" oder „20" zu würfeln, müssen wir wohl $\Delta W = 0$ ansetzen. Wie groß ist nun die Wahrscheinlichkeit, wenn wir z.B. die „3" würfeln wollen? Es liegt auf der Hand, die Anzahl N_3 der *erfolgreichen* Würfe (also die „3") durch die Anzahl N der überhaupt durchgeführten Würfe zu teilen und diesen Wert mit ΔW in Verbindung zu bringen, denn z.B. N_7 / N und N_{20} / N sind Null, weil N_7 bzw. N_{20} Null sind. Andererseits ist

$$\Delta W = \frac{N_1 + N_2 + N_3 + N_4 + N_5 + N_6}{N} = 1 \qquad (7\text{-}2)$$

wie man leicht einsieht, indem man sich klarmacht, daß der Zähler die Gesamtzahl der Würfe darstellt und bei jedem Wurf immer *eine* der Anzahlen N_1 bis N_6 um eins zunimmt. Aus (7-2) erhalten wir aber auch den Ausdruck

$$\frac{N_1}{N} + \frac{N_2}{N} + \frac{N_3}{N} + \frac{N_4}{N} + \frac{N_5}{N} + \frac{N_6}{N} = 1 \qquad (7\text{-}2a)$$

also die Summe der Wahrscheinlichkeiten für die Ereignisse, jeweils eine der Zahlen von 1 bis 6 zu würfeln. Nun ist nicht einzusehen, daß eine Zahl vor der anderen bevorzugt ist (es sei denn, der Würfel ist nicht genau gearbeitet), so daß wir wohl davon ausgehen können, wenn wir lange genug gewürfelt haben, daß

$$\frac{N_1}{N} = \frac{N_2}{N} = \frac{N_3}{N} = \frac{N_4}{N} = \frac{N_5}{N} = \frac{N_6}{N} \qquad (7\text{-}3)$$

gelten muß, und das ergibt zusammen mit Gleichung (7-2) die Aussage,

$$\frac{6N_1}{N} = 1 \quad \frac{6N_2}{N} = 1 \quad \ldots \quad \frac{6N_6}{N} = 1 \qquad (7\text{-}4)$$

Also ist die Wahrscheinlichkeit (ΔW) eine bestimmte Zahl (z.B. „3") zu würfeln 1/6.

So kann es denn wohl nicht stimmen, meint man, denn würfele ich einmal und erhalte z.B. die „5", obwohl ich auf das Ergebnis „3" gewartet habe, so ist doch die „3" nicht eingetreten und hätte die Wahrscheinlichkeit Null gehabt! Nein, das wäre eine falsche Interpretation der Wahrscheinlichkeit. ΔW gibt doch an, wie *wahrscheinlich* es ist, eine „3" zu würfeln. Ist dies kleiner als 1 (Sicherheit), so darf ja nicht immer die „3" erscheinen. Erst wenn wir viele, sehr viele Würfe (N → ∞) notieren und uns die Ergebnisse ansehen, geht N_3/N langsam gegen den Wert 1/6! Und das gilt natürlich auch für alle N_1/N bis N_6/N, wie in (7-3) angegeben! Im *Mittel* ist dann jeder sechste Wurf ein „Erfolg".

Sie wissen schon längst, warum ich diese Überlegungen durchführe: Ψ^2 ist ja auch so eine Wahrscheinlichkeit, ein Elektron an einer Stelle zu finden, an der wir Ψ^2 berechnet haben. Wir müssen also viele Male dort „nachsehen" (viele Würfe), bis einmal ein Elektron gefunden wird. Auch hier gilt entsprechend den Überlegungen beim Würfel

$$\Delta W = \frac{N_{\text{Elektron gefunden}}}{N_{\text{Elektron gefunden \textit{und} nicht gefunden}}}. \tag{7-5}$$

Ja, es gilt ganz allgemein

$$\Delta W = \frac{N_{\text{Ereignis tritt ein}}}{N_{\text{Ereignis tritt ein \textit{und} tritt nicht ein}}}, \tag{7-6}$$

wenn N die entsprechende Anzahl der „Messungen" ist, bei der wir ein bestimmtes Ereignis erwarten.

Für Ψ^2 selbst ist aber noch etwas Wesentliches nachzutragen. Sicher ist es von Bedeutung für die Aufenthaltswahrscheinlichkeit eines Elektrons, auf welchen Raumbereich sich die Aussage ΔW bezieht. Ist der Raumbereich größer, so wird auch die Wahrscheinlichkeit ansteigen. Die Wahrscheinlichkeit ΔW steigt also mit größer werdendem Raumbereich, in welchem wir das Elektron erwarten wollen. Handelt es sich um einen Punkt, so müssen wir davon ausgehen, daß die Wahrscheinlichkeit Null ist, denn genau betrachtet ist ein Punkt eine *unendlich kleine* „Stelle". Aus diesem Grunde haben wir schon von vornherein für die Wahrscheinlichkeit ΔW (nicht W) geschrieben, so daß ΔW für ein Elektron von der Form

$$\boxed{\Delta W = \Psi^2 \Delta \tau} \tag{7-7}$$

sein muß, wobei $\Delta \tau$ der Raumbereich ist, in welchem wir das Elektron beobachten wollen. Auch hier (beim Raum) wird das Symbol Δ verwendet, da es sich ja um einen kleinen Teil des Raumes handelt. Ebenso muß daher ΔW als ein Teil der Wahrscheinlichkeit aufgefaßt werden, die sich auf diesen besagten Raumbereich (Teilbereich) bezieht. ΔW ist also proportional $\Delta \tau$, wenn der Raumbereich nicht zu groß gewählt ist, worauf wir gleich noch näher eingehen werden. Damit haben wir die Aussage über die „Stelle" aus Kapitel 6 weiter präzisiert.

Wir können uns unter $\Delta\tau$ zum Beispiel einen kleinen Würfel vorstellen, der besonders den kartesischen Koordinaten x, y und z angepaßt ist. Damit sind dann die Kanten des kleinen Würfels Δx, Δy und Δz, so daß wir schreiben können

$$\Delta\tau = \Delta x\,\Delta y\,\Delta z, \tag{7-8}$$

und wir haben ausführlich anstelle von (7-7)

$$\Delta W = \Psi^2\,\Delta x\,\Delta y\,\Delta z \tag{7-7a}$$

zu schreiben. $\Delta\tau$ – wir nennen es ein *Volumenelement* – darf aber wiederum (wir sagten es schon) nicht zu groß sein, da sich ja darin Ψ^2 ziemlich ändern kann. Wir wollen vereinbaren, daß $\Delta\tau$ so klein ist, daß sich darin Ψ^2 *praktisch* nicht ändert, so daß wir Ψ^2 an irgendeinem Punkt in $\Delta\tau$ berechnen können, ohne daß sich ΔW *wesentlich* ändert.

Interessant ist das Ergebnis, wenn wir Gleichung (7-7) auf beiden Seiten durch $\Delta\tau$ teilen, dann erhalten wir

$$\frac{\Delta W}{\Delta\tau} = \Psi^2 \tag{7-9}$$

und wir erkennen, wenn $\Delta\tau$ ausreichend klein ist, daß die linke Seite die *Wahrscheinlichkeit pro Volumenelement* ist, denn wir teilen ja die Wahrscheinlichkeit ΔW durch ein Volumen $\Delta\tau$ (siehe Gleichung (7-8)). Bekanntlich stellt der Ausdruck „Masse geteilt durch das Volumen der Masse" die Dichte dar, so daß wir hier von *Wahrscheinlichkeitsdichte* $\Delta W / \Delta\tau = \rho$ (ρ = rho) sprechen können, was mit Ψ^2 identisch ist. Ist also – anders formuliert – die Wahrscheinlichkeitsdichte ρ groß, bezogen auf ein Raumelement $\Delta\tau$, so ist auch die Wahrscheinlichkeit groß, in $\Delta\tau$ ein Elektron zu finden!

Betrachten wir immer *gleich große* Raumelemente, so können wir sagen, daß ΔW ein Maß für die Wahrscheinlichkeit ist, im jeweils betrachteten, gleichgroßen Raumelement das eine Elektron zu finden (*Aufenthaltswahrscheinlichkeit*).

Und wie sieht es nun bei M Teilchen aus? Da gehen wir von Gleichung (6-23) aus, verallgemeinern und schreiben

$$\Delta W = \Psi^2\,\Delta\tau_1\,\Delta\tau_2\,\ldots\,\Delta\tau_M, \tag{7-10}$$

was nun folgendes bedeuten soll, ja muß, nach dem eben Festgestellten: ΔW ist die Wahrscheinlichkeit, die M Teilchen jeweils einzeln in den Raumelementen $\Delta\tau_1, \Delta\tau_2, \ldots \Delta\tau_M$ gleichzeitig – also zur Zeit t – zu finden, wobei Ψ^2 so zu berechnen ist, daß die Raumkoordinaten x_i, y_i, z_i des i-ten-Teilchens (i = 1, 2, 3 ... M) jeweils *in* $\Delta\tau_i$ berechnet werden, wie wir es oben schon bei einem Teilchen gemacht haben! Für einen anderen Zeitpunkt (das gilt auch für ein Teilchen) kann unter Umständen die Wahrscheinlichkeit ΔW einen ganz anderen Wert haben, weil Ψ^2 ja auch von der Zeit abhängen kann, da Ψ eine Wellenfunktion ist.

Spätestens an dieser Stelle wird dem weniger mathematisch geschulten Leser der Gedanke kommen, daß das Buch nun immer mathematischer wird, immer weitere Formeln auftreten, so daß wohl bald daran zu denken sei, das Buch wegzulegen. *Tun Sie es bitte nicht!* Es war keineswegs die Absicht, in diesem Kapitel mit Mathematik zu „glänzen". Das Gegenteil ist der Fall. Es war immer mein Bestreben, mit möglichst wenig Formeln und mathematischen Überlegungen den so wichtigen Sachverhalt darzustellen, was Sie bisher hoffentlich bemerkt haben werden.

Zu diesem Punkt sollte aber noch einiges gesagt werden, zumal in diesem Zusammenhang – schon wieder – allgemeine Bildungsaspekte angesprochen werden.

In unserer Gesellschaft ist es in der Regel üblich, daß eine „Schwäche" in Mathematik als eine Art von „Kavaliersdelikt" empfunden wird, was einem geistigen Menschen verziehen werden kann! Dieses Fach, diese Denkrichtung erscheint „zu hoch", und letzten Endes – seien wir doch ehrlich – ist mit *reiner Mathematik* nicht viel (Geld) zu gewinnen und ihre praktische Bedeutung *scheint* zumindest umstritten.

Ich behaupte hier, daß dies ein verhängnisvoller Irrtum ist und werde es beweisen. In gewisser Weise stellen die letzten Kapitel schon die Grundlage des Beweises dar! Haben Sie bemerkt, daß immer, wenn eine Formel, also eine Gleichung oder Ungleichung, auftrat, eine Menge zu sagen war, nach dem die darin stehenden Symbole definiert waren? Es gab Erläuterungen, Erklärungen, Vorstellungen, eine Reihe von Gedanken und Konsequenzen, schließlich Hinweise auf andere damit verbundene Bereiche und Gleichungen (Aspekte), auch in praktischer Hinsicht.

Haben Sie nicht empfunden, daß so eine Gleichung – eine Formel – ein beträchtliches Konzentrat von Gedanken und Zusammenhängen darstellt, die wir im Anblick der Natur und im Kontakt mit ihr erkennen können? Gleichungen sind Zusammenfassungen von Wissen, von Erfahrungen und schließlich von Zusammenhängen!

In der Definition von Symbolen, zum Beispiel von m, h, λ, ν, Ψ, Δx ..., die eine klare Bedeutung haben und den möglichen Beziehungen dieser Größen untereinander in einer Gleichung, hat der menschliche Verstand ein Mittel gefunden, ein Verfahren entwickelt, schwierige oder umfangreiche, ja manchmal umständliche Zusammenhänge so einfach wie möglich darzustellen. Damit kann jeder, soweit er die mathematischen „Spielregeln" beherrscht, gemeinsam mit anderen darüber nachdenken und Konsequenzen ziehen, die oft sehr praktischer Art sein können.

Anders ausgedrückt: Mathematisches Denken stellt eine Art *Denkökonomie* dar, denn viel einfacher, klarer (und abstrakter) geht es eigentlich nicht. Das Wesentliche ist erkannt, das Entscheidende erfaßt und die vorliegende Gleichung kann zu weiteren Überlegungen führen! Diese werden dann – gegebenenfalls – zu neuen Beziehungen überleiten, die wieder mathematisch formuliert werden.

So gesehen ist Mathematik ein ausgesprochenes Bildungsfach, aber spätestens hier muß man fragen, was ist überhaupt Bildung? Ist sie nicht auch eine Funktion der Zeit?

Nun gehört die Mathematik der Hochschulen natürlich nicht zur Bildung jedes Menschen, das ist ausschließlich eine Frage für die Wissenschaftler, aber Bildung, so könnten wir vielleicht erst einmal sagen, ist das stete Bemühen um *Einsicht* in die Zusammenhänge unserer Umwelt und auch derjenigen in uns selbst und ist die *Verarbeitung* dieser Erkenntnisse (auch in ethischer Hinsicht) und die damit verbundene *Fähigkeit* – soweit wie möglich – danach *zu handeln*. Bildung ist demnach kein stationärer Zustand, sondern eine sich bildende und ausreifende Entwicklung. Der gebildete Mensch hat sich, auf diese Weise entwickelnd, ein „Bild" des Kosmos gemacht, das auch in seiner Konsequenz ein ethisches Bild ist. Die Klarheit dieser naturgesetzlichen Erkenntnis kann aber nur mit Mathematik erreicht werden. Sie ist die Sprache der Erkenntnis, der Zusammenhänge – nicht des Fürwahrhaltens!

Hier braucht nicht besonders betont zu werden, daß dieses Handeln positiv und helfend für die Umwelt und für die Mitmenschen sein muß, denn das ist ganz klarzustellen: *Echte* Einsicht in den Kosmos und in die Welt, somit in die Natur und damit schließlich in die Materie (einschließlich des Menschen, der ja dazugehört), also Einsichten und Erkenntnisse, die nachprüfbar sind, können niemals gegen die Natur gerichtet sein, von wo sie doch herkommen. Bildung (der Bildungsvorgang) sorgt dafür, daß es so ist und gewährleistet wird.

Das sagt sich so einfach, aber bedenken wir doch, daß unsere Existenz unglaublich eng mit der ganzen Natur, mit dem Kosmos verbunden ist, daß wir gar nicht anders können, als für den Menschen und damit für die Natur, die uns umgibt, einzutreten und uns auf ihre Seite zu stellen – und das gilt auch umgekehrt, denn auch wir sind ein Produkt der Evolution und somit für die uns umgebende Natur geschaffen, die wir nicht leichtsinnig und egoistisch verändern dürfen.

Und was ist nun Natur? Ich meine alles, mit dem wir mit unseren Sinnen und Apparaten Kontakt bekommen! Und das ist in erster Linie einmal Materie in allen ihren Formen, Reaktionen und Verwandlungen!

Bildung muß also daher etwas mit Harmonie zu tun haben, mit dem „Einswerden" inmitten aller Phänomene, die wir wahrnehmen. Aber über das Auf- und Wahrnehmen hinaus gilt es zu „begreifen", die Verknüpfungen zu sehen, und was wäre da nicht angebrachter, als alles noch einmal in mathematischen Formeln erscheinen zu lassen, damit der Überblick soweit wie möglich erreicht ist, damit wir erkennen und verstehen.

Jedenfalls gehört das mit zum Sinn unseres Daseins, soweit ein solcher überhaupt erkannt werden kann. Sicher geben wir durch unser Streben nach Einsicht und Verständnis uns selbst erst einmal einen Sinn, und unsere Bemühungen darum mögen uns so als Menschen definieren.

Dazu gehören die „Klarfassungen" unserer Erkenntnisse im Rahmen denkökonomischer Vorgänge – also die mathematische Formulierung jedes Sachverhalts.

Man hat oft dagegen eingewandt, daß auf diese Weise so vieles verlorengehe. Wer so argumentiert, hat wenig verstanden. Wer zwingt uns denn eigentlich bei dem „Verknüpfen der Symbole" (Mathematik) stehenzubleiben? Ist nicht gerade das erst der *Ausgangspunkt* für den Versuch der weitgehendst vollständigen Erfassung? Wie wollen wir eigentlich über Natur (Materie) nachdenken, wenn wir nicht ihre Strukturen kennen, ihre Gesetze, und beginnen wir nicht dann erst auf dieser Grundlage, die Konsequenzen zu bedenken, die über das Unmittelbare hinausführen? Wir entwickeln dann daraus neue Abfragen an die Natur – ohne diese zu zerstören – und gelangen so zu weiteren Details, erweitern damit unser Bild von der Natur, formulieren wieder neu (im Sinne der Mathematik) und vermindern so das, was ursprünglich einmal als verloren galt.

Es lohnt sich also immer, nein – es ist geradezu notwendig, daß wir alle, die wir uns „strebend bemühen", auch lernen, das denkökonomische *Grundgerüst der Mathematik* zu übernehmen! Es ist die „Denkart" an sich.

Ist Ihnen schon aufgefallen, daß *alle* mathematischen Beziehungen in der Form

$$F(...) < 0 \text{ oder } F(...) = 0 \text{ oder } F(...) > 0 \qquad (7\text{-}11)$$

angegeben werden können, wobei in der Funktion F definierte Symbole stehen, deren Verknüpfung – das ist F – dieser Bedingung (7-11) genügen müssen und daß damit (7-11) immer ein *Teilabbild* der Natur ist, weil es viele verschiedene F gibt, die zusammen die Natur möglichst umfassend beschreiben!

So ist zum Beispiel die Heisenbergsche Unschärferelation

$$F = \Delta x \Delta v - \frac{h}{m} \qquad (7\text{-}12)$$

mit dem Zeichen $F \geq 0$ zu formulieren. Gleichung (7-7a) etwa durch

$$F = \Delta W - \Psi^2 \, \Delta x \, \Delta y \, \Delta z \qquad (7\text{-}13)$$

mit dem Gleichheitszeichen in (7-11), und so kann man alle Beziehungen der mathematischen Naturwissenschaften – um nur dabei zu bleiben – auf diese Weise formulieren.

Hier beginnt nun der Funktionsbegriff eine grundlegende Bedeutung zu erlangen, denn in jedem F steckt ein Teil unserer Naturerkenntnis. Die funktionalen Zusammenhänge F zu finden, sollte ein großes Anliegen für uns alle sein, um diese dann, wenn sie vorliegen, zu verstehen!

Man wird jetzt einwenden, daß hier nur von naturwissenschaftlicher Bildung die Rede ist, aber so betrachtet wären meine Ausführungen viel zu eng gesehen, denn das, was hier als Bildung gesehen wird, schließt auch geisteswissenschaftliche Aspekte ein. Im Gegenteil, wollen wir nicht auch im Geistigen das Ganze sehen, die Zusammenhänge also, oder wollen einige von uns sich nur ablenken lassen, sich am Vordergründigen erfreuen? Wollen wir nicht vielmehr die ganze Sicht? Geist, Seele und Materie – als Ganzes? Dann aber fangen wir mit der Materie an und bauen auf. Denn alles scheint ja schließlich mit Materie verknüpft zu sein – so wollen wir es vorerst annehmen und nichts spricht dagegen. Also müssen wir erst einmal ganz offen und nicht gebunden fragen, wie weit Materie in ihrer Bedeutung reicht, was sie wirklich darstellt – und das ist das Anliegen dieses Buches!

Die einfachen, aber keineswegs unbegründeten Formulierungen, die uns dabei begleiten, können aber nur mathematischer Natur sein – es ist die „Sprache", mit der wir uns besser verständigen, und diese Sprache der Symbole reicht weit! Manchmal gewinnen wir in den Jahren dieses Jahrhunderts den Eindruck, als sei diese Sprache die Sprache des Kosmos für uns Menschen: definierbar, endlich und offenbar vollständig.

Daß mathematisches Denken über unsere alltäglichen Vorstellungen und Meinungen hinausreicht, zeigt ein sehr einfaches Beispiel: Denken Sie sich eine Schnur, eng anliegend um einen kreisförmigen Körper gelegt – etwa um eine Cremedose. Nun verlängern Sie diese Schnur um *einen* Meter und legen sie wieder um diese Dose, wobei Sie darauf achten, daß der Abstand der kreisförmig gelegten Schnur zu dieser Dose immer der Gleiche ist (siehe Bild 7-1).

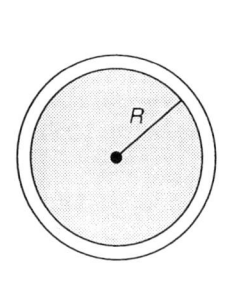

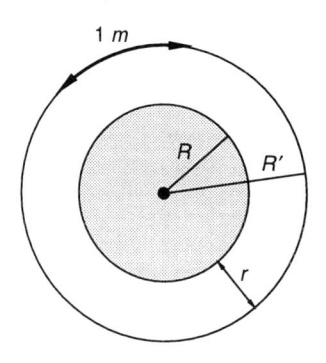

Bild 7-1

Welchen Abstand r von der Dose würden Sie nun vermuten, wenn R etwa 8 cm wäre?

Nun nehmen Sie einen anderen kreisförmigen Körper, dessen Durchmesser sagen wir einmal 100mal größer ist als der dieser eben benutzten Cremedose und gehen genauso vor. Welchen Abstand r würden Sie jetzt erwarten?

Sollten Sie das Ergebnis noch nicht kennen, so sind Sie sehr überrascht: Der Abstand r ist immer gleich groß, selbst dann, wenn Sie noch größere kreisförmige Körper verwenden. Er ist von dem Durchmesser R des Gegenstandes völlig unabhängig!

Der Beweis ist sehr einfach, wenn Sie wissen, daß sich der Umfang U eines Kreises zu

$$U = 2\pi R \qquad (\pi = 3{,}14159...) \qquad (7\text{-}14)$$

ergibt, wenn R (siehe Bild 7-1) der Radius des Kreises ist. Nun setzen wir in die Schnur, die die Länge des Umfanges U hatte, einen Meter ein, erhalten also $U + 1$, und diese Strecke wollen wir jetzt wieder in eine Kreisform um den ursprünglichen Kreis mit dem Umfang U legen. Für diesen Kreisumfang $U + 1$ ergibt sich wieder nach (7-14)

$$U + 1 = 2\pi R' \,, \qquad (7\text{-}15)$$

wobei wir den neuen Radius der kreisförmig gelegten Schnur mit R' bezeichnen wollen (s. Bild 7-1). Nun ziehen wir ganz einfach die Gleichung (7-14) von der Gleichung (7-15) ab, bilden also

$$(U + 1) - U = 2\pi(R' - R) = 1 \qquad (7\text{-}16)$$

und erhalten daraus

$$R' - R = \frac{1}{2\pi} \,, \qquad (7\text{-}17)$$

was zu beweisen war. Die Abstandsänderung $r = R' - R$ ist immer gleich $1/(2\pi)$, also ungefähr 16 cm, und völlig unabhängig von den Radien der betrachteten Körper, denn diese Radien kommen in der Gleichung (7-17) nicht vor!

Hier hat also der mathematische Beweis ein Ergebnis geliefert, welches so gar nicht mit unserem alltäglichen Erfahrungsgefühl übereinstimmt.

Nun aber wieder zurück zur Materie, zu Atomen und Molekülen, aus denen sich Kristalle, Metalle, ja alle Gase, Flüssigkeiten und Festkörper zusammensetzen.

Mit Hilfe mathematischer Überlegungen und Gleichungen können wir nun mit dem bisher Erarbeiteten nähere Aussagen über Atome und Moleküle machen, wobei ich nochmals darauf hinweisen möchte, daß sich das ganze Buch nach diesen Ausführungen mit *Chemie im allgemeinen Sinne* beschäftigt. Wenn man wirklich verstehen will, was Chemie eigentlich ist und welche Konsequenzen sich daraus ergeben und mit was sie sich letzten Endes beschäftigt, so muß man sich mit der Materie beschäftigen! Und man muß erkennen, nach welchen Gesetzen die Materie strukturiert ist und wie sich Elektronen und Atomkerne verhalten, denn diese sind die Ursache dafür, daß die Chemie so ist, wie sie sich uns darstellt. *Chemieverständnis* ist also Verstehen des Verhaltens von Elektronen und Atomkernen, von Atomen und Molekülen, wo und wie sie auch auftreten mögen! Aus diesem Verhalten kann man dann unsere immer wieder gemachten Erfahrungen mit Materie ableiten.

Ein Atom mit der Kernladungszahl Z besitzt $n = Z$ Elektronen (wenn es elektrisch neutral ist, also keine Ladung besitzt), die sich um den Atomkern herum aufhalten. Etwas genauer: Der Atomkern besitzt die Z-fache positive Elementarladung, und in seinem elektrischen Feld bewegen sich Elektronen, deren Anzahl mit der Kernladungszahl übereinstimmt. Die Elektronen sind „an den Kern gebunden".

Jetzt können wir mit Hilfe einfacher mathematischer Beziehungen, die wir schon kennen, endgültige Aussagen über die Atome machen, welche, wie so oft schon gesagt, aus einem Atomkern (positive Ladung) und einer „Elektronenhülle" (negative Ladung) bestehen.

Die *maximale Information* über das Verhalten der Elektronenhülle steht in der Gleichung (7-10), wobei ΔW durch Gleichung (7-6) erläutert ist. Ψ – die Wellenfunktion des Atoms – ist eine Funktion von allen $3n$ Raumkoordinaten ($x_i, y_i, z_i; i = 1, 2, \ldots n$) der n um den Atomkern herum befindlichen Elektronen und der Zeit.

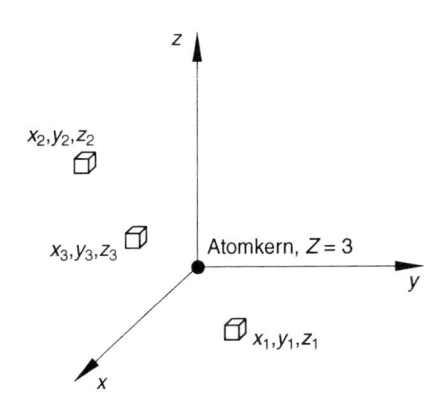

Bild 7-2

Würden wir Ψ kennen und daraus Ψ^2 bilden, so hätten wir alle Informationen, denn wir wüßten dann, mit welcher Wahrscheinlichkeit ΔW sich die n Elektronen in bestimmten Raumlagen zueinander aufhalten.

Wir wollen das am Beispiel des Lithium-Atoms näher erläutern ($Z = 3$).

Wir führen ein kartesisches Koordinatensystem ein, in dessen Ursprung wir uns den Lithium-Atomkern unbeweglich denken. Dann betrachten wir drei kleine Würfelchen (wie oben besprochen), die wir nach unserem Belieben im Raum verteilen können. Ψ wird an diesen drei Punkten
(x_i, y_i, z_i; i = 1, 2, 3) jeweils innerhalb der drei Würfel berechnet (siehe Bild 7-2). Das ergibt einen Zahlenwert für Ψ, wenn wir uns auch darüber klar sind, zu welchem Zeitpunkt wir unsere Information erhalten wollen. Dann bilden wir Ψ^2 und schließlich den Ausdruck (s. (7-10))

$$\Delta W = \Psi^2 (x_1 y_1 z_1, x_2 y_2 z_2, x_3 y_3 z_3, t) \Delta\tau_1 \Delta\tau_2 \Delta\tau_3, \qquad (7\text{-}18)$$

wobei, wie schon erklärt,

$$\Delta\tau_1 = \Delta x_1 \Delta y_1 \Delta z_1, \ \Delta\tau_2 = \Delta x_2 \Delta y_2 \Delta z_2 \text{ und } \Delta\tau_3 = \Delta x_3 \Delta y_3 \Delta z_3. \qquad (7\text{-}18a)$$

Da wir die Größe der Würfelchen frei festlegen können, solange sie nicht allzu groß sind (wir setzen sie der Einfachheit halber alle gleich groß voraus), ergeben sich nach Gleichung (7-18) bzw. (7-18a) vergleichbare Werte für ΔW, der *Wahrscheinlichkeit, jeweils ein Elektron in jedem Würfelchen zur gleichen Zeit t zu finden*!

Jetzt werden viele denken: Ist das Wenige, was wir hier formulieren, wirklich die maximale Information über ein Atom? Aber was haben wir uns eigentlich vorgestellt, was wir finden würden, als wir mit Gedanken und Apparaten in die Materie eindrangen? Kleine, sich kausal bewegende Kügelchen oder vielleicht ein verkleinertes Planetenmodell, in dem die Elektronen auf Bahnen um die Atomkerne fliegen?

Nein – Systeme aus Elektronen und Atomkernen, also Atome, aus denen durch vielfältige Wechselwirkungen und Zusammenschlüsse Moleküle entstehen. Dann Pflanzen, Tiere und schließlich Wesen, die wiederum über Materie nachdenken können, Seele und Geist zeigen, fangen nicht kausal an, da muß eine Freiheit im Inneren und im Verhalten vorliegen, die das ermöglicht. *Von Anfang an muß dieses Prinzip in der Evolution vorgelegen haben.*

Erst die Akausalität des Elektronenverhaltens ermöglicht derartige Entwicklungen – Atome sind also keine materiellen Teilchen, erfüllen nicht den Traum des Materialismus, der heute naiv genannt werden muß, denn wie sollten aus kleinen Kügelchen, die sich kausal bewegen, Moleküle und Kristalle entstehen? Der Zusammenschluß der Atome zu Molekülen, der durch die chemische Bindung zwischen den Atomen zustande kommt, ist letztlich ein *akausaler Effekt*, weil es die Elektronen bewerkstelligen, die sich um die Atomkerne herum aufhalten – nach Wahrscheinlichkeitsgesetzen. Nie ist man sicher, an einem bestimmten Ort ein Elektron (oder mehrere) zu finden! Und schließlich sind *Elektronen nicht unterscheidbar: Irgendein* Elektron könnte sich in einem der Würfelchen aufhalten – wir wissen nicht welches!

Mit kleinen, sehr kleinen „Apparaten" fängt das Leben nicht an, kann Geistigkeit keinen Eingang finden.

Aber sind dann vielleicht die Atome kleine elektronische Computer (ich weiß, das ist eine gefährliche Frage)? Ich sage nein! Auf was will diese Frage eigentlich hinaus? Sind die Atome die „Bauelemente" des Lebens? So lasch formuliert kann man es auf jeden Fall akzeptieren, und ist nicht das Ganze mehr als seine Teile? Sicher, aber wir vergessen dabei, daß die Teile schon Eigenes „mitbringen" müssen, damit aus dem Ganzen etwas wird! Was nun bringt ein Atom mit? Es besitzt Elektronen, die sich akausal um den Atomkern herum bewegen, und auch die Atomkerne selbst zeigen noch wesentliche Auswirkungen der Heisenbergschen Unschärferelation.

Derartige „Bauelemente" haben ein anderes Prinzip, als es in den Computern üblich ist, zumal die chemischen Bindungen zwischen zwei Atomen nur von sehr wenigen Elektronen (maximal 6) gebildet werden. In den Computern sind es riesige Mengen von Elektronen, die als elektrische Ströme *programmgemäß* durch die Materie bewegt werden.

Mag sein – was einige Wissenschaftler gelegentlich behaupten –, daß zwischen Mensch und Computer kein Unterschied besteht, daß beide informationsverarbeitende Systeme sind, die die erhaltenen Ergebnisse und Informationen nach gewissen Prinzipien (Evolution) speichern. Eines ist aber auch sicher: daß aus Analogieschlüssen noch keine Erkenntnis gewonnen worden ist, bestenfalls Anregungen zum Weiterdenken. So geht die obige Frage (die gefährliche) am Problem vorbei! Zuerst nehmen Atome Kontakt zu anderen Atomen auf, unter Umständen auch durch elektromagnetische Wellen oder durch Stöße, aber alles wird durch Wahrscheinlichkeiten reguliert. Atome sind „Bauelemente" besonderer Art. Sie erfüllen nicht die Kausalität, die im praktischen Leben erforderlich ist. Die Unbestimmtheiten ihrer Elektronen zeigt, daß sie den Spielraum haben, die Computer nur dürftig im Rahmen ihrer Programme erhalten können. Diese Programme können nie diese Tiefe in das atomare Geschehen hinein erreichen und nicht die Art des Spielraums, die die Unschärferelation den Elementarteilchen Elektronen gewährt, die die Welt als Materie aufbauen.

Gerade darum sind unsere Informationen über Atome und Elektronen so (scheinbar) eingeengt. Der *Bahnverlust* der Elektronen und Atomkerne ist die Voraussetzung für die Entstehung so komplexer Systeme, wie wir sie in der Natur beobachten. Um so erstaunlicher ist es, daß wir dennoch in der Lage sind, Atome und Moleküle zu beschreiben, zu berechnen und zu begreifen, nach welchen Naturgesetzen alles abläuft. Und es ist wichtig, darauf hinzuweisen, daß dies eigentlich nur deswegen gelingt, weil wir uns der Sprache der Mathematik bedienen.

Diese Denkökonomie kann uns in die Welt der Elektronen und Atomkerne hineinführen.

Zu den Informationen (s. Gl. 7-10) über das Elektronenverhalten – besonders im Hinblick auf Atome und Moleküle – gibt es später noch vieles zu sagen.

Nachdem wir uns aber in diesem Kapitel über die Bedeutung des mathematischen Denkens ausgelassen haben, wollen wir uns nun im nächsten Kapitel näher mit der dazugehörigen Theorie befassen, wobei gleich gesagt sei, daß nur das Allerwesentlichste behandelt werden wird. Dies genügt zum einen für die Aufgaben, die wir uns im Rahmen dieses Buches gestellt haben, zum anderen wollen wir aus oben genannten Gründen den mathematischen Aufwand möglichst gering halten. Vielmehr wollen wir Wert auf das Gedankengut legen, das mit dieser Theorie – der *Wellenmechanik* – verbunden ist.

Mit anderen Worten: Wir wollen uns mit einer Theorie beschäftigen, die in ihrer Art und Weise *völlig neue Aspekte* in der Interpretation der Erfahrungen liefert. Letzten Endes werden durch die Wellenmechanik die Ausgangspunkte und die Struktur unserer Erkenntnisgewinnung verändert!

8 Endlich eine umfassende Theorie

Immer, wenn ich in den letzten Kapiteln Ψ^2 schreiben mußte, habe ich ein schlechtes Gewissen gehabt, denn Ψ^2 birgt noch einige Geheimnisse, die nun gelüftet werden sollen. Daß ich vorher immer Ψ^2 schrieb, könnte ich vielleicht damit rechtfertigen, daß so viel Neues auf den Leser eingewirkt hat, daß eine längere und ausführlichere Diskussion über Ψ^2 verfrüht gewesen wäre und vielleicht verwirrt hätte.

Also, was hat es nun mit Ψ^2 auf sich? Wir hatten Ψ als ein Wellenfeld erkannt, dessen Intensität durch Ψ^2 gegeben war. Ψ hängt von allen Raumkoordinaten der betrachteten Teilchen (Elektronen und Atomkerne) ab, also von 3 $(n + N)$ kartesischen Koordinaten x_i, y_i, z_i (i = 1, 2, 3, ...$(n + N)$), wobei es sich um n Elektronen und N Atomkerne handeln soll. Um Kern und Elektronen noch zu unterscheiden, wollen wir die kartesischen Koordinaten für die Kerne mit großen kartesischen Koordinaten X_i, Y_i, Z_i bezeichnen, also schreiben wir

$$\Psi = \Psi\left(x_1 y_1 z_1, x_2 y_2 z_2, \ldots x_n y_n z_n, X_{n+1} Y_{n+1} Z_{n+1}, \ldots X_{n+N} Y_{n+N} Z_{n+N}, t\right)$$
(8-1)

wobei Ψ als Wellenfeld auch von der Zeit t abhängen muß!

Nun haben wir oben festgestellt, daß Elektronen und viele Atomkerne einen *Eigendrehimpuls* (Spin) besitzen. Dieser *Spin* – seine Ursachen sind uns nicht genau bekannt – kann nur *bestimmte Stellungen* (Richtungen) im Raum annehmen, wenn durch ein elektrisches oder magnetisches Feld eine Richtung im Raum vorgegeben ist. Das muß nun genauer besprochen werden, denn dieser Effekt ist fundamental beim Zustandekommen von Atomen und Molekülen!

Wir können die Tatsache der diskreten Raumstellungen der Spins als *erstes Postulat* in unsere Theorie aufnehmen und hätten damit den ersten Schritt zur Festlegung einer noch zu formulierenden Theorie getan.

Wir können darüber hinaus noch erläuternd hinzufügen: Spin (Eigendrehimpuls) und magnetische Eigenschaften fallen bei unseren „Teilchen" zusammen und wir wissen, daß die Lage eines derartigen magnetischen Systems in einem magnetischen Feld energieabhängig ist, insofern, als die Energie eines solchen „kleinen Magneten" davon abhängig ist, welche Richtung er selbst zu der vom Feld vorgegebenen Richtung einnimmt. Wir wollen dies ganz schematisch in Bild 8-1 aufzeigen.

Das heißt, daß die Energie des „Magneten" vom Winkel α abhängt, und bedeutet für die Spins der Elektronen und für diejenigen der Atomkerne (soweit diese einen Spin besitzen), daß nur *bestimmte Winkellagen in der Natur verwirklicht* sind! Alle anderen kommen nicht vor, wir haben es also mit einer Quantisierung der Raumlage (Winkel α) zu tun. Das erinnert an die *Quantisierung der Energie* von Atomen und Molekülen, auf die wir schon früher zu sprechen gekommen waren!

Beim Spin des Elektrons sind nur *zwei* Winkel α möglich! Etwas genauer: wir messen in Feldrichtung die Spinwerte $+ h/(4\pi)$ bzw. $- h/(4\pi)$ entgegen der Feldrichtung, was man oft – nicht ganz ungefährlich – mit den Symbolen ↑ und ↓ darstellt, indem die Pfeile den Spin bedeuten sollen. h ist dabei wieder die *Plancksche Konstante* (es ist wirklich bemerkenswert, sie hier wieder zu finden) und π ist die *Kreiskonstante* (π = 3,14159...).

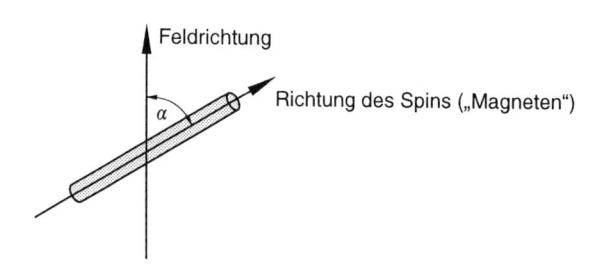

Bild 8-1

Die Wellenmechanik geht von diesen Größen aus, aber es besteht kein Zweifel darüber, daß eine erweiterte Theorie (die wir hier nicht erörtern wollen) auch die Begründung für diese Ausdrücke liefern muß. Eine Reihe von Denkansätzen und auch Erfolge sind hier schon zu vermelden. Für unsere Diskussion allerdings, wo es um die chemische Materie geht, ist es keine Einschränkung, wenn wir $\pm \hbar/2$ ($\hbar = h/2\pi$) *voraussetzen*, wobei wir noch die in der Wellenmechanik verwendete Abkürzung $\hbar$ angegeben haben.

Uns geht es darum, eine Theorie – die Wellenmechanik – zu entwikkeln, die uns das Verhalten von Elektronen und Atomkernen beschreibt, die die „Bausteine" der Materie sind, und wie diese sich uns in der Chemie und in den Bereichen des Lebens zeigen, indem sich Atome zu Molekülen zusammentun und sich diese gebildeten Systeme (miteinander wechselwirkend) zu immer komplexeren Systemen aufbauen – alles aus Elektronen und Atomkernen!

Es ist sicher leicht einzusehen, daß die Wellenfunktion Ψ auch davon abhängen muß, welche Stellungen die Spins der Elektronen und Atomkerne im Raum einnehmen. Das heißt, daß die Aufenthaltswahrscheinlichkeit nach Gleichung (7-10) auch von diesen quantisierten Raumstellungen der Spins abhängt. Aus diesem Grunde müssen wir noch sogenannte *Spin-Koordinaten* σ (kleines „Sigma") einführen, die dieser Tatsache Rechnung tragen. Wir haben also n Spin-Koordinaten σ_i ($i = 1, 2, \ldots n$) für die Elektronen und N Spin-Koordinaten Σ (großes „Sigma") für die Kerne. Der Spin der Atomkerne ist oft auch größer als der der Elektronen, so daß mehr als zwei Raumstellungen möglich sind, die wir auch beobachten. Auf jeden Fallen müssen wir Gleichung (8-1) um die oben genannten Spin-Koordinaten erweitern und schreiben nun (endgültig)

$$\Psi = \Psi\begin{pmatrix} x_1 y_1 z_1 \sigma_1 \ldots x_n y_n z_n \sigma_n, X_{n+1} Y_{n+1} Z_{n+1} \Sigma_{n+1}, \\ \ldots X_{n+N} Y_{n+N} Z_{n+N} \Sigma_{n+N}, t \end{pmatrix} . \qquad (8\text{-}2)$$

Die Spin-Koordinaten σ_i der Elektronen zeigen ein seltsames Verhalten, denn entsprechend der Erfahrung besitzt sie nur zwei Werte (wir nennen sie σ_i^+ und σ_i^-) entsprechend den beiden Spinstellungen im Raum. Ähnliches gilt für die Σ_i ($i = n+1 \ldots n+N = M$). Im Gegensatz dazu sind die Koordinaten x, y und z zu unterscheiden, die als Raumkoordinaten alle Werte zwischen $+\infty$ und $-\infty$ (unendlich) annehmen können, also schreiben wir

$$-\infty < x_i y_i z_i < +\infty \; ,$$

aber

$$\sigma_i = \begin{cases} \sigma_i^+ \; (\uparrow) \\ \sigma_i^- \; (\downarrow) \end{cases} . \tag{8-3}$$

Jetzt betrachten wir, um es wieder einfacher zu machen, ein Wasserstoffatom und denken uns den Atomkern (ein Proton) im Raum festgehalten, etwa im Ursprung eines kartesischen Koordinatensystems, also bei $x = y = z = 0$.

In dieser Annahme steckt keine Einschränkung, denn wenn der Kern im Raum herumfliegen würde (was er in jedem Fall tut), so könnten wir mit unserem Koordinatensystem mitfliegen, so daß alles so bliebe, wie ursprünglich oben angenommen. Die Bewegungsenergie des Kerns ist übrigens nicht quantisiert (alle Werte sind möglich)!

Nun kommen wir zum Ψ (x, y, z, σ, t) des Wasserstoffatoms, also zur Wellenfunktion des einen Elektrons, welches sich um den Atomkern herum aufhält. Ψ beschreibt also das H-Atom, ja man kann sagen, daß Ψ das Wasserstoffatom repräsentiert, denn mehr als aus Ψ bzw. Ψ^2 herauszulesen ist, können wir über das H-Atom nicht erfahren. Dies gilt auch für die Wechselwirkung, die das Wasserstoffatom mit anderen Systemen eingehen kann, denn auch in diesem Falle bestimmt Ψ das Verhalten des H-Atoms. Die Wellenfunktion zeigt dann, wie sich das Atom unter dem Einfluß eines „fremden Atoms" verändert und sich gegebenenfalls mit den anderen Elektronenverteilungen „zusammentut", worauf wir allerdings später noch näher eingehen werden, denn das gehört zum Thema einer allgemeinen Diskussion der chemischen Bindung.

Vorerst aber wollen wir das sogenannte „*freie*" – also ungestörte – *Wasserstoffatom* betrachten (man vergleiche auch S. 90/91). Dieses besitzt unter anderem, wie wir wissen, diskrete Energiezustände E_n ($n = 1, 2, \ldots$), und für jedes E_n existiert ein ganz bestimmtes Ψ_n. Bei der besagten

Energie handelt es sich also um die Energie des Elektrons im Feld des positiv geladenen Atomkerns. Es gibt unendlich viele E_n, für die gilt: $E_n \leq 0$. Für $E_n > 0$ – so ist es definiert – fliegt das Elektron mit der Energie E vom Atomkern weg, ist also sozusagen von der Anziehung durch das Proton „befreit", was nur möglich ist, wenn man dem Atom (dem Elektron also) die dazu nötige Energie zugeführt hat – entweder durch Einstrahlung (Photon) oder durch „Stoß" mit einem anderen „Teilchen".

Das Elektron hat dann nur kinetische Energie, die nicht quantisiert ist. Das Proton bleibt zurück, das Wasserstoffatom ist – wie man sagt – „ionisiert", wir sprechen dann von einem H^+-Ion.

Die Energiezustände $E_n \leq 0$ können daher als *gebundene Zustände* des Elektrons angesehen werden, weil das Elektron mit der Energie E_n das Atom nicht verlassen kann. Wie sieht aber in diesem Falle Ψ_n aus? Die Wellenfunktion Ψ_n muß dieser Tatsache Rechnung tragen. Die „Ψ-Welle" muß so aufgebaut sein, daß das Elektron mit seiner Wahrscheinlichkeitsverteilung Ψ_n^2, die gleichzeitig seine Dichteverteilung darstellt, in der Nähe des Atomkerns verbleibt. Das heißt, daß Ψ_n^2 nach draußen, also weiter weg vom Atomkern, numerisch kleiner werden muß.

Im ganzen Raumbereich um den Kern existiert also eine Ladungsdichte $e\Psi_n^2$, die dadurch entsteht, daß man die Wahrscheinlichkeitsverteilung Ψ_n^2 mit der Elementarladung e des Elektrons multipliziert. Diese darf keine Bewegung aufweisen, da ja bewegte Ladung elektromagnetische Strahlung abgibt – also Energie –, so daß das Atom immer mehr Energie verlieren würde, was im Widerspruch zu der Tatsache steht, daß das Wasserstoffatom auf Dauer existiert und die Energie E_n besitzt. Man kann es auch so sehen, daß die Ladungsverteilung (Ladungsdichte) so formuliert sein muß, daß sie nicht vom Atomkern „wegläuft", da das Elektron sich ja immer in Kernnähe aufhalten soll, um die Stabilität des Atoms zu gewährleisten. Oder noch anders ausgedrückt, die Ψ_n-Welle muß so beschaffen sein, daß sie den Bereich des Atoms, also die Umgebung des Protons, nicht verlassen kann. Das heißt aber letztlich, daß Ψ_n *nicht von der Zeit* t *abhängen darf,* wenn sich das Atom in Ruhe, also ungestört, in einem gebundenen Zustand E_n ($E_1 \leq E_2 \leq E_3 \leq \ldots \leq E_n \leq \ldots$) befindet. Eine solche Situation nennen wir einen *stationären Zustand,* denn auch die Energiezustände sind natürlich unabhängig von der Zeit, können also beliebig lange andauern, wenn das System nicht von außen gestört wird!

Anders und allgemeiner formuliert: Für stationäre Zustände E_n bei allen Atomen und Molekülen muß dazu ein Ψ_n^2 existieren, das nicht von der Zeit t abhängt, wobei wie gesagt der Index n ganz allgemein die stationären Zustände eines beliebigen Systems aus Elektronen und Atomkernen durchzählt.

Die Wahrscheinlichkeitsaussage in Gleichung (7-7) – durch die Spinkoordinaten erweitert – muß zeitlos sein!

Wohlgemerkt, im Falle nichtstationärer Zustände ist Ψ^2 natürlich von der Zeit abhängig. Man denke etwa an chemische Reaktionen, wo sich offenbar die Elektronenverteilung mit der Zeit verändert, weil sich dabei Atome bewegen, ausgetauscht werden oder Bindungen gelöst werden, oder auch ein Elektron, welches durch einen Spalt fliegt, ist durch ein nichtstationäres Ψ^2 zu beschreiben, welches somit von der Zeit abhängt.

Wie aber sieht Ψ im stationären Falle aus? Denn es ist gar nicht einzusehen, daß Ψ^2 nicht mehr von t abhängen soll, wenn Ψ selbst – wie es von einer Wellenfunktion gefordert wird – von der Zeit abhängen *muß.*

Ein erneuter Widerspruch? Nein, wir müssen uns vielmehr fragen, ob wir mit Ψ^2 die richtige Wahl in der Bildung der „Intensität" von Ψ getroffen haben! Offenbar muß es schon ein quadratischer Ausdruck für die Berechnung der Wahrscheinlichkeit sein, aber bedenken wir wiederum, daß Ψ selbst nicht in der Natur nachweisbar ist. Erst Ψ^2 – oder etwas sehr ähnliches – ist dann als Wahrscheinlichkeitsaussage über das Teilchenverhalten nachweisbar, ist also meßbar. Wir können es auch so formulieren, indem wir fragen, ob wir die Quadrierung in der richtigen Form vornehmen?

Um das Problem zu lösen, muß ich leider ziemlich weit ausholen, und ganz ohne Mathematik wird es leider nicht möglich sein.

Wir kennen alle die sogenannten *natürlichen Zahlen* 1, 2, 3, usw., wobei keine obere Grenze existiert. Denken wir uns eine noch so große Zahl N, so ist $N + 1$ wieder größer als N. Man kann das in der Form schreiben

$$1, 2, 3, 4, \ldots \infty, \tag{8-4}$$

wobei das Symbol ∞ (wir haben es schon einmal gehabt) für „unendlich" steht. Wir wissen aber auch, daß zwischen den einzelnen natürlichen Zahlen wiederum unendlich viele Zahlen existieren, denn z.B. zwischen 1 und 2 gibt es z.B. 1,02; 1,35; 1,99875 usw. Und schließlich können wir auch zwischen den eben willkürlich genannten Zahlen wieder beliebig viele „dazwischenschieben".

Darüber hinaus existieren auch die *negativen ganzen Zahlen* -1, -2, -∞ und die entsprechenden Zwischenwerte.

Um die Sache übersichtlicher zu gestalten, übertragen wir die Zahlen auf eine sogenannte *Zahlengerade*, wie in Bild 8-2 dargestellt.

Wir können sagen, daß jedem Punkt auf der Geraden eine Zahl entspricht. Etwas salopp kann man auch sagen, daß es so viel Zahlen gibt, wie wir Punkte auf dieser Geraden unterbringen.

Die vier Rechenarten: Addition (Zusammenzählen, +), Subtraktion (Abziehen, –), Multiplikation (Malnehmen, ·) und Dividieren (Teilen, : bzw. ÷) können dann auf dieser Zahlengerade graphisch durchgeführt werden. So entspricht etwa die Addition (Subtraktion) dem Zusammensetzen (voneinander Abziehen) von bestimmten Strecken, entsprechend der dabei beteiligten Zahlen. Multiplizieren bedeutet dann die Vervielfachung einer Länge, entsprechend fragt die Division, wie oft eine Länge

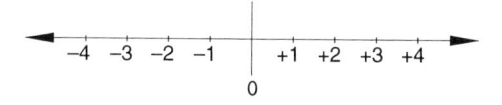

$$\longleftarrow -4 \quad -3 \quad -2 \quad -1 \quad \underset{0}{|} \quad +1 \quad +2 \quad +3 \quad +4 \longrightarrow$$

Bild 8-2

in einer anderen enthalten ist, wobei das Ergebnis wieder eine Zahl ist, so daß somit wieder eine Strecke auf der Zahlengerade berechnet worden ist. Nennen wir die beiden Zahlen a und b (für a und b kann irgendeine Zahl auf der Geraden stehen), so haben wir

1) $a + b = c$
2) $a - b = c'$
3) $a \cdot b = c''$
4) $a \div b = c'''$, (8-3)

wobei c, c', c'' und c''' die Resultate sind, die wir mit kleinen Strichen rechts oben am Buchstaben c unterschieden haben.

Neben den Dezimalzahlen, die wir bisher verwendet haben, und die sich formal dadurch auszeichnen, daß sie ein Komma enthalten, gibt es bekanntlich auch die Brüche, wobei beide Darstellungen ineinander überführt werden können. Denn schreiben wir

$$a \div b = \frac{a}{b} \; , \qquad (8\text{-}4)$$

wobei der sogenannte Bruchstrich bedeutet, daß a durch b zu teilen ist oder daß zu bestimmen ist, wie oft b in a enthalten ist. Das Ergebnis muß keine natürliche Zahl sein. So ist z.B. für $a = 2$ und $b = 4$ das Ergebnis

$$\frac{2}{4} = \frac{1}{2} = 0{,}5 \; . \qquad \text{(oder } 1 : 2 = 0{,}5\text{)} \qquad (8\text{-}5)$$

Praktisch ist es, jede Dezimalzahl in einen Bruch „zu verwandeln", denn 0,5 bedeutet ja erst einmal 5/10, also 1/2, wenn wir Zähler und Nenner durch 5 teilen. Übrigens kann in jedem Bruch Zähler und Nenner durch eine gleiche beliebige Zahl λ multipliziert werden, ohne daß sich dabei der Wert des Bruches ändert.

Also gilt

$$\frac{a}{b} = \frac{\lambda a}{\lambda b} \qquad (\lambda \text{ beliebig}) \qquad (8\text{-}6)$$

Beim Multiplizieren gibt es noch den Begriff der *Potenz* (*Exponenten*), wenn z.B. $a = b$ ist, also $a \cdot b = a^2$ gilt. Die Zahl (hier 2) ist die *Hochzahl* (zweite Potenz, Exponent 2) von a (*Basiszahl*) und bedeutet, wie oft a mit sich selbst multipliziert werden soll, z.B.

$$a^3 = a \cdot a \cdot a \; ,$$

$$a^6 = a \cdot a \cdot a \cdot a \cdot a \cdot a \; , \tag{8-7}$$

und wir sehen leicht ein, daß folgende Beziehung gilt.

$$a^3 \cdot a^6 = a^{3+6} = a^9 \; . \tag{8-7a}$$

Die Potenzen müssen also addiert werden, wenn gleiche Basiszahlen (hier a) vorliegen.

Ist der Exponent eine negative ganze Zahl, so tritt die Basiszahl im Nenner auf mit der entsprechenden Potenz, die angegeben ist, also z.B.

$$3^{-3} = \left(\frac{1}{3}\right)^3 = \frac{1^3}{3^3} = \frac{1}{3^3} = \frac{1}{3} \cdot \frac{1}{3} \cdot \frac{1}{3} = \frac{1}{27} \; . \tag{8-8}$$

Man merkt sich noch, daß immer gilt (für alle Werte von a)

$$\begin{aligned} a^5 \cdot a^{-5} &= a^0 = 1 \\ a^n \cdot a^{-n} &= 1 \end{aligned} \tag{8-9}$$

Beispiele:

$$3^{-3} \cdot 3^3 = \frac{1}{27} \cdot 27 = 1 \; . \tag{8-9a}$$

Aber auch nicht ganzzahlige Hochzahlen können dabei verwendet werden. $a^{1/2}$ z.B. bedeutet, daß aus a die „Wurzel zu ziehen" ist.

$$a^{1/2} = \sqrt[2]{a} \; , \tag{8-10}$$

was so gesehen werden kann, daß eine Zahl c gesucht wird, für die

$$c^2 = a \quad \left(\sqrt[2]{a} = c\right), \text{ oder } a^{1/2} = c \tag{8-10a}$$

gilt. Nun gehen wir weiter und schreiben

$$a^{1/n} = \sqrt[n]{a} \tag{8-11}$$

und sagen, daß aus a die n-te *Wurzel gezogen* werden muß, also ein c gesucht wird, für das gilt

$$c^n = a \quad (n \text{ ganzzahlig}), \text{ oder wieder } a^{1/n} = c. \tag{8-11a}$$

Jetzt können wir auch sogleich nach dem oben Gesagten schreiben

$$a^{-1/n} = (1/a)^{1/n} = \sqrt[n]{1/a} = \frac{\sqrt[n]{1}}{\sqrt[n]{a}} = \frac{1}{\sqrt[n]{a}} \tag{8-12}$$

und haben alles wieder auf (8-11) zurückgeführt, indem das Resultat von (8-11) als Nenner in (8-12) steht.

Aber nun ist Vorsicht geboten. So ist z.B. die Wurzel aus a nicht nur c, sondern auch $-c$, denn nach den Rechenregeln in der Multiplikation gilt

$$(-c)(-c) = c \cdot c = a, \tag{8-13}$$

denn wenn ich etwas Negatives wieder mit etwas Negativem multipliziere, so heißt das in gewisser Weise (bildlich gesprochen), daß ich auf der Zahlengeraden eine 180°-Wendung mache in Bezug auf die Richtung der Achse. Konsequenterweise muß dann auch gelten, daß etwas Positives negativ wird, wenn ich mit etwas Negativem – also mit einer negativen Zahl – multipliziere, oder als Formel geschrieben

$$\begin{aligned}(-a)(b) = (a)(-b) = -ab \\ (-a)(-b) = +ab\end{aligned} \tag{8-13a}$$

Soweit so gut, und das Meiste sollte auch bekannt gewesen sein. Aber wie steht es mit $\sqrt[2]{-a}$ (wobei $-a < 0$ oder $a > 0$)?

Jetzt ist – das erste Mal – eine Zahl c gesucht, deren Quadrat nun nach (8-10a) $-a$ ergeben soll!

$$c^2 = -a \tag{8-14}$$

Aber nach (8-13a) und (3-13) ist das gar nicht möglich und wir müssen (8-14) verwerfen. Um die Situation dennoch zu retten, setzen wir daher zur Erfüllung von (8-14) die Zahl *d* ein, über die wir vorerst noch nichts wissen, als daß sie (8-14) erfüllt. *c bleibt Gleichung* (8-10a) *vorbehalten* (es gilt aber nach wie vor $c^2 = a$). Sie können sich die Überraschung der Mathematiker des vorigen Jahrhunderts vorstellen, als sie auf diesen Sachverhalt stießen. Aus (8-14) können wir noch die Beziehung

$$\sqrt[2]{-a} = \sqrt[2]{-1} \cdot \sqrt[2]{a} \tag{8-15}$$

herleiten, denn es gilt noch (was sich aus dem Obigen ergibt)

$$\sqrt[2]{a} \cdot \sqrt[2]{b} = \sqrt[2]{ab} \,. \tag{8-15a}$$

Also haben wir nun wegen (8-15)

$$d = \sqrt[2]{-1} \cdot c \text{, für } d \text{ gilt also: } d^2 = -c^2. \tag{8-16}$$

Bleibt also die Frage nach $\sqrt[2]{-1}$, denn (–1) (–1) und auch (+1) (+1) ist +1, nicht –1 (!).

Was würden Sie jetzt machen, wenn Sie vor der Frage stehen würden, in irgendeiner Weise eine Lösung zu finden, daß man auch mit $\sqrt[2]{-1}$ rechnen kann? Wie sieht also *d* aus? Die Mathematiker fanden eine fast triviale, aber dabei notwendige und eindeutige Lösung: Sie setzten $\sqrt[2]{-1}$ = *i* und faßten *i* als *eine neue Zahl* auf, die sie die *imaginäre Einheit* nannten, entsprechend +1 als *Einheit* der Zahlen auf der Zahlengerade, die wir nun die Zahlengerade der *reellen* Zahlen nennen wollen. Also gilt nun nach (8-16)

$$d = c\,i \tag{8-17}$$

und es ist – wie kann es anders sein –

$$d^2 = c^2 i^2 = a i^2 = a\sqrt{-1}\sqrt{-1} = -a \tag{8-17a}$$

Problem gelöst! – Genial, einfach und unwahrscheinlich fruchtbar, wie wir gleich sehen werden. Ohne die imaginäre Einheit und damit ohne die imaginären Zahlen (8-17) ist keine anspruchsvolle mathematische Rechnung denkbar, besonders wenn es sich um Schwingungsvorgänge handelt! Aber da klingelt es bei Ihnen, denn Schwingungen, das sind doch Wellenbewegungen, und Sie denken dabei schon an die Wellenfunktion Ψ.

Genau richtig. Aber wie soll das im einzelnen zugehen? Erst einmal haben wir soeben unendlich viele neue Zahlen – imaginäre Zahlen – entdeckt, die sich in der Form $d = c\,i$ schreiben lassen, wobei c jetzt alle Werte auf der reellen Zahlengeraden haben kann!

Genauer genommen: Wir haben reelle Zahlen, imaginäre Zahlen und darüber hinaus – Kombinationen davon – sogenannte *komplexe Zahlen* Z, die die Form

$$Z = a + bi \qquad (8\text{-}18)$$

haben müssen, wenn wir wieder die reellen Zahlen a und b benutzen. Für $b = 0$ erhalten wir reelle Zahlen, für $a = 0$ resultieren die rein imaginären Zahlen.

Anders ausgedrückt: Wir haben unsere Zahlenvorstellung über die altbekannten reellen Zahlen hinaus erweitert, wobei die Gegenstände unseres täglichen Lebens immer nur mit reellen Zahlen gemessen werden. Mit Recht tragen daher die $b\,i$ den Namen imaginäre Zahlen (b beliebig).

Jetzt müssen wir uns in Richtung Wellenfunktion Ψ bewegen. Sie ist, wie wir wissen, nicht real, nicht nachweisbar, nur ihr Quadrat ist in der Interpretation bezüglich möglicher Erfahrungen zugänglich. Also können wir durchaus davon ausgehen, daß im Prinzip *die Wellenfunktion selbst ein komplexer Ausdruck* sein kann, also sozusagen eine komplexe Funktion, d.h. mit anderen Worten a und b in (8-18) sind *Funktion der entsprechenden Koordinaten der Teilchen*.

Da liegt es jetzt nahe, an das Quadrat von Z in (8-18) zu denken,

$$Z^2 = (a + ib)(a + ib) = a^2 + 2iab - b^2 \,, \qquad (8\text{-}19)$$

was allerdings wieder eine komplexe Zahl ergibt!

Wie wäre es aber mit einer Zahl Z, in welcher wir i durch $-i$ ersetzen? Eine solche komplexe Zahl – die in der Mathematik schon bekannt ist – nennen wir die *konjugiert komplexe Zahl* Z^* zu Z. Wir haben also

$$Z = a + ib$$
$$Z^* = a - ib \qquad (8\text{-}20)$$

Aber auch Z^* ins Quadrat erhoben liefert $a^2 - 2iab - b^2$, also wieder eine komplexe Zahl. Dann schreiben wir jetzt $Z^* Z$ und erhalten endlich – es ist schon ein wenig überraschend – eine reelle Zahl

$$Z^* Z = a^2 + b^2 \,. \qquad (8\text{-}21)$$

Sie werden das mit einem gewissen Recht als eine ziemliche Zahlenspielerei empfinden, aber warten wir ab. Die ganze Sache bekommt noch einen ganz unerwarteten und praktischen Sinn!

Zuerst wollen wir die letzten Überlegungen graphisch darstellen. Wir erweitern dazu die Zahlengerade zu einer Zahlenebene (*die Ebene der komplexen Zahlen*), indem wir senkrecht zur ursprünglichen reellen Achse die Gerade der imaginären Zahlen auftragen, wie in Bild 8-3 gezeigt.

Wo die komplexen Zahlen Z (als Punkt auf der komplexen Zahlenebene) zu finden sind, geben die beiden Beispiele in Bild 8-3 an, die sich leicht auch auf andere a- und b-Werte erweitern lassen. $Z = 0$ bedeutet $a = b = 0$ und stellt den „Ursprung" des „Koordinatensystems" dar.

Auch Z^* finden wir leicht wieder. Z^* liegt spiegelbildlich zur reellen Achse.

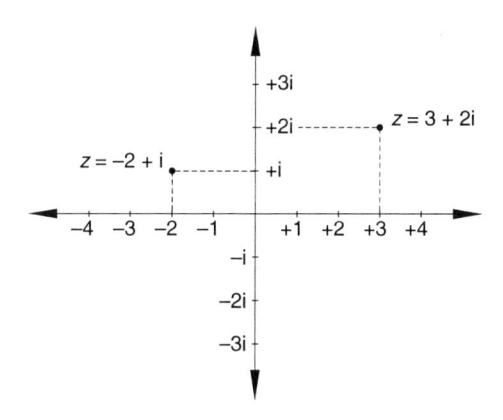

Bild 8-3

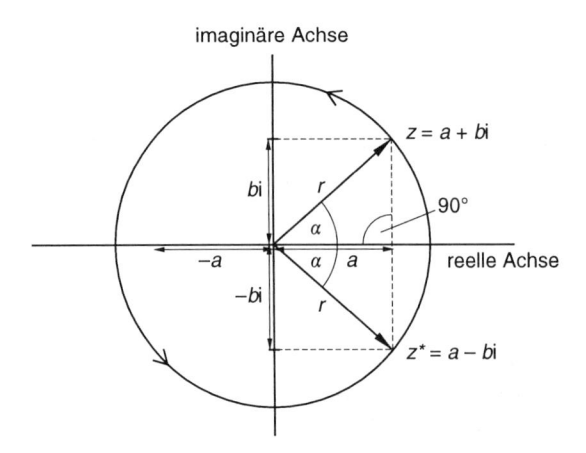

Bild 8-4

Nun ist ein wenig Konzentration verlangt. Betrachten wir Bild 8-4 genauer, so sehen wir, daß beide Zahlen Z und Z^* im Abstand r vom Koordinatenursprung entfernt sind, und das gilt natürlich für alle Zahlen Z auf dem Kreis, dessen Radius eben r ist. Wir erkennen aber auch noch, daß für alle Z auf einem Kreis die Längen r, a und b rechtwinklige Dreiecke bilden, deren rechter Winkel von a und b eingeschlossen wird.

Aus der Mathematik entnehmen wir dann, daß die Beziehung $r^2 = a^2 + b^2$ gilt, die schon sehr lange bekannt ist und in den Lehrbüchern unter dem Namen *pythagoreischer Lehrsatz* auftritt. Es sei dabei auch an (5-7) erinnert. Somit gilt

$$Z^*Z = r^2, \tag{8-22}$$

so daß Z^*Z als reeller Ausdruck erscheint.

Das rechtwinklige Dreieck allerdings artet in den vier Fällen, in denen Z rein imaginär oder reell ist (einschließlich Vorzeichen), zu einem „Dreieck" aus, in welchem etwa a oder $b = r$ ist, so daß die „Fläche des Dreiecks" Null ist.

Wir wollen noch den Winkel, den r und a einschließen, α nennen und geben diesen Winkel in Grad an, so daß der rechte Winkel 90° hat und der ganze Umlauf auf dem Kreis dann vier rechten Winkeln entspricht, also 360°.

Bewegen wir uns nun auf dem Kreis mit dem Radius r, so machen wir eine sehr wichtige Beobachtung: Betrachten wir die Verhältnisse (Brüche) a/r bzw. b/r (a und b sind auf dem Kreis variabel), so führen diese Größen Schwingungen aus (also Wellenbewegungen)!

Um dies genauer studieren zu können, erinnern wir uns der Gleichung (7-14), nämlich daß der Kreisumfang $U = 2\pi r$ beträgt. Wir wollen verabreden, daß wir mit unserer Kreisbewegung (auf der Ebene der komplexen Zahlen) mit der positiven reellen Achse beginnen und im umgekehrten Uhrzeigersinn herumgehen.

Liegt Z auf der positiven reellen Achse, so ist damit $\alpha = 0$.

$\alpha = 90°$ (ein rechter Winkel, wie schon oben festgestellt) ist dann erreicht, wenn Z die positive imaginäre Achse erreicht hat. Auf der negativen reellen Achse ist dann $\alpha = 180°$ und schließlich müssen wir $\alpha = 360°$ schreiben, wenn Z wieder am Ausgangspunkt eingetroffen ist.

Nach der zurückgelegten Strecke $2\pi r$ wären wir dann wieder am Ausgangspunkt angekommen, aber nichts hindert uns eigentlich daran, weiter im Kreise zu laufen. Erneut am Ausgangspunkt angelangt, hätten wir dann den Weg $4\pi r$ zurückgelegt. Nach n „Umkreisungen" wäre dann die zurückgelegte Strecke $2n\pi r$, und wenn wir den Winkel weiter gezählt haben sollten, müßten wir dann $n \cdot 360°$ schreiben.

Wie benehmen sich dabei a/r und b/r?

Beim Start ist $a/r = 1$ und $b/r = 0$, was sicher jeder erkennen wird. Bei $\alpha = 90°$ (wir befinden uns auf der imaginären Achse) ist $a/r = 0$ und $b/r = 1$. Haben wir 180° erreicht (negative reelle Achse), ist $-a/r = -1$ und $b/r = 0$, wobei man dabei beachten muß, daß jetzt a negativ gezählt wird! Für 270° (negative imaginäre Achse) ist $b < 0$, und wir haben dort $a/r = 0$ und $-b/r = -1$. Schließlich zum Ausgangspunkt zurückgekehrt gilt wieder $a/r = 1$ und $b/r = 0$, und so geht das sich wiederholend weiter. Wir sehen a/r und b/r führen Schwingungen um den Wert 0 im Bereich zwischen +1 und −1 aus, und da das Verhalten von a/r und b/r an unserem Kreis mit dem Radius r bei den besagten Bewegungen für die Mathematik so wichtig ist (wir werden es später noch genauer sehen), benennt man die beiden Größen mit besonderen Bezeichnungen und schreibt:

$$\frac{a}{r} = \cos \alpha \qquad \frac{b}{r} = \sin \alpha \qquad (8\text{-}23)$$

und spricht die rechten Seiten (die Funktionen) als „cosinus" und „sinus" aus (hier cosinus α und sinus α). Wir haben somit also Funktionen gefunden, die Schwingungsbewegungen beschreiben können! Mit anderen Worten: Mit diesen Funktionen – die man auch *trigonometrische Funktionen* nennt – sind wir jetzt in der Lage, Wellenvorgänge mathematisch zu beschreiben, also offenbar auch Wellenvorgänge, wie sie uns in der Wellenfunktion Ψ vorliegen.

Bevor wir das näher ausführen, wollen wir cos und sin als Kurven (als Funktionen von α) aufzeichnen (siehe Bild 8-5).

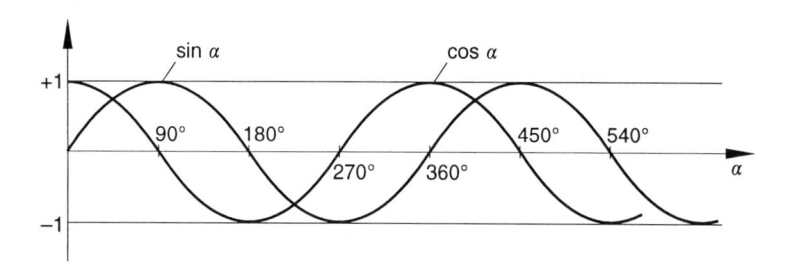

Bild 8-5

Dabei soll nochmals daran erinnert werden, daß der Weg s, den unsere komplexe Zahl auf dem Kreis zurücklegt, bei einem Winkel α durch

$$s = \frac{\alpha}{360°} 2\pi r \qquad (8\text{-}24)$$

gegeben ist, was man leicht erkennt, wenn man bedenkt, daß ein Umlauf gerade dem Winkel 360° entspricht.

Erinnern wir uns der Formeln (8-21), (8-22) und (8-23), so können wir schreiben

$$Z^*Z = r^2 = a^2 + b^2 = r^2(\cos^2 \alpha + \sin^2 \alpha)^1, \qquad (8\text{-}25)$$

---

[1] Man schreibt nicht $(\cos \alpha)^2$ oder $(\sin \alpha)^2$.

so daß

$$\cos^2\alpha + \sin^2\alpha = 1 \qquad (8\text{-}26)$$

sein muß, was man auch den Formeln a/r und b/r der trigonometrischen Funktionen unmittelbar angesehen hätte. Aber wir erkennen noch etwas anderes: Aus $Z = a + i\,b$ folgt wegen (8-23):

$$Z = r(\cos\alpha + i\sin\alpha) \qquad (8\text{-}27a)$$

bzw.

$$Z^* = r(\cos\alpha - i\sin\alpha)\,, \qquad (8\text{-}27b)$$

was wieder zu (8-25) führt. Bei soviel Mathematik hätten wir beinahe vergessen, wozu wir das alles diskutiert haben!

Der Ausgangspunkt war die Feststellung, daß Ψ^2 für stationäre Zustände eines Systems nicht von der Zeit abhängen darf, daß aber die Wellenfunktion selbst natürlich t enthält. Und wir fragten damals: Wie muß Ψ dann eigentlich aussehen, damit das erfüllt ist? Wir konnten es uns damals nicht vorstellen, wie die Abhängigkeit von der Zeit t dadurch „verloren" gehen sollte, daß wir die Wellenfunktion ins Quadrat erheben. Nun werden wir es bald verstehen! Die imaginären Größen machen es möglich. Denn betrachten wir einmal die Gleichungen (8-27a und b), so können wir uns im stationären Fall die Wellenfunktion so ähnlich aufgebaut denken, indem anstelle der komplexen Zahlen Z (bzw. Z^*) die Wellenfunktion mit Ψ bzw. Ψ^* tritt. Da aber die Wellenfunktion, im Gegensatz zu den komplexen Zahlen, eine Funktion von allen Teilchenkoordinaten ist, müssen wir auf der rechten Seite der Gleichungen (8-27) den Radius r ebenfalls durch eine Funktion ersetzen, die von allen Teilchenkoordinaten abhängt. Diese Funktion braucht aber nicht mehr von der Zeit abzuhängen, wenn wir den Winkel α jetzt mit der Zeit identifizieren!

Das klingt alles ziemlich kühn, manche werden Hemmungen haben, diesen Schritt nachzuvollziehen. Bedenken wir aber, daß wir den mathematischen Zusammenhang der Gleichungen (8-27) überhaupt nicht zerstört haben, noch immer hängen alle beteiligten Größen und Variablen in diesem Sinne voneinander ab. Was wir getan haben, besteht allein darin, daß wir die entsprechenden Größen *anders interpretiert* haben, was immer erlaubt ist, wenn nicht der Sinn und die Struktur der Gleichungen selbst verletzt wird.

Mit anderen Worten: Wir haben die Wellenfunktion als Kombination eines reellen und imaginären Anteils aufgefaßt, wie es auch im Falle der Darstellung der komplexen Zahlen der Fall ist. Und noch einmal anders ausgedrückt: *a* und *b* sind nun keine Zahlen mehr, sondern Funktionen der Teilchenkoordinaten, und wenn wir davon ausgehen – wie wir eben sagten –, daß *r* ebenfalls eine Funktion aller Teilchenkoordinaten sein soll, so ist auf diese Weise jedenfalls zum Ausdruck gebracht, daß die linke Seite sowie auch die rechte Seite der Gleichungen von allen Teilchenkoordinaten abhängt!

Wir setzen also anstelle von Z nun die Wellenfunktion Ψ ein und für *r* schreiben wir ein Symbol, welchem einem kleinen „psi" entspricht, also ψ.

ψ muß nicht von der Zeit abhängen, denn diese Zeitabhängigkeit wollen wir nun, mit gutem Recht, auf den Winkelanteil verlagern, der auch vorher schon bei unserer Kreisbewegung allein als zeitabhängig gedacht war, denn der Winkel veränderte sich ja, als wir uns auf dem Kreis bewegten.

Jetzt komme ich an eine Stelle, bei der ich sehr bedacht vorgehen muß. Wir hatten ja α als Winkel definiert, also in Graden angegeben. Es ist aber oft üblich – und hier ist es leider der Fall –, nicht den Winkel selbst anzugeben, sondern die Strecke auf einem Einheitskreis, die diesem Winkel entspricht. Als Einheitskreis verstehen wir einen Kreis mit dem Radius $r = 1$. Wir nennen diese Strecke das *Bogenmaß des Winkels*.

$\alpha = 0$ entspricht dann auch dem Bogenmaß 0, wie wir oben bezüglich unseres Startpunkts feststellten, ein Wert des Bogenmaßes von $\pi / 2$ entspräche dann dem Winkel 90°, und 270° z.B. wären dann $3\pi / 2$. Dann ist klar, daß 360° gerade 2π entsprechen.

Im Prinzip steht es uns frei, sin und cos entweder als Funktion des Winkels oder des Bogenmaßes zu berechnen, denn erhalten wir beispielsweise die Angabe des Bogenmaßes, so rechnen wir auf Winkel um und können dann die alten Definitionen verwenden. Sie sehen daraus, daß wir die Einführung des Bogenmaßes eigentlich schon in den Gleichungen (8-27a und b) hätten durchführen können, es ging uns aber vorher mehr um die Darstellung der komplexen Zahlen als um die Zeitabhängigkeit des Winkels, die nun eine große Bedeutung erlangt. Bleiben wir jetzt also beim Bogenmaß und setzen dieses zeitabhängig an, indem wir schreiben ωt. Das darin stehende Symbol nennt sich „Omega" und muß als Konstante offenbar so gewählt werden, daß ωt gerade 2π ergibt, wenn ein Umlauf am Kreis vollzogen ist. Die Zeit dazu nennen wir T. Wenn wir somit für $\omega = 2\pi / T$ schreiben, gehen wir jetzt davon aus, daß nach einem Umlauf das Bogenmaß genau 2π ist, wie es sein muß ($r=1$)[2].

Nun haben wir also alles zusammen, was wir benötigen, um die Wellenfunktion aufzuschreiben und erhalten

$$\Psi = \psi \{\cos(\omega t) + i\sin(\omega t)\}. \tag{8-28}$$

Damit ist – setzen wir für Ψ^2 den Ausdruck $\Psi^*\Psi$ ein – das Ziel erreicht, wir schreiben

$$\Psi^*\Psi = \psi^2 . \tag{8-29}$$

Wobei wie gesagt ψ nur von den Spin- und Raumkoordinaten aller Teilchen abhängt, aber nicht mehr von der Zeit.

Aus alledem entnehmen wir, daß für stationäre Zustände die Wellenfunktion offenbar die in Gleichung (8-28) angegebene Form haben *muß*! Wir wissen auch, daß keine andere Möglichkeit vorliegt, der Forderung zu genügen, daß im stationären Zustand das Quadrat der Wellenfunktion *nicht* von der Zeit abhängen darf. Andererseits liegt gar kein Grund vor, im Falle nichtstationärer Zustände diese obige Form der Wellenfunktion beizubehalten.

Aber die Gleichung (8-28) läßt noch eine Reihe von aufregenden Gedanken zu, die in der Tat nach der „Wirklichkeit" von Ψ fragen, denn was bedeutet eigentlich die Darstellung (8-28) für Ψ im Falle stationärer Zustände?

---

[2] Wir erinnern an Gleichung (5-14) und Bild 5-3. Dort war aus didaktischen Gründen für einen Umlauf die Zeit $2T$ angenommen worden, die jetzt hier mit T bezeichnet wurde. Danach kann jetzt auch $\omega=2\pi\nu$ geschrieben werden.

Betrachten wir einen bestimmten Punkt im Raum, und das bedeutet, daß wir in ψ (Gleichung (8-28)) ganz bestimmte Werte für $x_1, y_1, z_1, \sigma_1, x_2, y_2, z_2, \sigma_2, \ldots, Z_{n+N}, \Sigma_{n+N}$ einsetzen und uns entscheiden, welche σ^+ bzw. σ^- für die Spinstellungen der einzelnen Elektronen vorliegen sollen. Auch für die Σ müssen Feststellungen getroffen werden. Damit ergibt sich für ψ ein ganz bestimmter Zahlenwert, der von den jeweils von uns gewählten Raumpunkten der Teilchenkoordinaten und auch von der Wahl der Spinrichtungen abhängt. Wir können also für jeden „Punkt" im „Raum" einen bestimmten Wert für ψ berechnen, wenn die Funktion bekannt ist! Hier ist allerdings auf eine dem Leser sicher ungewöhnliche Tatsache hinzuweisen, in die man sich erst hineindenken muß. Wenn wir hier von „Raum" sprechen, so ist das offensichtlich ein $3n+N$-dimensionaler Raum, denn es gibt ja $3n+N$-Koordinaten $x_1 \ldots, Z_{n+N}$, wenn wir n Elektronen und N Atomkerne betrachten. Die Spinstellungen wollen wir dabei vorerst auslassen, obwohl sie im Prinzip immer mitberücksichtigt werden müssen.

Für ein ruhendes Ein-Elektronen-Atom, also für $n = 1$, wäre der Raum dreidimensional, wie es auch unser Raum zu sein scheint. Es gibt dann drei aufeinander senkrechte Achsen, eben die Richtungen von x, y und z. Hier ist klar, was ein Punkt in diesem Raum bedeutet. Dieser Punkt wird durch die Angabe dreier kartesischer Koordinaten eindeutig festgelegt. Also ist der Hyperraum (Überraum) mit $3(n + N)$ Koordinaten einfach nur eine Erweiterung des dreidimensionalen Raumes? So ist es! Hier besteht dann jeder Punkt (verallgemeinert) in der Angabe von bestimmten $3(n + N)$ Koordinaten, die wir frei wählen können, je nachdem, an welchen Punkten wir ψ bzw. ψ^2 berechnen wollen!

Wir stellen noch einmal zusammen: Um n Elektronen und N Atomkerne zu beschreiben, müssen wir einen Hyperraum von $3(n + N)$ Koordinaten einführen, die wir auch Dimensionen genannt haben. Der Raum für $n + N$ Elektronen und Kerne ist somit $3(n + N)$ dimensional!

Ich rate sehr dazu, sich das alles nochmals genau durch den Kopf gehen zu lassen, denn Hyperräume sind sozusagen das A und O in der theoretischen Naturwissenschaft, denn wir haben es doch immer mit vielen Teilchen zu tun. Um diese in einer Theorie zu erfassen, müssen wir für jedes Teilchen 3 Raumkoordinaten und die Spinkoordinate einführen – so kommen wir zum Hyperraum.

Ich erinnere daran, daß wir schon in den Gleichungen (7-18), (8-1) und (8-2) Hyperräume eingeführt hatten, ohne es explizit zu sagen. Jetzt erst war der Augenblick gekommen, näher darauf eingehen zu können.

In jedem Punkt des Hyperraumes kann also dann ein ψ berechnet werden und nach Gleichung (8-28) schwingt nun in diesem Punkt die Wellenfunktion Ψ zwischen $+\psi$ und $-\psi$, weil die trigonometrischen Funktionen zwischen $+1$ und -1 oszillieren, wie wir oben feststellten. Aber das ist noch nicht alles. Genauer hingesehen, stellen wir fest, daß sich die Wellenfunktion aus zwei Schwingungen additiv zusammensetzt: Einer reellen Schwingung zwischen $+\psi$ und $-\psi$ und einer imaginären zwischen $+i\psi$ und $-i\psi$, wobei der imaginäre Anteil zu dem reellen Anteil in seinen Amplituden verschoben ist, wie in Bild 8-5 zu sehen ist. Wir sagen dann „cos(ωt) ist nicht in Phase mit sin(ωt)". Verschiebt man den Kurvenzug für sin(ωt) um 90° nach links in Bild 8-5, dann fallen beide Kurven zusammen.

In diesem Sinne können wir ψ als *Amplitude der Wellenfunktion* Ψ bezeichnen, denn an jedem Punkt des Hyperraums schwingt Ψ zwischen $\pm\psi$ und additiv phasenverschoben um $\pm i\psi$.

Die Wellenfunktion ist also, wie oben schon gesagt, eine komplexe Funktion, wie Z eine komplexe Zahl ist, und das deckt sich mit der früheren Feststellung, daß Ψ bzw. ψ nicht beobachtbar sind, weil sie nicht reell bzw. nur ein Teil von Ψ sind. Erst $\Psi^*\Psi$ d.h. ψ^2 sind reell und können als Wahrscheinlichkeitsaussagen nachgeprüft werden.

Wir sagten schon, daß $\Psi^*\Psi$ im Falle der Nichtstationarität zwar reell und positiv ist, aber immer von der Zeit abhängt – die Wahrscheinlichkeitsaussagen (wie oben angegeben) sind dann ebenfalls zeitabhängig!

Mit diesem *weiteren Postulat* beschreiben wir im Rahmen der Wellenmechanik die Natur der chemischen Materie, und diese Aussage gilt für alle Teilchen – Elektronen und Atomkerne –, die im chemischen Sinne die Materie aufbauen.

Wir erinnern auch noch einmal daran, daß wir eigentlich im stationären Falle immer Ψ_n bzw. ψ_n ($n = 1, 2 \ldots$) hätten schreiben müssen, weil für diese diskreten Energien E_n immer ein oder mehrere *Amplitudenfunktionen* ψ_n existieren. Für jeden Energiezustand E_n gibt es eine bestimmte Wahrscheinlichkeitsverteilung ψ_n^2. Das gilt für beliebige

Anzahlen von Elektronen und Atomkernen, für alle Strukturen der Materie im Raum.

Die Theorie, also die Wellenmechanik, ermöglicht auf diese Weise, bei bekanntem ψ (oder Ψ) alle *meßbaren Eigenschaften* dieser Strukturen *im Einklang mit der Erfahrung* zu berechnen, Voraussagen zu machen und schon gemachte Erfahrungen zu bestätigen. Also lassen sich alle Erfahrungen verifizieren, wobei noch weitere Postulate hinzukommen werden, die diese Aussagen ergänzen und festigen.

Es leuchtet ein, daß bei bekannten E_n und ψ_n aus den E_n die Spektren der jeweiligen Strukturen erhalten werden können, also das gesamte Verhalten der Moleküle und Atomstrukturen im Hinblick auf Abstrahlung und Absorption. Aus den *verschiedenen* $\Psi_n (\psi_n)$ lassen sich darüberhinaus nähere Aussagen über die dabei auftretenden Übergänge $\psi_n \to \psi_{n'}$ ($n \neq n'$) gewinnen, und wir sollten nicht vergessen, daß wir von n Elektronen und N Atomkernen ausgehen, die sich in einem Hyperraum bewegen (Dimension $3(n + N)$). Aus den Wahrscheinlichkeitsaussagen bezüglich der Kernlagen im Raum erhält man die wahrscheinlichsten geometrischen Strukturen der chemischen Verbindungen und Aufschlüsse über das Verhalten der Atomkerne bezüglich der verschiedenen Reaktionen und den damit verbundenen Elektronenverteilungen. Das schließt in der Tat alle Verhaltensweisen der Materie ein, denn aus diesen Informationen können weitere Folgerungen auf Wechselwirkungen zwischen Systemen gezogen werden, die zwar statistischer Natur sind, aber dennoch nur dann einen Sinn ergeben, wenn das Verhalten der Bausteine (Elektronen und Atomkerne) bekannt und berechenbar ist, da diese ein akausales Verhalten zeigen. Auf diese Weise erfaßt man auch das Verhalten der Aggregatzustände fest, flüssig und gasförmig, denn die vorliegenden Temperaturen sind mit den kinetischen Energien der Kernbewegungen in Verbindung zu bringen.

Damit erweist sich im Einklang mit der Erfahrung die *Wellenmechanik als grundlegend und für alle „materiellen" Vorgänge zuständig*! Es handelt sich dabei also um eine Theorie, deren Gültigkeitsbereich kaum abzuschätzen ist, zumal der ganze Kosmos aus Elektronen und Atomkernen und aus Photonen besteht, wenn wir einmal von den Vorgängen absehen, die sich aus dem Verhalten der Atomkerne bezüglich ihrer inneren Struktur ergeben. In Organismen werden wir mit Recht annehmen dürfen, daß Vorgänge, die sich aus den Atomkernstrukturen ergeben, von sehr geringer Bedeutung sind, wenn man z.B. von Radioaktivität absieht oder gegebenenfalls Isotopeneffekte berücksichtigt.

Es muß auch noch einmal festgestellt werden, daß man sich auch andere „Theorien" denken kann, mit anderen Interpretationen, gegebenenfalls auch mit etwas abweichenden Postulaten. Es hat sich aber seit über 70 Jahren immer wieder gezeigt, daß diese „Theorien", die sich dann von der Wellenmechanik unterscheiden, nicht alle Phänomene erfassen, teilweise zu falschen Konsequenzen führen und somit verworfen werden müssen.

Ich weiß, diese Feststellung wird nicht immer Zustimmung finden, aber es gibt seit Bestehen der Wellenmechanik, wie wir sie hier in diesem Buch beschreiben, keinerlei Alternativen zu ihr, und der Sinn dieses Buches ist ja gerade darin zu sehen, daß wir uns mit dieser Problematik auseinandersetzen. Ich möchte an dieser Stelle vorerst behaupten, daß *die Wellenmechanik in der Form, wie wir sie heute kennen, zur Beschreibung der chemischen Materie mit allen ihren Konsequenzen völlig ausreicht!* Es ist also eine Theorie, die ein Minimum an Postulaten benutzt und alle Erfahrungen (nachprüfbar) mit Materie *im allgemeinsten Sinne richtig* beschreibt. Alle Erfahrungen? – werden Sie nun fragen, aber da möchte ich Sie schon auf das nächste Kapitel verweisen.

Noch aber fehlt, wenn die Theorie vollständig sein soll, die Vorschrift nach der Ψ berechnet werden kann und zwar vorerst noch ohne Annahme stationärer Zustände, die sich als Spezialfälle erweisen werden. Erst dann ist das theoretische Vorgehen vollständig beschrieben und festgelegt, halten wir alles in den Händen, was eine komplette Theorie auszeichnet.

Sagen wir das alles ausführlicher und detaillierter:

Im Rahmen der Theorie müssen wir zuerst einmal angeben, welches System wir behandeln wollen und wie dieses am Anfang (also etwa bei $t = 0$) beschaffen ist, z.B. welche Lage die Atomkerne zum Zeitpunkt $t = 0$ im Raum haben, wobei wir eine Wahrscheinlichkeitsverteilung der Kerne und Elektronen angeben müssen, die dieser Situation entspricht (gegebenenfalls eine Rechnung für $t = 0$). Die Theorie muß dann den weiteren Verlauf angeben können, natürlich wieder in Wahrscheinlichkeitsverteilungen von Atomkernen und Elektronen, denn wir müssen ja

$\Psi(x_1, ..., t)$ dann als Funktion von t erhalten, wobei sich das Verhalten der Teilchen *allein aus den Berechnungen* ergibt.

Wir sehen, daß die Wellenmechanik es uns erlaubt, sehr allgemein vorzugehen und zu bestimmen, wann die Rechnungen und damit die Vorgänge in der Materie zu starten sind.

Wir wollen in der Ausführlichkeit noch einen Schritt weiter gehen.

Bei der Aussage, um welches System es sich handelt, das wir berechnen wollen, geben wir die Anzahl N der Atomkerne an mit ihren jeweiligen Atomkernladungen Z_λ (λ = 1, ... N), sowie die Anzahl n der Elektronen, die zu den betrachteten Systemen gehören.

Ein kleines Beispiel: C_6H_5Cl (Chlorbenzol). Hier würden wir N = 12 und n = 58 eingeben, weiter noch die einzelnen Atomkernladungen

$Z_1 = Z_2 = Z_3 = Z_4 = Z_5 = Z_6 = 6$ sowie

$Z_7 = Z_8 ... = Z_{11} = 1$ und schließlich $Z_{12} = 17$

(die Werte kann man dem Periodensystem im Kapitel 1 entnehmen).

Für t = 0 (Anfang der Rechnung) seien also die 12 Atomkerne und 58 Elektronen irgendwo statistisch im Raum verteilt, und nun lassen wir den Dingen freien Lauf. Das heißt, die theoretische Methode muß es erlauben, jetzt den Verlauf zu verfolgen, der sich nach Vorgabe der *Anfangsbedingungen* ergibt. Dabei werden wir beobachten (aus den Rechnungen erhalten), daß sich mit größeren Wahrscheinlichkeiten Untersysteme wie z.B. C_2H_2, C_2H_4, C_2HCl, C_2H_3Cl, C_2, ..., aber auch HCl, H_2, H_3^+, C_5H_5, C_4H_4 usw. bilden können, die miteinander wechselwirken, schließlich aber auch vergehen, damit wieder neue Systeme aufgebaut werden können. Sehr wahrscheinlich ist aber C_6H_5Cl. Auch „kurzlebige" Systeme wie C_3H_2, C_4H_5, H_2Cl, CCl und viele andere, können wir unter Umständen in den Rechnungen kurzzeitig erkennen. Zu all diesen Konstellationen gehören bestimmte Energien des Systems, die sich verschieden auf die Schwingungen der Atomkerne sowie auf bestimmte Rotationen von Molekülteilen und auf das Elektronensystem verteilen können.

Kurz und gut, wir können bei diesen Rechnungen (z.B. am Bildschirm mit entsprechenden Programmen) die Materie bei ihrem Verhalten studieren, aber es ist in der Regel ziemlich mühsam, die einzelnen Situationen experimentell zu beobachten.

Ich habe den Sachverhalt so ausführlich dargestellt, weil es mir vorerst nur darauf ankam, den Leser an diese Situationen heranzuführen, ohne genaue und tiefgreifende Feststellungen zu treffen, denn nun tritt die Frage mit Macht auf: Wie sieht die Gleichung (oder die Gleichungen) aus, die derartige Einsichten in die Materie erlaubt?

Denn das ist nun klar geworden, *mit diesen* mathematischen Beziehungen *(Gleichungen) beschreiben wir die gesamte chemische Materie*, wo sie sich auch befindet und in welchem Zustand sie auch vorliegen mag. Wir erfassen also im Prinzip die *Materie des ganzen Kosmos*, jedenfalls wenn wir die entsprechenden Gleichungen vor uns liegen haben würden, und dieser Kosmos, wie er uns entgegentritt, ist erst einmal Materie, und auch alles Leben darin mit seiner Vielfältigkeit bis hin zur Entwicklung von Bewußtsein basiert auf der chemischen Materie.

Die Gleichung also, die Ψ zu berechnen gestattet, wobei aus Ψ (bzw. ψ) alle meßbaren (und wahrscheinlichen) Eigenschaften der Materie berechnet werden können, hat eine nicht mehr zu übersehende fundamentale Bedeutung für unsere Naturerkenntnis. Sie ist schlechthin der Ausdruck, der hier zur Diskussion stehenden Theorie und stellt somit auch ein weiteres, sehr *grundlegendes Postulat* dieser Theorie dar.

Wir wollen noch einige Gedanken vorausschicken, denn nun kommt es darauf an, ob es mir gelingt, diesen Tatbestand klar und verständlich zu machen! Wir nähern uns somit einem Höhepunkt dieses Buches.

Wenn wir von einer *mathematischen Gleichung* sprechen – und es sind schon in den früheren Kapiteln einige aufgetreten –, so handelt es sich immer um eine mathematische Beziehung mit einem Gleichheitszeichen, also etwa (ganz banal)

$$3 + 9 = 12, \qquad (8\text{-}30)$$

und die Gleichheit – das Gleichheitszeichen = – bleibt natürlich erhalten, wenn auf beiden Seiten der gleiche Betrag dazugezählt oder abgezogen wird.

$$5 + 3 + 9 = 12 + 5 \quad (+5)$$
$$9 = 12 - 3 \quad (-3) \; . \tag{8-30a}$$

Wir könnten aber auch beide Seiten in (8-30) quadrieren

$$(3+9)^2 = 12^2 = 144 \tag{8-30b}$$

oder auch beide Seiten mit der gleichen Zahl c multiplizieren

$$c(3+9) = c\,12 \; . \tag{8-30c}$$

Das gleiche gilt auch für die Division.

Für die Zahlen können wir auch Buchstaben einführen, etwa a, b, c, ..., was bedeuten soll, daß a, b, c ... für *beliebige* Zahlen stehen können. Aber wenn wir eine *Gleichung* verwenden (also die Buchstaben mathematisch verknüpfen) wie etwa in

$$a + b = c \tag{8-31}$$

und a und b vorgegeben sind, so ergibt sich c zwangsweise, wenn die Gleichheit gewährleistet sein soll. (z.B. $a = 107$, $b = 3$, dann muß $c = 110$ sein).

Ist dagegen c vorgegeben, so sind die a und b nicht eindeutig bestimmt. So kann z.B. die obere Glcichung für $c = 10$ mit $a = 1$, $b = 9$, aber auch z.B. mit $a = b = 5$ erfüllt werden. Mit anderen Worten: die Gleichung (8-31) ist für unendlich viele Zahlen a, b und c erfüllt, wobei wir auch komplexe Zahlen einschließen, indem die reellen Anteile und getrennt die imaginären Anteile für sich der Gleichung (8-31) genügen müssen.

Diese Überlegungen genügen vorerst, und wir wollen sie nicht weiter verfolgen, sondern wollen jetzt darauf hinweisen (wir taten es früher schon einmal in (7-11)), daß *jede Gleichung* in der Form

$$\Omega = 0 \tag{8-32}$$

geschrieben werden kann. Für (8-30) ist $\Omega = 3 + 9 - 12$ und aus (8-31) folgt $\Omega = a + b - c$. Gleichung (8-30b) liefert $\Omega = (3 + 9)^2 - 144$.

Man könnte also sagen, daß Ω nichts anderes ist, als die Null in anderer Form geschrieben! Enttäuschend? Dann hätten wir ja auch $0 = 0$ schreiben können oder $\Omega = \Omega$. Ziemlich „dumme" Beziehungen! Aber (8-32) ist doch etwas anderes, denn dort wird nämlich verlangt, daß irgendein Ausdruck Ω *Null sein soll*, also liegt eine Information vor, was man von $0 = 0$ nicht gerade behaupten kann. Also verfolgen wir (8-32) weiter.

Was geschieht, wenn Ω eine Funktion ist, etwa von der Koordinate x? Wir schreiben dann

$$\Omega(x) = 0 \qquad (8\text{-}33)$$

Das ist nicht mehr trivial: Denn offenbar wird in (8-33) nach den x-Werten gefragt, für die (8-33) erfüllt ist. Beispiel: $\Omega = x(x-1)$. Dann ist (8-33) für $x = 0$ und $x = 1$ erfüllt. Andere x-Werte führen nicht zu (8-33)!

Das ist schon ziemlich interessant, denn (8-33) fordert uns auf, zu rechnen, besser gesagt: wir werden durch (8-33) auf ein „Probieren" geführt, nämlich die x-Werte zu suchen – bestenfalls zu berechnen –, für die die Gleichung (8-33) erfüllt ist. Das kann unter Umständen schwierig sein, z.B. für $\Omega = x^5 + 5x^3 + 8$.

Wir wollen aber letztlich keine bestimmten x-Werte suchen oder berechnen, sondern wollen bestimmte Wellenfunktionen Ψ berechnen. Um es gleich zu sagen: In der Form der Darstellung (8-33) ist die Möglichkeit dazu gegeben! Wie also sieht Ω aus, welches zur Berechnung der Wellenfunktion Ψ taugt?

Sie werden fragen, warum gerade (8-33)? Bedenken Sie, daß Ψ in jedem Falle aus einer Gleichung bestimmt werden muß – wie sonst? Und (8-33) ist die allgemeinste Form einer Gleichung!

Man könnte erwidern: Angenommen, wir hätten ein *Rezept*, um Ψ zu berechnen, also eine Vorschrift, wie wir in irgendeiner Form zu verfahren hätten (vielleicht in einigen Schritten), um schließlich Ψ zu erhalten –, ist das noch eine Gleichung? Ja, es ist eine Gleichung, denn würden wir das Rezept $\mathcal{R}$ kennen, welches (als Vorschrift für Handlungsfolgen) schrittweise schließlich Ψ liefern würde, so ist Ψ das Ergebnis dieser Prozedur $\mathcal{R}$. Folglich führen die Vorgänge in $\mathcal{R}$ vollständig durchgeführt zu Ψ, also gilt *formal*

$$\mathcal{R} \to \Psi \quad (\mathcal{R} - \Psi = \Omega = 0) \tag{8-34}$$

Freilich ist hier einiges zu beachten. Von was gehen wir auf der linken Seite in (8-34) aus, um $\mathcal{R}$ anwenden zu können?

Man könnte daran denken, daß als Ausgangspunkt diejenigen Informationen vorliegen, die wir oben schon nannten und die das zu behandelnde System festlegen, also Anzahl der Teilchen, ihre Ladungen usw. Aus dieser Information müßte dann nach Anwendung des Rezeptes $\mathcal{R}$ schließlich Ψ resultieren. Aber da stutzen wir schon! So kann es nicht sein. Denn die Angabe von Teilchenzahl, Ladung usw. ist schließlich keine Vorgabe irgendeiner Funktion, die von allen Teilchenkoordinaten abhängen soll, einschließlich des Spins!

Also dann geben wir irgendeine Funktion $\Phi = \Phi(x_1 ...)$ vor, die von allen Koordinaten abhängt? Aber welche? Nun – könnten wir sagen, das ist doch gleichgültig, denn das Rezept $\mathcal{R}$ weiß ja, daß es auf Ψ zugeht, also soll es $\mathcal{R}$ bewerkstelligen, daß Ψ resultiert. Das heißt aber, daß für jedes Φ (von uns vorgegeben) eine besondere Prozedur $\mathcal{R}$ existieren muß, die von Φ abhängt, also schreiben wir $\mathcal{R}_\Phi$. Es gibt danach so viele $\mathcal{R}$, wie wir Φ „erfinden" können. Nein, so kann es auch nicht sein, denn dann käme neben dieser gesuchten Gleichung zur Berechnung von Ψ noch eine weitere Gleichung hinzu, die Φ so mit $\mathcal{R}$ verknüpft, daß $\mathcal{R}$ zu Ψ führt.

Wieso glauben wir eigentlich, daß eine Theorie so einfach ist, indem wir die Informationen über das System vorgeben zuzüglich irgendeines Φ und dann noch zu einem Rezept zur Bildung von Ψ (...) gelangen, einer Funktion aller Teilchenkoordinaten (einschließlich Spin und der Zeit)? Mit einer solchen Rezeptur würden wir einen immer gangbaren Weg vor uns haben, zu Ψ zu gelangen! Bedenken wir, daß $\mathcal{R}$ auch von t abhängen muß, und woher erhalten wir die Energie?

Unsere bisher diskutierten Ausgangspunkte werden ja unter Berücksichtigung der Raumkoordinaten *sowie der Zeit* betrachtet. Das ist ein interessanter Aspekt, denn nun kann man sich beispielsweise vorstellen, daß wir $\Psi(...t)$ zu einer bestimmten Zeit t vorliegen haben (angenommen) und daß dann durch eine Gleichung zu erfahren ist, wie $\Psi(...t)$ kurz danach, wir nennen den Zeitraum Δt (genannt Delta t) aussieht.

Also aus $\Psi(...t)$ erhalten wir durch diese Gleichung, die wir noch nicht kennen, $\Psi(...t + \Delta t)$.

So etwas ist uns eigentlich bekannt. Wir denken dabei z.B. an einen fliegenden Stein, der auf einer bestimmten, noch unbekannten Kurve (Bahn) durch den Raum fliegt. Kennen wir den Ort im Zeitpunkt t, so wissen wir auch seinen neuen Ort für $t + \Delta t$. Denn wenn wir im Zeitpunkt t den Ort und die Richtungen der drei Geschwindigkeitskomponenten z.B. in x-, y-, z-Richtung kennen, dann können wir auch den neuen Ort und die neue Richtung und die Größe der Geschwindigkeitskomponenten im Zeitpunkt Δt (Δt ausreichend klein) berechnen. Und so geht es fort, die Bewegung des Steines wird auf diese Art aufgebaut, und es entsteht eine Bahn. Ein kausaler Vorgang, weil der Stein eine sehr große Masse hat.

Diese Gedanken führen uns weiter, wie wir gleich sehen werden. Sie haben unmittelbar Bezug zu Ψ!

Der vom Stein zurückgelegte *Weg* ist bekannt, wenn die Geschwindigkeit v zu jedem Zeitpunkt t bekannt ist.

Legt nun der Stein in der Zeit Δt den Weg Δs zurück, so ist der zurückgelegte Weg, geteilt durch die Zeit, die er dazu braucht, gleich der Geschwindigkeit, also gilt

$$\frac{\Delta s}{\Delta t} = v(t), \qquad (8\text{-}35)$$

wobei wir annehmen wollen, daß sich v mit t ändern kann und daß unsere Berechnung bzw. Beobachtung mit $t = 0$ beginnt und schließlich Δt „ausreichend" klein sein soll.

Der Weg s, wie wir ihn hier genannt haben, hat eine Richtung. Es könnte beispielsweise die x-Achse sein, dann sollten wir allerdings für (8-35) schreiben

$$\frac{\Delta x}{\Delta t} = v_x(t) \qquad (8\text{-}35\text{a})$$

und v_x bedeutet dann die Geschwindigkeit in x-Richtung. Das gilt natürlich ebenso gut für die y- und z-Richtung und so können wir allgemeiner schreiben

$$\frac{\Delta y}{\Delta t} = v_y(t) \tag{8-35b}$$

$$\frac{\Delta z}{\Delta t} = v_z(t) \tag{8-35c}$$

und haben somit die Geschwindigkeit dadurch angegeben, in dem wir ihre drei Komponenten in x-, y- und z-Richtung ermittelt haben. Damit ist dann die Richtung von $v(t)$ festgelegt, denn wenn wir die Geschwindigkeit in x-, y- und z-Richtung kennen, so läßt sich daraus die wirklich vorliegende Richtung der Geschwindigkeit bestimmen, indem wir uns vorstellen, daß in allen drei Richtungen x, y und z die Geschwindigkeiten gleichzeitig vorliegen. Es gibt also eine sogenannte *Resultante der Geschwindigkeitskomponenten,* die in der Regel zwischen den drei Richtungen in x, y, z liegt, wenn wir uns nicht ganz bewußt auf eine Richtung beschränken, wie wir das eingangs getan haben. Auf diese Weise ist die Bewegung nicht mehr auf die Gerade beschränkt.

Der Betrag von v, also der Wert der Geschwindigkeit, ergibt sich übrigens aus

$$v = \sqrt{v_x^2 + v_y^2 + v_z^2}, \tag{8-36}$$

und muß natürlich positiv sein, er ist ja sozusagen der „absolute Wert" von v, unabhängig von der jeweiligen Richtung.

Das s in (8-35) steht somit stellvertretend für die jeweilige Richtung x, y oder z. Wüßten wir, wie v_x, v_y und v_z als Funktionen von t aussehen, so könnten wir nach den Gleichungen (8-35a, b und c) den Weg des fliegenden Steines berechnen, denn aus diesen Gleichungen folgt zunächst einfach

$$\begin{aligned}\Delta x &= v_x(t)\,\Delta t \\ \Delta y &= v_y(t)\,\Delta t \\ \Delta z &= v_z(t)\,\Delta t\end{aligned} \quad . \tag{8-37}$$

Würden wir also etwa Δt mit 0,01 Sekunden annehmen, so müssen wir noch v_x, v_y und v_z am Anfang unserer Berechnung ($t = 0$) kennen und die Ortsveränderungen Δx, Δy und Δz nach 0,01 Sekunden wären berechnet. Dabei gehen wir noch davon aus, daß wir auch den Ort kennen, bei dem sich der Stein befand, als wir unsere Berechnungen begannen ($t = 0$).

Dann würde wieder im zweiten Schritt ein Δt vorgegeben werden (was den gleichen Wert haben kann), und da wir die Geschwindigkeitskomponenten eben gerade für $t + 0{,}01$ berechnet haben, erhalten wir neue Δx, Δy und Δz, die sich an die vorhergehenden anschließen, so entsteht eine „Bahn".

Alles basiert also auf der Kenntnis der Zeitabhängigkeit der Geschwindigkeitskomponenten und auf dem Wissen, wo sich der Stein bei $t = 0$ befand.

Ich weiß, was einige Leser jetzt denken werden: Da Δt endlich ist und damit auch Δx, Δy und Δz, werden wir einen immer größeren Fehler hineinbekommen, der zu einer „zackigen" Kurve führt. Diese weicht von der wirklichen immer mehr ab, also von der Kurve, die der Stein unter den auf ihn wirkenden Kräften wirklich zurücklegt, denn die wirkliche Kurve ist stetig, und auch wenn sie gekrümmt wäre. Ganz richtig – aber ärgerlich!

Wie machen wir es besser? Das gleiche Problem würde ja auch für $\Psi(\ldots t)$, $\Psi(\ldots t + \Delta t)$, $\Psi(\ldots t + 2\Delta t)$, ... gelten, wobei wir sogar noch berücksichtigen müssen, daß sich für jedes t in $\Psi(\ldots t)$ eine andere Funktion im Hinblick auf alle Teilchenkoordinaten ergibt.

Wir machen es natürlich immer besser, wenn wir den Zeitschritt Δt immer kleiner wählen. Dann werden auch Δx, Δy und Δz als Schritte der Bewegung im Raum kleiner! Das sieht aber bedenklich aus! Schließlich würden nämlich in (8-37) alle $\Delta t = 0$ werden und damit auch, da $v(t) \cdot 0 = 0$ ist, alle Δx, Δy und Δz gleich Null sein.

Daß $0 = 0$ ist, wissen wir eigentlich schon lange. Das kann nicht das Ende unserer Überlegungen sein. Nein, wir haben uns nämlich eben nicht sehr geschickt angestellt, denn gehen wir zu den Gleichungen (8-35a, b und c) zurück, so sieht die Sache ganz anders aus – und spannender. Denn was wird aus $\Delta x/\Delta t$, $\Delta y/\Delta t$ und $\Delta z/\Delta t$, wenn Δx, Δy, Δz und Δt gegen Null gehen, also immer kleiner werden? Schließlich sollte $0/0$ übrig bleiben, was auch nicht sehr informativ zu sein scheint. Bedenken wir aber folgendes: Durch diesen „Grenzübergang" muß ja $0/0$ mit $v(t)$ in Verbindung gebracht werden, weil ja Δt langsam immer mehr zusammenschrumpft, schließlich zu einem Punkt wird, dessen Lage auf der t-Achse mit einem t'-Wert zusammenfällt, der im Bereich Δt liegt, denn wir können ja davon ausgehen, daß der Übergang so erfolgt, daß t' innerhalb von Δt liegt. Wir gehen also davon aus, daß der Vorgang $\Delta t \to 0$ so verläuft, daß die Stelle seines Endwertes (Null) mit einem Wert t' (innerhalb von Δt) zusammenfällt, was wir wie gesagt immer so einrichten können, denn wir sind ja frei zu bestimmen, wo das Kleinerwerden von Δt geschieht. Da aber auch Δx, Δy und Δz ebenfalls gegen Null gehen, muß nach der Gleichung (8-35) schließlich die jeweilige Geschwindigkeitskomponente im Zeitpunkt t' resultieren.

Das heißt aber, daß 0/0 durchaus einen bestimmten Wert haben kann, der allerdings näher untersucht werden muß.

Ein Beispiel ist der Ausdruck

$$\frac{2 - 3x + x^2}{1 - x}, \tag{8-38}$$

der für $x \to 1$ zu 0/0 führt. Aber am Zähler in (8-38) erkennen wir sofort, daß dieser in der Form $(1 - x)(2 - x) = 2 - 3x + x^2$ geschrieben werden kann. So sehen wir, daß sich $(1 - x)$ gegen den Nenner wegkürzt, so daß wir für (8-38) auch schreiben können

$$\frac{(1-x)(2-x)}{1-x} = 2 - x . \tag{8-38a}$$

Das Ergebnis unserer Rechnungen: Für $x \to 1$ geht der Ausdruck (8-38) in den Wert 1 über.

Nun müssen wir uns leider noch der mathematischen Schreibweise für solche Vorgänge bedienen. Danach schreibt man

$$\lim_{x \to 1} \left(\frac{2 - 3x + x^2}{1 - x} \right) = 1 , \tag{8-39}$$

(man spricht: Limes für x gegen 1) und hat damit alles zum Ausdruck gebracht, besonders die Tatsache, daß x immer näher an den Wert 1 herankommt, um dann schließlich 1 zu werden. Man spricht auch von einem *Grenzübergang* des Quotienten (Bruch) in (8-39) „nach 1" für $x \to 1$.

Dann aber können wir auch die Gleichungen (8-35a, b und c) in der Form schreiben (wir setzen für *t'* wieder *t* ein):

$$\lim_{\Delta t \to 0} \frac{\Delta x}{\Delta t} = v_x(t) \tag{8-40a}$$

$$\lim_{\Delta t \to 0} \frac{\Delta y}{\Delta t} = v_y(t) \tag{8-40b}$$

$$\lim_{\Delta t \to 0} \frac{\Delta z}{\Delta t} = v_z(t) \ . \tag{8-40c}$$

Und nun wieder die entsprechenden mathematischen Ausdrücke dafür: Wir nennen

$$\frac{\Delta x}{\Delta t}, \frac{\Delta y}{\Delta t} \text{ und } \frac{\Delta z}{\Delta t} \tag{8-41}$$

Differenzenquotienten, was eigentlich unmittelbar klar ist, denn es sind ja Quotienten von kleinen Differenzen Δx, Δy, Δz und Δt.

Der Limes davon wird allerdings *Differentialquotient* genannt und er wird geschrieben:

$$\lim_{\Delta t \to 0} \frac{\Delta x}{\Delta t} = \frac{dx}{dt}, \tag{8-42}$$

entsprechendes gilt für *y* und *z*. Also schreibt man dann schließlich

$$\frac{dx}{dt} = v_x(t), \ \frac{dy}{dt} = v_y(t), \ \frac{dz}{dt} = v_z(t) \ . \tag{8-42a}$$

Wir sollten dabei nochmals bedenken, daß die Differentialquotienten wie in (8-42a) im Zeitpunkt *t* (vorher als *t'* bezeichnet) berechnet sind.

Etwas ungewöhnlich erscheinen diese *dx*, *dy* und *dz*, die „unendlich klein" sein sollen ($\Delta x \to 0$, $\Delta y \to 0$, $\Delta z \to 0$). Aber diese mathematische Schreibweise gibt Sinn, denn sie vermeidet den 0/0–Ausdruck, der nicht definiert ist, und läßt Raum für einen Wert.

Nach allem ergibt sich schließlich die *Geschwindigkeit v als Differentialquotient des Weges nach der Zeit*.

Weiter wollen wir nicht gehen, denn dieses Wissen genügt uns für die folgenden Ausführungen. Nur noch der Hinweis, daß *Differentiale* (so werden die Ausdrücke *dx, dy* ... genannt) die Grundelemente der *Differentialrechnung* sind, wobei wir die Bildung eines Differentialquotienten *Differentiation* nennen. Wir differenzieren also den Weg nach der Zeit, um die Geschwindigkeit zu erhalten, wie das obige Beispiel zeigt.

Die Differentialrechnung spielt in den Naturwissenschaften und auch in der mathematisch-technischen Praxis eine fundamentale Rolle. *Ohne Differentialrechnung ist keine wissenschaftliche Forschung denkbar.*

Alle Funktionen können nach entsprechenden Argumenten, die sie enthalten, differenziert werden. So z.B. $F(x)$ nach x und man schreibt dF/dx. Hier wird eine Änderung von F zu Δx in Beziehung gesetzt oder als Differenzenquotient:

$$\frac{\Delta F}{\Delta x} = \frac{F(x + \Delta x) - F(x)}{\Delta x}, \qquad (8\text{-}43)$$

was dann für $\Delta x \to 0$ in den Differentialquotienten dF/dx übergeht.

Hängt die Funktion F von mehreren Koordinaten ab, so gibt es ein gewisses Problem. Es ist einmal zu klären, nach welcher Koordinate der Differenzenquotient von F gebildet werden soll. Zum anderen muß festgelegt werden, ob die anderen Koordinaten bei der Differentiation konstant bleiben sollen oder als variabel aufgefaßt werden. Hier gibt die Mathematik klare Antworten, wie im einzelnen zu verfahren ist.

Wir wollen uns aber auf die Annahme beschränken, daß wir nur auf eine bestimmte Koordinate hin die Differentiation vornehmen und die anderen bei diesem Vorgang konstant bleiben sollen. Nehmen wir einmal an, wir differenzieren $F(x, y, z)$ nur nach der x-Koordinate, und die anderen beiden sollen dabei konstant bleiben (*partielle Differentiation*), so schreiben wir für den entsprechenden Differentialquotienten den Ausdruck $\partial F/\partial x$ (d geht also in diesem Fall in ∂ über).

Nach diesen leider längeren Überlegungen können wir uns nun besser mit der Wellenfunktion Ψ und deren Bestimmungsgleichung beschäftigen!

Zuvor noch abschließend einige weiter vorbereitende Feststellungen: Wenn wir z.B. $ds(t)/dt$ kennen würden, also $v_s(t)$ aus Gleichung (8-35), dann könnten wir den zurückgelegten Weg $s(t)$ als Funktion von t berechnen, also etwas über die zeitabhängige Bewegung des Steins im Raum erfahren, was ja unser Ziel ist, denn es entspricht der Frage nach Ψ, wenn uns die Ableitungen (Differentiation) von $\Psi(t)$ bekannt wären!

Man erkennt das leicht, wenn wir vorerst zur Differenzendarstellung zurückkehren.

$$\Delta s = v_s(t)\Delta t \qquad (8\text{-}44)$$

und nun die einzelnen n Wegstücke Δs (über die wir keine näheren Angaben machen, außer daß sie kleine (auch gekrümmte) Wegstücke darstellen) aufsummieren, damit wir den gesamten Weg $s(t)$ erhalten, also schreiben wir vorerst

$$
\begin{array}{lll}
t = 0 \text{ bis } t = \Delta t & \quad & \Delta s = v(t_1)\Delta t \\
t = \Delta t \text{ bis } t = 2\Delta t & & \Delta s = v(t_2)\Delta t \\
t = 2\Delta t \text{ bis } t = 3\Delta t & & \Delta s = v(t_3)\Delta t \\
\text{usw.} & & \\
t = (n-1)\Delta t \text{ bis } t = n\Delta t & & \Delta s = v(t_n)\Delta t
\end{array}
\qquad (8\text{-}44a)
$$

wobei sich die t_i in $v(t_i)$ immer auf den jeweiligen Zeitabschnitt beziehen (der links angegeben ist), so daß wir von den Zeitpunkten t_i ($i = 1, 2, \ldots n$) sprechen können. Wir wollen noch feststellen, daß die Δt dabei immer konstant angesetzt werden und die oben erwähnten Punkte t_i immer *innerhalb der hinzukommenden* Δt liegen, die wir wie gesagt als sehr klein annehmen wollen.

Genau genommen müßten wir auch die Δs mit einem Index versehen, denn sie hängen von der Wahl der t_i-Punkte (innerhalb der entsprechenden Δt) ab.

Gehen wir so vor, dann erhalten wir die folgende Gleichung:

$$\Delta s_1 + \Delta s_2 + \ldots + \Delta s_n = s(t) = [v(t_1) + v(t_2) + \ldots + v(t_n)]\Delta t \qquad (8\text{-}44b)$$

Darin hat t in $s(t)$ den Wert $n\Delta t = t_n$ oder muß jedenfalls im n-ten kleinen Δt liegen, wie wir der Gleichung (8-44a) entnehmen. Auf diese Weise können, wenn n groß ist, viele Δs_i und $v(t_i)$ zusammenkommen und der Weg kann lang werden!

Der Mathematiker schreibt daher, um das alles elegant zusammenzufassen, ein Summenzeichen Σ und erhält für (8-44b)

$$s(t) = \sum_{i=1}^{n} \Delta s_i = \left(\sum_{i=1}^{n} v(t_i) \right) \Delta t , \qquad (8\text{-}45)$$

was leicht zu verstehen ist, denn $\sum_{i=1}^{n}$ bedeutet, daß in i von 1 bis n summiert werden soll und zwar gerade die Elemente (Ausdrücke), die rechts von Σ stehen, also Δs_i oder $v(t_i)$.

Kennen wir also $v(t)$ als Funktion von t, dann können wir nach dieser Gleichung $s(t)$ ausrechnen, also den zurückgelegten Weg vom Start ($t = 0$) bis $t = t_n = n \Delta t$, wobei t_n von uns vorgegeben werden kann, je nachdem, wie groß wir n wählen.

Freilich wird sich – wir sagten es oben schon – langsam wegen der endlichen Größe von Δt ein Fehler in $s(t)$ einschleichen.

Um diesen zu verkleinern, können wir Δt immer kleiner machen, dann aber muß n immer größer werden, damit noch eine merkliche Bewegungszeit $t_n = n \Delta t$ resultiert!

Jetzt wird es spannend, denn in (8-45) heißt das ja, daß n immer größer wird, $n \to \infty$, während Δt immer kleiner wird ($\Delta t \to 0$).

Jetzt erinnern wir uns der Differentiale ds und dt und schreiben für (8-45) einfach so:

$$\sum_{i=1}^{\infty} ds_i = \sum_{i=1}^{\infty} v(t_i) dt . \qquad (8\text{-}46)$$

Aber diese Gleichung ist nicht ganz „astrein" (wie wollen wir die „unendlich kleinen" ds_i in i unterscheiden), denn die $v(t_i)$ liegen ja wegen dt „unendlich" dicht beieinander. Das müssen wir irgendwie zum Ausdruck bringen. Der Mathematiker hat die Lösung und schreibt:

$$s(t) = \int_{0}^{s} ds = \int_{0}^{t} v(t) dt , \qquad (8\text{-}47)$$

was wir nun recht gut verstehen können, denn die Summe besteht ja aus unendlich vielen ds und $v(t)\,dt$, die selbst „unendlich klein" sind (wegen der Differentiale). Daher schreibt man für Σ das Symbol $\int$ mit den entsprechenden Grenzangaben. $\int$ nennt man ein *Integral*: Wir haben $v(t)\,dt$ von $t = 0$ bis t (früher $n\,\Delta t$) *integriert*, entsprechendes gilt für ds.

Fassen wir zusammen: Aus

$$\frac{ds(t)}{dt} = v(t) \tag{8-48a}$$

ergibt sich die Wegstrecke $s(t)$ von $t = 0$ bis t (maximal) nach dem Integral

$$s(t) = \int_0^t v(t)\,dt, \tag{8-48b}$$

wobei die Sache nun sehr praktisch werden kann, wenn $v(t)$ bekannt ist, also z.B. die Geschwindigkeit v des Steines als Funktion der Zeit t, und wir festlegen, zu welchem Zeitpunkt wir die Berechnungen der Bahn beginnen wollen (etwa bei $t = 0$ bis zum maximalen t).

Wie Sie mit Recht vermuten, haben wir mit dem Integral das Tor zur *Integralrechnung* aufgestoßen. Aber das kann nicht der Sinn dieses Buches sein, im einzelnen zu zeigen, wie integriert wird. Glauben Sie mir, praktisch für jede Funktion $f(t)$ kann $F(t)$ nach

$$F(t) = \int_0^t f(t)\,dt \tag{8-49}$$

berechnet werden. Eine kleine Inkonsequenz wollen wir noch beseitigen, denn die „obere" *Integralgrenze* nennt sich t wie die *Integrationsvariable* t im Integral selbst, was nicht sein kann. Also schreiben wir richtig (das gilt auch für Gleichung (8-47) und (8-48b))

$$F(t') = \int_0^{t'} f(t)\,dt \qquad (t \leq t'). \tag{8-50}$$

Hier gilt wieder – Sie werden es längst wissen –

$$\frac{dF(t)}{dt} = f(t) \ . \tag{8-51}$$

Es gibt umfangreiche Differenzierungs- und Integralregeln, die man in jedem Buch über Differential- und Integralrechnung findet.
Nur einige Beispiele:

$$\frac{dx^n}{dx} = nx^{n-1}$$
$$\frac{d(A\sin(\omega t))}{dt} = \omega A \cos(\omega t)$$
$$\frac{d(B\cos(\omega t))}{dt} = -\omega B \sin(\omega t) \tag{8-52}$$
$$\frac{d\left(\frac{1}{x^n}\right)}{dx} = -\frac{n}{x^{n+1}} \ ,$$

wobei die letzte Beziehung aus der ersten hervorgeht, wenn n in $-n$ übergeht. –

Würden wir also z.B. $\partial\Psi / \partial t$ kennen als Funktion von t und allen Teilchenkoordinaten einschließlich des Spins, so würden wir tatsächlich Ψ berechnen können! Das war der Satz, auf den wir schon so lange gewartet haben, aber er wurde erst verständlich durch die langen Betrachtungen davor.

Jetzt können wir einen Schritt weitergehen und erinnern uns an Gleichung (8-32) (jetzt müssen Sie etwas ahnen). Dort war Ω als ein Rezept eingeführt worden, und wir sagten damals, daß die gesuchte Gleichung zur Berechnung von $\Psi(x, t)$ die Form (8-32) haben muß, wobei x jetzt als Zusammenfassung für alle Koordinaten der beteiligten Teilchen steht.

Also schreiben wir mutig weiter und erhalten schließlich als Konsequenz der bisherigen Überlegungen:

$$K(x,t) - a\frac{\partial \Psi(x,t)}{\partial t} = 0 \ , \tag{8-53}$$

wobei wir a als Konstante noch offenhalten wollen. K ist also hier eine Funktion aller Teilchenkoordinaten und der Zeit, was erwartet werden muß, wenn wir Ψ als Lösung von (8-53) ansehen, das heißt also, wenn wir ein Ψ finden wollen, das in (8-53) hineingeschrieben, die Gleichung erfüllt (bestätigt). K drückt somit aus, wie $\dfrac{\partial \Psi}{\partial t}$ von x und t abhängt.

Wie aber sieht $K(x, t)$ aus? Würden wir das noch schaffen, so hätten wir offenbar das Problem gelöst und die Gleichung gefunden, aus der wir die Wellenfunktion Ψ (auch im nicht stationären Fall) berechnen können. Und dann hätten wir alle Informationen über Strukturen und Verhaltensweisen der chemischen Materie in der Hand!

In K – das ist klar – müssen die besagten Informationen über Teilchenzahl, Ladung usw. stehen, also Informationen, die angeben, um welches System es sich handelt, welches wir betrachten und berechnen wollen. K muß aber auch von der Zeit abhängen, sonst gibt (8-53) keinen Sinn, wie wir oben schon feststellten.

Es kann nicht die Aufgabe dieses Buches sein, den Leser in die formalen Tiefen der Wellenmechanik einzuführen, denn dies will auch kein Lehrbuch der Wellenmechanik sein, vielmehr will ich hier versuchen, die grundlegenden Überlegungen und Strukturen dieser Theorie für eine ausreichende Basis aufzuzeigen, um eine sinnvolle Diskussion über die chemische Materie durchführen zu können, wie ich das am Anfang darlegte –, insbesondere die Konsequenzen diskutieren zu können, die sich aus der Wellenmechanik ergeben.

Mit dieser Absicht sehen wir uns noch einmal Gleichung (8-53) an. Wenn $K(x, t)$ bekannt wäre, so ist das beinahe so, als wäre auch schon das gesuchte Ψ bekannt, denn nach (8-50) wäre Ψ „leicht" zu bestimmen, wenn $f(t')$ gleich $K(x, t')$ wäre. $F(t)$ entspricht dann dem $\Psi(x, t)$, denn über x wird ja nicht integriert (siehe (8-51)). Mit anderen Worten: Ist die mathematische Form von $K(x, t)$ bekannt, so kennen wir auch Ψ.

Da dem nicht so sein kann, muß $K(x, t)$ in einer besonderen Form vorliegen, die von Ψ zwar etwas „weiß", aber sich nicht so einfach als die zeitliche Ableitung von Ψ ergibt!

Da fällt mir ein altes Kinderspiel ein: Jemand bittet einen anderen, sich eine positive ganze Zahl zu merken. Dann möchte der andere diese Zahl mit 3 malnehmen, dann 6 dazuzählen, das Ergebnis wieder mit 2 multiplizieren und schließlich, nachdem er die gedachte Zahl davon abgezogen hat und noch 3 dazugezählt hat, das Ganze durch 5 teilen. Nun – das Ergebnis? Ich sage Ihnen, daß Sie eine Zahl erhalten werden, die um 3 größer ist als Ihre gedachte Zahl. Was ich Ihnen allerdings natürlich nicht sagen würde, um den Spaß nicht zu verderben. Erhalten Sie z.B. eine 8, so sage ich dann spontan ganz stolz, daß Sie sich am Anfang die Zahl 5 gedacht hatten.

Wahrscheinlich durchschauen Sie längst den Trick. Die Vorschrift (Rezept) lautet, wenn x gedacht ist:

$$\frac{2(3x+6) - x + 3}{5} = x + 3 \tag{8-54}$$

Das gilt übrigens für alle möglichen Zahlen x, aber mit ganzen Zahlen rechnet es sich leichter im Kopf.

Könnte die Natur nicht ein ähnliches Spiel mit uns treiben? Nur noch ein wenig raffinierter und weniger durchschaubar?

Nehmen wir es einmal an und denken uns für $x + 3$ auf der rechten Seite (das Ergebnis) den Ausdruck $a\,(\partial\Psi / \partial t)$ von (8-53) hingeschrieben. So ist die linke Seite so etwas wie ein Rezept, was mit Ψ (sozusagen x) zu geschehen hat, damit rechts $a\,(\partial\Psi / \partial t)$ resultiert.

Wir können vorerst einmal $K(\Psi)$ schreiben, wobei in K allerdings auch noch die Grundinformationen über das zu behandelnde System enthalten sein müssen, wie wir schon einmal feststellten.

Wir erinnern nebenbei wieder daran, daß nach (8-33) allgemein

$$\Omega(\Psi) = K(\Psi) - a\frac{\partial\Psi}{\partial t} = 0 \tag{8-55}$$

geschrieben werden muß, und K hat etwas mit dem genannten Rezept $\mathcal{R}$ zu tun.

Das heißt: Für jedes System, welches wir behandeln wollen, muß eine bestimmte Prozedur mit $\Psi\,(x, t)$ angestellt werden, so daß sich schließlich $a\,(\partial\Psi / \partial t)$ ergibt!

Oder wieder mit anderen Worten: $\Psi\,(x, t)$ – Lösung von (8-55) – muß die Anwendung von K so „überstehen", daß es als seine zeitliche Differentiation, multipliziert mit der Konstanten a, „herauskommt".

Damit hätten wir eine Gleichung für Ψ, besser: *eine Gleichung zur Berechnung von* Ψ, sofern wir wissen, was mit Ψ nach dem Rezept $\mathcal{R}$ zu machen ist; welcher Prozedur $\Psi(x, t)$ unterzogen werden muß.

Das führt uns auf einen Begriff, der in der Wellenmechanik eine fundamentale Rolle spielt: der Begriff des *Operators*! Was ist das nun schon wieder?

Etwas ganz Einfaches. Wir verbinden den Begriff des Operators mit einem Symbol – etwa $\underline{O}$ – und sagen: Dieses Symbol steht für eine „Rechenvorschrift", was mit der rechts von $\underline{O}$ stehenden Funktion (z.B. $f(x, t)$ oder $\Psi(x, t)$) geschehen soll!

Nun, was kann man mit einer Funktion so anstellen? In der Wellenmechanik sind die Möglichkeiten, die auftreten, ziemlich begrenzt. Entweder man multipliziert die gesuchte Funktion $f(x)$ mit einer anderen bekannten Funktion $g(x)$ oder differenziert $f(x)$ nach x, wobei jetzt für x auch wieder die einzelnen Koordinaten stehen können. Es gibt also die Möglichkeiten

$$\underline{O}f = \begin{cases} g(x)f(x) = \\ \dfrac{\partial f}{\partial x} = \\ \dfrac{\partial^2 f}{\partial x^2} = \end{cases} \qquad (8\text{-}56)$$

Wir haben dabei wieder das Zeichen ∂ für die Differentation (partielle Differentiation) verwendet, weil wir uns wie gesagt anstelle von x eine Reihe von Koordinaten vorstellen wollen. Der letzte Ausdruck von (8-56) ist neu, bedeutet aber, daß die Funktion partiell zweimal nach der speziellen Koordinate differenziert werden muß. Man kann auch sagen, daß die obige Prozedur $\partial f / \partial x$ zweimal durchgeführt werden muß

Genauer: Wir setzen für x die einzelnen Koordinaten $x_1, \ldots$, wie wir das oben schon taten, und haben dann für (8-56) ausführlicher zu schreiben, wobei wir auch zeitunabhängige Funktionen berücksichtigen:

$$\underline{O}\begin{cases}f(x_1...,t)\\f(x_1...)\end{cases} = \begin{cases}g(x_1...)\begin{cases}f(x_1...,t)=\\f(x_1...)=\end{cases}\\ \dfrac{\partial f}{\partial x_i} =\\ \dfrac{\partial^2 f}{\partial x_i^2} =\end{cases} \qquad (8\text{-}57)$$

Es handelt sich also hier in $\underline{O}$ um einen *Differentialoperator* oder um eine einfache *Multiplikation*!

Warum nur diese beiden Typen von Operationen in der Wellenmechanik auftreten, werden wir näher im nächsten Kapitel behandeln, wo manches, von einer anderen Seite aus betrachtet, klarer werden wird.

Soweit haben wir die Sache also vorantreiben können: Der Operator $\underline{O}$, wie wir ihn für unsere Gleichung denken können, ist aus Elementen nach (8-57) aufgebaut und muß gleichzeitig die Informationen über das zu behandelnde System enthalten. Wir gehen also jetzt davon aus, daß K in (8-55) ein Operator ist! Die oben erwähnte „Prozedur" ist nun klarer zu erkennen: Es ist die Rechenvorschrift im Operator $\underline{O}$, den wir ab sofort, wenn es sich um diejenige Gleichung handelt, aus der wir Ψ berechnen können, mit H bezeichnen wollen. Aus historischen Gründen nennt man ihn den *Hamilton-Operator*. Und noch etwas: Da wir aus

$$H\Psi - a\frac{\partial \Psi}{\partial t} = 0 \qquad (\text{d.h. } K(\Psi) = H\Psi) \qquad (8\text{-}58)$$

die Wellenfunktion berechnen können, nennt man (8-58) die *zeitabhängige Wellengleichung*. Nun zu H!

Ich hätte Ihnen gern genauer erklärt, warum H eine ganz bestimmte Form hat, aber der Aufwand dafür würde das Buch sprengen, so muß leider ein „Sprung" erfolgen. Ich habe mich aber bemüht, ihn möglichst klein zu halten.

Zuerst definieren wir einen bestimmten Operator, den wir

$$-(\hbar^2/2m)\,\Delta \qquad (m = \text{Elektronenmasse})$$

nennen, genauer $-(\hbar^2/2m)\,\Delta_i$, wenn

$$-\frac{\hbar^2}{2m}\Delta_i = -\frac{\hbar^2}{2m}\left(\frac{\partial^2}{\partial x_i^2} + \frac{\partial^2}{\partial y_i^2} + \frac{\partial^2}{\partial z_i^2}\right) \quad (i = 1\ldots n) \qquad (8\text{-}59)$$

gilt. (Wir haben jetzt wieder die Koordinaten nach den kartesischen Koordinaten x, y, z der Elektronen aufgeteilt.) $\Delta_i \Psi$ bedeutet also, daß Ψ zweimal partiell nach x_i, y_i und z_i differenziert wird und dann die drei Resultate addiert werden. Es gibt also so viele Δ_i–Operatoren, wie es Elektronen gibt ($i = 1 \ldots n$), die wir auch sogleich addieren wollen und zwar derartig, daß in der ersten Summe über alle Δ_i–Operatoren für die n Elektronen und dann über die entsprechenden Operatoren Δ_λ der N Atomkerne mit den Massen M_λ summiert wird ($\lambda = n + 1, \ldots n + N$). λ zählt also jetzt die Atomkerne durch. Man schaue in Bezug auf die Koordinaten nochmals auf die Gleichungen (8-1) und (8-2) und erinnere sich dabei, daß wir früher die Elektronenkoordinaten mit kleinen x, y und z bezeichnet hatten, während mit großen Buchstaben X, Y, Z die Koordinaten der Kerne gemeint waren.

$$-\frac{\hbar^2}{2m}\sum_{i=1}^{n}\Delta_i - \frac{\hbar^2}{2}\sum_{\lambda=n+1}^{n+N}\frac{1}{M_\lambda}\Delta_\lambda, \text{ mit } \Delta_\lambda = \frac{\partial^2}{\partial X_\lambda^2} + \frac{\partial^2}{\partial Y_\lambda^2} + \frac{\partial^2}{\partial Z_\lambda^2} \quad (8\text{-}60)$$

Nun komme ich auf Gleichung (5-12) zurück. Da war von einem Energie(Potential)-Feld die Rede, das von einer Ladung Q (im Koordinatenursprung befindlich) erzeugt wird und auf eine andere Ladung q wirkt, die von Q den Abstand

$$r = \sqrt{x^2 + y^2 + z^2} \qquad (8\text{-}61)$$

hat. Das heißt, die Koordinaten von q im kartesischen Koordinatensystem sind x, y und z. Die Koordinaten für Q lauten, wie gesagt, $x = y = z = 0$.

Das läßt sich verallgemeinern. Legen wir Q in den Punkt $x = x_Q$, $y = y_Q$, $z = z_Q$ und die Ladung q in $x = x_q$, $y = y_q$, $z = z_q$, wobei die Koordinaten irgendwelche Werte haben, die wir frei festlegen können. War r (Gleichung (8-61)) der Abstand zwischen Q mit (0, 0, 0) und q im Punkt (x, y, z), dann ist einzusehen, daß nun der andere Abstand r – jetzt als r_{qQ} bezeichnet – sich zu

$$r_{qQ} = \sqrt{(x_q - x_Q)^2 + (y_q - y_Q)^2 + (z_q - z_Q)^2} \qquad (8\text{-}62)$$

ergibt. Denn betrachten wir einmal die *x*-Koordinaten (für *y* und *z* gilt Entsprechendes), so ist ($x_q - x_Q$) offenbar der Abstand der beiden Ladungen in der *x*-Richtung und entspricht dem *x* in Gleichung (8-61), weil dort die Ladung *Q* im Koordinatenursprung gelegen hatte und *x* selbst den Ort der Ladung *q* angibt.

In den Koordinaten für Elektronen und Kerne hatten wir in Gleichung (8-60) eine Verabredung getroffen. Wir bezeichneten die Elektronenkoordinaten nach wie vor mit kleinen Buchstaben, also mit x_i, y_i und z_i (*i* = 1, 2 ... *n*), haben aber die Koordinaten der Atomkerne nicht nur mit großen kartesischen Koordinaten, sondern darüber hinaus diese Koordinaten mit einem griechischen Buchstaben λ erfaßt. Der Index λ „läuft" dann von *n* + 1 bis *n* + *N*, schließt also alle *N* Atomkerne ein. Es wird sich bald herausstellen, daß eine derartige Unterscheidung sehr günstig ist und die Formeln viel leichter zu lesen gestattet (*M* = *n* + *N*).

Für unsere Elektronen mit der Ladung *e* und die Atomkerne mit den Ladungen $Z_\lambda e$ (Z_λ = Kernladungszahl) können wir nun das gesamte Energie(Potential)-Feld aufschreiben, denn es besteht aus drei Anteilen:
1. den Wechselwirkungen zwischen den Elektronen (W_{ee}),
2. den Wechselwirkungen zwischen den Atomkernen und Elektronen (W_{eK}) und
3. den Wechselwirkungen zwischen den Atomkernen untereinander W_{KK}.

Wir können diese Anteile nach dem bisher Gesagten leicht mathematisch aufschreiben:

$$W_{ee} = \sum_{i=1}^{n} \sum_{j=1}^{n} \frac{e \cdot e}{r_{ij}} \qquad (8\text{-}63a)$$

$$W_{eK} = \sum_{i=1}^{n} \sum_{\lambda=n+1}^{n+N} \frac{(Z_\lambda e) \cdot e}{r_{\lambda i}} \qquad (8\text{-}63b)$$

und

$$W_{KK} = \sum_{\lambda=1}^{N} \sum_{\mu=1}^{N} \frac{(Z_\lambda e)(Z_\mu e) \cdot e}{R_{\lambda\mu}}. \tag{8-63c}$$

Aber das muß doch noch etwas näher erläutert werden. Denken Sie sich in Gleichung (5-12) $Q = e$ und $q = e$ gesetzt, denn wir wollen ja das Feld zwischen den Elektronen bestimmen, so ist der Nenner von (8-63a) der Abstand zwischen den Elektronen, die wir mit i (bzw. j) durchzählen – n an der Zahl. Die „Doppelsumme" in (8-63a) wird diesem Vorgang gerecht, aber Vorsicht: In der Aufsummierung der Wechselwirkungen (Potentialfeld) zwischen jeweils zwei Elektronen (Elektronenpaare) darf *nicht* $i = j$ vorkommen, weil beide Elektronen nicht den gleichen Ort einnehmen können. Auch müssen wir darauf achten, daß in der Doppelsumme die „Paar-Wechselwirkung" ($i \neq j$) nicht doppelt gezählt wird, also in der Reihenfolge i, j, aber dann nicht noch einmal j, i, da es sich um das gleiche Elektronenpaar handelt. Das läßt sich durch folgende Aufsummierung an Stelle von (8-63a)

$$W_{ee} = \sum_{i=1}^{n-1} \sum_{j=i+1}^{n} \frac{e^2}{r_{ij}} \text{ mit } r_{ij} = \sqrt{\left(x_i - x_j\right)^2 + \left(y_i - y_j\right)^2 + \left(z_i - z_j\right)^2} \tag{8-63d}$$

erreichen (siehe (8-62)).

Man erkennt das leicht, wenn man ein i konstant hält und in der zweiten Summe j von $i + 1$ bis n „laufen" (summieren) läßt. Dann nehmen wir ein neues i (zwischen 1 und $n - 1$) und summiert wieder in j auf, wie oben angegeben. Daraufhin erkennt man, daß die Summationsvorschrift (die Doppelsumme) gerade $i = j$ und die Vertauschung von i und j (für $i \neq j$) ausschließt.

Spüren Sie jetzt, was für eine gute Idee das Summenzeichen gewesen ist? Klar und einfach kann man aufschreiben, wie man sich die Aufsummierung von Fall zu Fall vorstellt.

Schreiben wir doch einmal die Abstände auf. So wie sie sich der Reihe nach aus der Summierung ergeben, erhält man

$$r_{12}, r_{13}, r_{14} \ldots r_{1n}, r_{23}, r_{24} \ldots r_{2n}, r_{34} \ldots r_{n-1,n}. \tag{8-64}$$

Das sind $n(n-1)/2$-Abstände. Prüfen Sie es nach! Die Menge der Elektronenabstände steigt also quadratisch mit n an, und sogar auch für $n = 1$ (ein Teilchen) stimmt die Formel.

Für zwei Elektronen (z.B. das Heliumatom) ist $n = 2$, also gibt es einen Abstand, was Sie freilich auch ohne Formel eingesehen hätten! Beim Kohlenstoffatom ($n = 6$) existieren 15 Abstände zwischen den Elektronen und somit 15 Terme (in der Summe (8-63d)) der Elektron-Elektron-Wechselwirkung W_{ee}.

Diese Überlegungen gelten auch für W_{KK}. Hier ergibt sich die gleiche Struktur der Formel an Stelle von (8-63c)

$$W_{KK} = \sum_{\lambda=1}^{N-1} \sum_{\mu=\lambda+1}^{N} \frac{(Z_\lambda e)(Z_\mu e)}{R_{\lambda\mu}}, \tag{8-65}$$

wobei λ und μ die beiden Summierungszahlen (Summierungsindizes) sind (wie i und j bei den Elektronen). $R_{\lambda\mu}$ ist der Abstand

$$R_{\lambda\mu} = \sqrt{(X_\lambda - X_\mu)^2 + (Y_\lambda - Y_\mu)^2 + (Z_\lambda - Z_\mu)^2} \tag{8-65a}$$

zwischen den Atomkernen λ und μ (man beachte wieder (8-62)).

Z_λ und Z_μ – das sollte schon bekannt sein – sind die schon früher erwähnten Atomladungszahlen (z.B. für Stickstoff (N) $Z = 7$, Titan (Ti) $Z = 22$). Man beachte dabei das Periodensystem!

Und schließlich fehlt noch W_{eK} – die Elektron-Kern-Wechselwirkung. Hier ist die Summierung einfach. Es gibt n Elektronen, die mit N Atomen wechselwirken, also gibt es $n \cdot N$ Terme (Glieder) in W_{eK}. Man denke dabei an $Q = Z_\lambda e$ und $q = e$ und schließlich $r_{\lambda i}$, der Abstand zwischen dem i-ten Elektron und dem λ-ten Kern

$$r_{\lambda i} = \sqrt{(X_\lambda - x_i)^2 + (Y_\lambda - y_i)^2 + (Z_\lambda - z_i)^2}. \tag{8-66}$$

Indem wir für die Elektronen die Indizes i und j und für die Kerne λ und μ eingeführt haben, sind wir im Einklang mit Gleichung (8-60).

Also schreiben wir noch einmal zusammenfassend mit der neuen Absprache:

$$T = T_e + T_K \tag{8-67}$$

mit (schon bekanntem)

$$T_e = -\frac{\hbar^2}{2m} \sum_{i=1}^{n} \Delta_i \quad \text{und} \tag{8-67a}$$

$$T_K = -\frac{\hbar^2}{2} \sum_{\lambda=n+1}^{n+N} \frac{1}{M_\lambda} \Delta_\lambda, \tag{8-67b}$$

wobei noch einmal genauer angegeben werden soll:

$$\Delta_i = \frac{\partial^2}{\partial x_i^2} + \frac{\partial^2}{\partial y_i^2} + \frac{\partial^2}{\partial z_i^2} \quad (i = 1...n) \tag{8-68a}$$

$$\Delta_\lambda = \frac{\partial^2}{\partial X_\lambda^2} + \frac{\partial^2}{\partial Y_\lambda^2} + \frac{\partial^2}{\partial Z_\lambda^2} \quad (\lambda = n+1...n+N). \tag{8-68b}$$

Bei den ganzen Formeln, die bisher aufgeschrieben wurden, haben Sie sicher H aus den Augen verloren. Aber nun kommt der entscheidende Schritt. Wir setzen den Hamilton-Operator H in der Form an

$$H = T_e + T_K + W_{ee} + W_{eK} + W_{KK} \tag{8-69}$$

und damit wäre die Wellengleichung „gefunden"! Die Wellenfunktion Ψ könnte dann aus (8-58) berechnet werden, nachdem H bekannt ist, wobei wir noch nachtragen wollen, daß sich a zu $\frac{h}{2\pi i} = \frac{\hbar}{i}$ ergibt. h ist die bekannte Plancksche Konstante und i die ebenfalls erwähnte imaginäre Einheit.

Das mag für manche Leser ein wenig verwirrend sein. Darum will ich die vorliegende Situation noch näher erläutern und plausibel machen.

Zunächst empfehle ich, den Ansatz (8-69) für H als ein *Postulat* zu sehen, so wie wir oben diesen Begriff schon eingeführt hatten. Das heißt: Wählen wir H nach (8-69), so stehen wir *mit der Erfahrung im Einklang*, das bedeutet, daß alle Resultate, die sich aus der Berechnung von Ψ (besser $\Psi^*\Psi$) aus (8-69) ergeben, mit der Praxis – mit den gemachten Erfahrungen – im Einklang stehen, und wir wissen heute, daß dies *ausnahmslos gilt, wenn es sich um die chemische Materie* (Elektronen und Atomkerne) *handelt*.

Mit

$$H\Psi = \frac{\hbar}{i}\frac{\partial \psi}{\partial t} \qquad (8\text{-}70)$$

oder mit

$$\Omega = H\Psi - \frac{\hbar}{i}\frac{\partial \Psi}{\partial t} = 0 \qquad (8\text{-}70a)$$

läßt sich jeder Vorgang in der chemischen Materie erfassen und beschreiben und dies im vollem Einklang mit allen Erfahrungen.

Aber das sei zugleich auch gesagt: Ψ aus den oberen Gleichungen zu erhalten, um dann damit die Ergebnisse zu berechnen, die wir brauchen und um schließlich alle Aussagen über das Verhalten der Materie machen zu können, ist nicht einfach!

Bedenken wir doch, daß in (8-70) eine Funktion Ψ gesucht wird, die von allen Raumkoordinaten der beteiligten Atomkerne und Elektronen und der Zeit abhängt und so beschaffen sein muß, daß sie *die Prozedur des Operators* H *so übersteht, daß schließlich ihre zeitliche Ableitung resultiert!*

Bis jetzt haben wir noch nicht stationäre Zustände betrachtet. Das heißt für den Augenblick, daß wir bei der Behandlung der obigen Gleichung ein Ψ (x, t) für den zeitlichen Anfang vorgeben müssen, also für $t = 0$, d.h. Ψ (x, 0). Hier sind wir in unserer Wahl noch ziemlich frei, denn Ψ^* (x, 0) $\Psi(x, 0)$ stellt die Wahrscheinlichkeitsverteilung der Atomkerne und Elektronen für $t = 0$ dar. Wenn dann sozusagen „die Zeit beginnt", erhalten wir *aus der zeitabhängigen Wellengleichung den zeitlichen Verlauf der Wahrscheinlichkeitsbewegungen der Teilchen* und gewinnen so unsere Aussagen über das Verhalten des Systems: etwa Aussagen über chemische Reaktionen, über Wechselwirkungen der Atome untereinander (Streuung) oder auch im einzelnen über das Entstehen und Vergehen von Systemen aus Atomen und Molekülen und schließlich über das optische Verhalten der Systeme (Spektrum). Bei letzterem allerdings müssen wir in *H* diese Strahlung berücksichtigen und entsprechende Terme dort noch hineinschreiben, so daß man am Operator *H* erkennt, welcher Strahlung (elektromagnetisches Feld) das System ausgesetzt ist. Aber darauf wollen wir nicht näher eingehen.

Wir wollen vielmehr darauf hinweisen, daß man den Gleichungen (8-63b,c) und (8-65) entnehmen kann, daß nur dort die Informationen eingehen, um welches System aus Atomen es sich handelt und was berechnet werden soll, denn man erkennt leicht, daß in diesen Gleichungen die Größen Z_λ, *n* und *N* auftreten. Dagegen sind die Gleichungen (8-67) und (8-68a,b) frei von Z_λ.

Interessant wird es nun, wenn wir zu *stationären Zuständen* übergehen, die durch eine Wellenfunktion Ψ nach Gleichung (8-28) erfaßt werden, wobei jetzt E die *Gesamtenergie des Systems* darstellen soll, die mit ω nach der Beziehung $\omega = \dfrac{E}{\hbar}$ zusammenhängt, was wir leider ohne Beweis angeben müssen:

$$\Psi(x,t) = \psi\{\cos(\omega t) + i\sin(\omega t)\} \tag{8-28}$$

Gehen wir also davon aus, daß wir nur stationäre Zustände behandeln wollen, so müssen wir (8-28) in die zeitabhängige Wellengleichung (8-70) einsetzen. Wir erhalten also erst einmal

$$H\psi\left\{\cos(\frac{E}{\hbar}t) + i\sin(\frac{E}{\hbar}t)\right\} = \frac{\hbar}{i}\psi\frac{\partial}{\partial t}\left\{\cos(\frac{E}{\hbar}t) + i\sin(\frac{E}{\hbar}t)\right\} \tag{8-71}$$

weil ψ (Wellenamplitudenfunktion) nicht mehr von der Zeit abhängt, wie wir damals feststellten. Die rechte Seite von (8-71) können wir nach (8-52) ausrechnen und erhalten

$$\frac{\hbar}{i}\psi\frac{\partial}{\partial t}\left\{\cos(\frac{E}{\hbar}t) + i\sin(\frac{E}{\hbar}t)\right\} = \frac{E}{i}\psi\left\{-\sin(\frac{E}{\hbar}t) + i\cos(\frac{E}{\hbar}t)\right\}. \tag{8-72}$$

Beachten wir in (8-72), daß *i* ins Quadrat erhoben gleich −1 ist und sich *i* beim cosinus wegkürzen läßt, wobei $\dfrac{1}{i} = \dfrac{i}{i^2} = -i$, so erhalten wir

$$\frac{\hbar}{i}\psi\frac{\partial}{\partial t}\left\{\cos(\frac{E}{\hbar}t)+i\sin(\frac{E}{\hbar}t)\right\}=\psi E\left\{\cos(\frac{E}{\hbar}t)+i\sin(\frac{E}{\hbar}t)\right\}, \quad (8\text{-}72a)$$

so daß auf beiden Seiten der Gleichung (8-71) der gleiche Ausdruck in der geschweiften Klammer steht und sich dort kürzen läßt, weil H und ψ nicht von der Zeit t abhängen. Wir erhalten schließlich

$$H\psi = E\psi . \quad (8\text{-}73)$$

Es handelt sich hier offenbar um eine *zeitunabhängige Wellengleichung* für die zeitunabhängige Amplitudenwellenfunktion ψ. H hat sich nicht verändert, gilt somit für Elektronen *und* Kerne und E und bedeutet danach die einzelnen *Energiezustände des vorliegenden stationären Systems*, die wir mit E_k (k = 0, 1, ...) durchzählen wollen. Es ist konsequent, auch die dazugehörigen Amplitudenfunktion ψ durch ψ_k zu kennzeichnen. Zu jedem E_k gehört eine ganz bestimmte Wellenamplitudenfunktion ψ_k und die Wellenfunktion Ψ ergibt sich dann daraus zu

$$\Psi_k(x,t) = \psi_k(x)\left\{\cos(\frac{E_k}{\hbar}t)+i\sin(\frac{E_k}{\hbar}t)\right\}, \quad (8\text{-}74)$$

als eine *stehende, komplexe* Welle. Wir verweisen dabei auf unsere Ausführungen am Anfang dieses Kapitels.

Unter einer *stehenden Welle* verstehen wir einen Wellenvorgang, der sich *nicht* im Raum fortbewegt und deren „Knoten" daher immer an gleichen Orten im Raum bleiben. Unter *Knoten* verstehen wir diejenigen Punkte im Raum, in denen die Amplitude (ψ) immer (also zeitunabhängig) Null bleibt. Es sind also diejenigen Stellen, in denen ein Wellenberg in ein Wellental übergeht, wobei also „Täler" und „Berge" im Raum feststehen und somit natürlich auch zeitunabhängig sind.

Die Indizes in den Ausdrücken der Gleichung (8-74) bezeichnen die diskreten *Zustände*, die das System *nur* annehmen kann – wie wir oben schon feststellten – und mit E_k und ψ_k werden diese quantisierten Zustände erfaßt, es liegen also Energie- und Wahrscheinlichkeitsaussagen vor!

Man bezeichnet (8-70) und (8-73) als *zeitabhängige und zeitunabhängige Schrödinger-Gleichung*, weil *E. Schrödinger* (ein österreichischer Physiker) diese Gleichungen als erster Mitte der 20er Jahre unseres Jahrhunderts aufgestellt hat. Eine entscheidende Leistung! Die Geschichte dieser Gleichung (besonders (8-73)) ist ein besonderes Kapitel menschlicher Erkenntnisarbeit.

Mit diesen Gleichungen *zusammen* mit einigen weiteren Forderungen[1] an Ψ bzw. ψ ist die *Theorie der chemischen Materie* vollständig formuliert, denn *alle* Informationen sind daraus zu erhalten: die *stationären diskreten* Energiezustände beliebiger Systeme und die diesbezüglichen Wahrscheinlichkeitsverteilungen der beteiligten Teilchen.

Sollen zeitabhängige Vorgänge behandelt werden, so wird man auf die zeitabhängige Schrödinger-Gleichung zurückgreifen, die dann alle *Bewegungen der Wahrscheinlichkeitsverteilungen* von Elektronen und Atomkernen beschreibt.

Die einzelnen „Spin-Zustände" sind durch die Wahl der jeweiligen σ^+ und σ^- (Spin-Koordinaten) zu erfassen und auch die Kernspins sind – wenn notwendig – zu berücksichtigen.

Es erhebt sich jetzt verständlicherweise die Frage, wie man Ψ bzw. ψ berechnet. Mit anderen Worten: Wie behandelt man die zeitabhängige oder zeitunabhängige Schrödinger-Gleichung, um die entsprechenden Größen und Informationen zu erhalten?

Ich kann auf diese Fragen hier nicht eingehen, weil es mir eigentlich darum geht (wie Sie längst bemerkt haben werden), *die Konsequenzen aus der Tatsache zu ziehen, daß wir in der Lage sind, alle Eigenschaften der chemischen Materie zu berechnen, vorauszusagen und vergangene Erfahrungen nachträglich verständlich zu machen.*

Bei der praktischen Anwendung handelt es sich um ein sehr umfangreiches Gebiet, denn es umfaßt letzten Endes alle Methoden der Theoretischen Chemie. Ich habe darüber ausführlich schon in früheren Büchern geschrieben, wobei ich im besonderen – man möchte das nicht falsch verstehen – auf ein Buch von mir im Verlag Vieweg mit dem Titel „Elektronen und Atomkerne" hinweisen möchte. Ich erwähne dieses

---

[1] Normierung und bestimmtes Symmetrieverhalten der Wellenfunktion (Pauliprinzip) und Vorschriften zur Berechnung der Materieeigenschaften aus Ψ (Erwartungswerte, Übergangselemente), auf die wir aber – trotz ihrer Wichtigkeit z.T. als Postulate – nicht eingehen wollen, weil Wellengleichung und Wellenfunktion die Fundamente sind.

Buch nicht nur, weil es im gleichen Verlag erschienen ist, sondern auch besonders deswegen weil ich dort schon eine Reihe von Aspekten andeute, die ich hier in diesem Buch ausführlicher behandelt habe. Ich habe dort die praktischen Verfahren vereinfacht dargestellt, so daß der Leser durchaus nach dem Lesen dieses Buches dort einmal hineinschauen könnte, wenn es ihm daran gelegen ist, tiefer in das Methodische einzusteigen.

Über den Sinn des Titels dieses Buches wollen wir uns im nächsten Kapitel tiefere Gedanken machen, besonders darüber, was eigentlich mit dieser Theorie der chemischen Materie erreicht ist, welche Interpretationen möglich sind und welche Bedeutung sie für unsere Gesellschaft haben. Wie weit reicht diese Erkenntnis? Wie sollen wir uns ihr stellen?

Ich bitte die Leser besonders das eben abgeschlossene Kapitel nochmals gedanklich aufzuarbeiten, da das Folgende sehr auf diesem aufbauen wird und wir in diesem Zusammenhang noch Weiteres über H und Ψ erfahren werden.

9 Philosophische Aspekte

Im Lexikon findet man die Feststellung, daß Philosophie die Wissenschaft von den Wissenschaften und ihrer Grundlagen sei. Oder auch, daß sie die Urgründe alles Seins, Geschehens und Erkennens untersucht und damit auch die Möglichkeiten des Wissens, der Grundbegriffe, der Gesetze und des Formenden behandelt einschließlich des Denkens und der Erkenntnisse.

Das klingt ziemlich anspruchsvoll, und man könnte annehmen, daß unter dieser Definition vieles beheimatet sein kann.

Schließlich ist die Suche nach dem Sinn des Lebens – die Sinnfindung – auch eine Art, nach den Urgründen des Seins zu fragen, von denen ja die Frage letztlich abhängt. Sind wir aber vorsichtig, sagen wir lieber abhängen sollte. Denn viele sogenannte Sinnfindungen und Sinngebungen und *wie* diese gegeben werden, sind in der Tat offene Fragen, weil die Basis oft zweifelhaft ist.

Aber vergessen wir nicht, was weiter über die Philosophie gesagt wird. Daß sie nämlich ihre Ziele mit Vernunft und Erfahrung erreichen will. Das sind ihre „Werkzeuge", aber man bedenke dabei auch, daß damit die vielen verschiedenen Zweige der Philosophie möglich sind wie z.B. Logik oder Erkenntnistheorie, in welchen über die Formen unseres Erkenntniserwerbs nachgedacht wird. Auch die Metaphysik gehört dazu, die Lehre von den Grundursachen des Seins jenseits von Erfahrung und Wahrnehmung, die schon in den Schriften des Aristoteles zu finden sind als die „Lehre von der Ursache" jenseits der Physik.

Erkenntnistheorie und Metaphysik weisen eine fast nicht mehr zu überbrückende Spannweite auf. Schließlich sei daran erinnert, daß auch die Ethik und die Ästhetik zur Philosophie gehören, zusammen mit den Aspekten der Geschichte, der Gesellschaft, des Rechts und der Moral, und auch kulturelle und sprachliche Ausblicke sind wesentliche Elemente der Philosophie.

Und die Religion? Dieses Sichhinwenden an übersinnliche Mächte oder an irdische Lebenskräfte, die irgendwie personenhaft wirkend vorgestellt werden und die sich ihre Ausdrücke in Gebärden, Symbolen oder Kultgegenständen schaffen! Dies alles dient letztlich der Sinnfindung in unserer Existenz als menschliche Wesen.

Dieser Wunsch, dieses existentielle Verlangen, hat nicht abgenommen, wie uns gelegentlich eingeredet werden soll. Im Gegenteil: Die Frage nach dem Sinn des Lebens beschäftigt die Menschen des postindustriellen Zeitalters und besonders im sogenannten Westenmehr, als wir wahrhaben wollen. Charakteristisch ist allerdings, daß nach *neuen* Aspekten und Antworten gesucht und verlangt wird.

An dieser Sinnfindung sind wir fast alle beteiligt, aber die ausstehenden wie die schon gefundenen Antworten sind heute so vielfältig wie die Charaktere der Menschen.

Es ist zu fragen, ob nicht erst einmal eine Orientierung oder schon eine letzte Antwort auf alle Fragen gesucht wird. Das kann sehr unterschiedlich sein. Gibt es überhaupt ein Ende der Erkenntnis oder suchen wir nur den Faden, an dem entlang wir uns vorwärtstasten wollen?

Wir müssen heute feststellen, daß es neben den „klassischen Wegen" auch zu einer diffusen Subkultur der Sinnfindung gekommen ist, die in ihrer Vielfältigkeit kaum zu übersehen ist und die vielleicht mit dem Begriff der Esoterik einigermaßen, aber nicht vollständig erfaßt werden könnte.

Wir wollen nicht auf die vielen Facetten der Esoterik eingehen, denn das kann auf keinen Fall der Sinn dieses Buches sein. Es überrascht einigermaßen, daß sich heute die Esoterik – aber auch manche andere Geistesrichtung – immer mehr entweder als Synthese von Naturwissenschaft und Religion verstehen, oder sich als Weiterführung der Naturwissenschaften begreifen wollen. Man bedient sich dabei auch gelegentlich der naturwissenschaftlichen Sprache, aber der Kenner sieht, daß sich hier Unkenntnis über den Sinn und die Struktur der Naturwissenschaften verrät.

Das verwundert in vieler Hinsicht, denn einmal wird gerade von dieser Seite fast immer auf die Erfolglosigkeit der Naturwissenschaft bei der

Sinnfindung hingewiesen und behauptet, daß naturwissenschaftliches Denken überhaupt die Möglichkeit ausschließt, etwas zu den wirklichen Fragen des Lebens beizutragen.

Andererseits soll nicht vergessen werden, daß sich auch bestimmte Autoren bei physikalischen oder kosmologischen Fragestellungen (auch die Mathematik ist nicht frei davon) dem esoterischen Gedankengut annähern.

Die Tatsache, daß einige sehr wenige Physiker den Ergebnissen und Problemen der Wellenmechanik eine spirituelle Bedeutung geben, hat mich nicht daran gehindert, diesem Buch seinen Titel zu geben, und ich hoffe sehr, daß ich nicht mißverstanden werde –, was ein verhängnisvoller Irrtum über das Thema dieses Buches wäre.

Es geht mir um etwas ganz anderes! Ich will zeigen, daß die Ergebnisse der Wellenmechanik über die chemische Materie Grundlage sein können, sich ein verläßliches Weltbild zu erarbeiten, das weiter reicht, als allgemein, besonders in Laienkreisen, angenommen wird.

Ich meine, daß in einer Gesellschaft, die sich immer mehr als Ego- und Ellbogengesellschaft manifestiert, der Sinn für das Leben – für den Menschen überhaupt – verlorengehen muß, da es immer schwerer fällt, sich als Teil eines Ganzen zu empfinden und zu sehen. Der Spätkapitalismus („Nur-Besitz-Gesellschaft"), in welchem wir uns nun befinden, muß zu einem Unbehagen an der Kultur, ja zu Angst führen, weil die Geborgenheit in der Natur verlorengeht und daraus einem Zynismus Raum gegeben wird, der unmenschlich ist.

Der Verlust des Verlangens nach möglichst realer Sinnerkenntnis ist ohne Zweifel ein Schritt weg vom Menschlichen, und es ist mit Schrecken und Traurigkeit zu beobachten, daß viele Menschen fast kritiklos ins Paranormale übergehen, in der verzweifelten Hoffnung, das zu finden, was sie fast instinkthaft vermissen. Dabei fehlen die Grundlagen unserer naturwissenschaftlichen Erkenntnisse und Ergebnisse, die – so meine ich – unbedingt erforderlich sind, wenn eine Kritik gegenüber diesem Trend zur Spiritualität, zur Magie, letzten Endes auch zum Hexenglauben aufgebaut werden muß.

Es bleibt jedem überlassen, wie er sich und die Welt sehen und erkennen will – darüber gibt es keine Diskussion! Aber wenn diese Freiheit vorliegt, dann ist nicht einzusehen, wieso nicht alle Möglichkeiten der

Sinn- und Strukturerkennung auf den Tisch kommen, unbefangen betrachtet und zur Kenntnis genommen werden. Jeder hat *sein* Leben, welches er in diese Betrachtungen einbringt, und *seinem Wesen nach* soll alles gesehen und erkannt werden.

Man sollte doch dabei bedenken, daß wir Geist, Verstand, Vernunft und Seele und viele andere Vorstellungen nur schwer allgemeingültig definieren können. Jeder hat seine Erfahrungen, Phantasien und Gefühle, die er einbringt, wenn davon die Rede ist. Zwar meinen wir – mit einem gewissen Recht –, daß wir ungefähr wissen, was gemeint ist, aber sind wir uns wirklich allgemein einig? Reden wir nicht mit verschiedenen Zungen? Glauben wir nur, daß wir das Gleiche verstehen und fühlen, wenn unser Gegenüber von Geist und Seele spricht?

Woran liegt das? Gibt es nicht zahllose Begriffe, die wohl definiert sind oder definiert werden können, über die man sich daher in Ruhe unterhalten kann?

Hier scheiden sich nun die Geister! Es mag wohl daran liegen, daß manche Begriffe sich einer Definition, wie wir sie in den Wissenschaften, besonders aber in den Naturwissenschaften haben, vorerst zu entziehen scheinen. Damit wird jeder Spekulation, jeder Phantasie und Vorstellung ein großer Raum gegeben, denn nun können vorerst ganz andere gesellschaftliche Kräfte walten. Tür und Tor sind nun geöffnet für Affekte und Fanatismus, und schließlich spielt dabei auch – man muß es einmal sagen – der Wunsch nach Macht über andere eine große Rolle. Wir wollen dabei aber auch nicht ausschließen, daß nicht Wenige mit für sie wahrer Überzeugung (und vielleicht sogar mit missionarischem Eifer) ihr Leben nach den verschiedenen Vorstellungen einrichten, ein Lebensgefühl erleben, was sie helfen läßt, wo Not ist.

Dies allerdings – so sollte man meinen – ist Menschenart an sich, wenn man bewußt Mensch ist, wenn man das Gemeinsame spürt, auch ohne eine Religion, eine Philosophie oder einen anderweitigen Überbau. Es kommt dann aus dem unmittelbaren Zugang zum Leben.

Aber der Absolutismus in jeder Form steht immer vor der Tür – die Verführung zur Annahme, daß das Erlebte und Erkannte in der Dominanz, nicht so sehr das Erdachte in Freiheit, Allgemeingültigkeit hat und daß dies allen von sich aus klar ist; wer nicht „mitspielt", ist der

Außenstehende. Oft wird daraus der Bedauernswerte, der Mindere – wenn es nicht noch schlimmer kommt.

Sollten wir aber nicht alle, jeder auf seine Weise, den Sinn unserer Existenz suchen, die Orientierung in diesem Kosmos erstreben und uns dann in Frieden austauschen? Ohne Aufdringlichkeit wird man sich ändern können – wenn notwendig –, wenn Erfahrungen und Vererbungen es zulassen.

Aber auf einen ganz wichtigen Zusammenhang muß noch hingewiesen werden, ohne den die Betrachtungen unvollständig wären.

Das hier soeben geschilderte Szenario ist genaugenommen nicht weltweit gültig! Es gibt durchaus Menschengruppen, Bereiche auf unserer Erde, deren Mitglieder und Bewohner unsere Ausführungen mit ziemlichem Unverständnis aufnehmen würden. Sie sind nicht von Basiszweifeln befallen, denn die Prinzipien, nach denen sie leben, unterscheiden sich wesentlich von unserer Lebensart.

Unser Prinzip ist einfach. Man kann sagen, daß eine Sinnkrise, wie wir sie hier andeuten, typisch für diese Gesellschaft ist, die sich dem Kapitalismus verschrieben hat, und eine Gesellschaft darstellt, die im wesentlichen durch ihre Zahlungsmittel definiert ist. Hier herrscht ausschließlich das Prinzip der Umsatz- und Profitmaximierung! Dieses Prinzip wird in Zukunft wirklich alles verdrängen und beseitigen, nach dem wir in den letzten hundert, ja tausend Jahren gelebt haben.

Zwar gibt es schon lange ein Zahlungsmittel, aber es fehlte bisher die Absolutheit des Umgangs mit ihm. Vergessen wir dabei nicht, daß gerade der Zins dem Kapital zu einem Wachstum verhilft, welches in der Natur einmalig ist und das, wenn es auftritt, dort immer den Tod des Individuums oder des Kollektivs bedeutet. Gesunde Systeme wachsen nach einer Kurve, die mit der Zeit zur Sättigung führt (gegebenenfalls wieder ein Abfall bis zum Tode hin). Das wird entweder durch die innere Struktur der Systeme erreicht oder durch den Einfluß von außen im Rahmen der Evolution garantiert, sodaß „die Bäume nicht in den Himmel wachsen".

In dieser Hinsicht verwundert einen nicht die sich breitmachende Orientierungslosigkeit, wobei auch die Religionen diese Entwicklung nicht aufhalten können. Sie identifizieren sich sogar gelegentlich damit. Vielen Menschen wird immer klarer, daß auch das Christentum das

Verlangen des Menschen nach dem Sinn des Lebens offenbar bezüglich seiner Grundlagen nicht immer erfüllt!

Aber diese frustrierende Orientierungslosigkeit führt gleichzeitig zur Kaltherzigkeit, zur sinnlosen Aggression und letzten Endes zur gleichgültigen Dummheit. Es gilt dann: Glauben wollen, gleichgültig an was, nur einen Halt haben, so scheint es, ist das Ziel, gleichgültig ob in Gruppen (z.B. Sportfans), in Banden, in kommerziellen Vereinigungen oder in Glaubensgemeinschaften, aber auch in Ziel- und Meinungsgruppen (z.B. Parteien). „Alle gegen alle" wird das Ende sein, fanatisch, sinnlos und brutal wird das Leben ablaufen.

Der Mensch ohne bewußte Sinnerkenntnis ist eine Entartung in der Evolution. Reiner, unreflektierter Konsum, zusammen mit dem vorliegenden Kapitalwachstum, stört die Natur, die Evolution, und führt zum Ende der entsprechenden Spezies und es ist die Frage, welche anderen Populationen noch dabei mitgerissen werden! Da aber alles zusammenhängt, darf man annehmen, daß fast alles auf der Erde in diesen Strudel der Selbstvernichtung hineingezogen wird.

Im Anblick dieses Szenarios ist es gefährlich und völlig unverständlich, daß die *naturwissenschaftliche Erkenntnisstruktur* einen so geringen Stellenwert hat!

Das liegt einmal daran, daß sich ein großer Teil der Bevölkerung – was das naturwissenschaftliche Wissen anbetrifft – noch im 19. und bestenfalls im beginnenden 20. Jahrhundert befindet, wenn er überhaupt eine bescheidene naturwissenschaftliche Einsicht besitzt, zum anderen geht der naturwissenschaftlichen Erkenntnis der (falsche) Ruf voraus, daß sie alles auf materieller Basis „erklärt", geradezu alles mechanisch und somit alles kausal begreift, eine Auffassung, die mit der oben angegebenen Situation eng zusammenhängt.

In Wirklichkeit handelt es sich dabei um einen Defekt unserer Gesellschaft, und es muß einmal ganz klar gesagt werden, daß in dieser Gesellschaft Technik und Wissenschaft so eng (und teilweise falsch) gesehen werden, weil der finanzielle Gewinn über allem steht. In diesem Licht muß Wissenschaft als Handlanger der Technik erscheinen. In der Tat gilt es heute als chic, wenn man bei jeder wissenschaftlichen Erkenntnis sofort nach dem Nutzen fragt und danach das gewonnene Ergebnis oder die erreichte Einsicht in der Wissenschaft diesbezüglich ab- und einschätzt.

Anders ausgedrückt: Die Naturwissenschaft erklärt die Welt „rational", und somit wird dort immer mehr Mystik durch Aufklärung ersetzt – so meint man – und man hat damit das „Recht" erworben, darüber hinwegzugehen, hin zu den Bereichen der Esoterik, zum Spirituellen überhaupt. Naturwissenschaft beschäftigt sich mit toten Dingen – hört man oft – und kann daher nicht erfassen, was sinnlich nicht erfahrbar ist. Noch nie ist Naturwissenschaft so entstellt und verfälscht dargestellt worden, wie es in den letzten Jahrzehnten immer mehr geschieht.

Wie konnte es dazu kommen? Es gibt viele Gründe.

Einmal haben schon vor Entstehung der Naturwissenschaften viele spirituelle, magische und esoterische Vorstellungen bestanden, so daß der „Neuling" nicht sehr begrüßt wurde, zumal „sein Vorgehen" so ganz anders ist. Zum anderen, und das ist nicht unwichtig, ist viel Denken und Mühe erforderlich, um überhaupt naturwissenschaftlich arbeiten zu können. Hinzu kommt, daß die dabei auftretenden „Formeln" nicht das wirkliche Endergebnis sind, sondern erst einmal die in mathematischer Sprache zusammengefaßte Formalistik der Naturerfassung, sozusagen die „Piktogramme" der Naturwissenschaft. Erst ihre *Interpretationen und ihr Verständnis* ist das wirkliche Ziel naturwissenschaftlicher Forschung – ganz unabhängig von Anwendung und Technik, die eine Frage der Produktion und des Umsatzes sind. Aber das ist hier nicht die Frage.

Der Formalismus ist also nicht das letzte Ziel noch das Ende naturwissenschaftlicher Forschung. Zu seinem weiteren Verständnis ist nicht nur eine Menge mathematisches und physikalisches Grundwissen erforderlich, um darüber nachdenken zu können, sondern auch die Fähigkeit, dieses so vollständig wie möglich in das menschliche Bewußtsein zu übertragen, damit es echte, tiefe Erkenntnis und reifendes Wissen wird!

Hier liegt auch der Sinn des vorliegenden Buches. Es soll versuchen, dem Leser – auch wenn er vorerst noch wenig Grundwissen mitbringt – erst einmal die Vorgehensweise der Naturwissenschaften zu erläutern, die Gedanken nahezulegen, die man dabei hat und schließlich – mit möglichst wenig Mathematik – zu zeigen, wie die Formeln der Wellenmechanik entstehen und wie sie aussehen.

Erst dann wird der zweite und letzte Schritt angegangen, der der wesentlichste ist und in diesem Kapitel erfolgen soll und eigentlich schon teilweise erfolgt ist, indem wir uns Gedanken über den Sinn unserer Naturwissenschaften machten – in welcher Form auch immer.

Es geht also darum zu erkennen, in welcher Welt wir uns befinden, das heißt welche Einflüsse und Gesetze dort und hier herrschen und wie wir uns verhalten sollen (müssen), damit wir mit dieser Welt und mit uns (denn wir haben uns erst einmal selbst als bewußtes und isoliertes Ich erkannt) im Einklang stehen – letztlich zu unserem Glück. Unsere Harmonisierung ist gefragt und damit die Frage nach unserer Gesundheit in allen Bereichen unserer Existenz gestellt. Auch im Hinblick des Verhältnisses zu den „anderen", ob es sich dabei um die anderen Menschen oder auch um Tiere, Pflanzen oder sogar um Mineralien handelt.

Was liegt eigentlich näher, als sich in folgender Weise zu verhalten und im Einzelnen vorzugehen: Nachdem man erkannt hat, daß die Umwelt, aber auch wir selbst, offenbar aus Materie bestehen, aus einem Stoff also, der dem ersten Anschein nach gasförmig, flüssig und fest sein kann – je nach Temperatur – und dabei Farben, Düfte und verschiedene Härten, Gewichte und eine Reihe weiterer Eigenschaften zeigen kann, geht man danach zu dem Versuch über, Genaueres über die Struktur der Materie zu erfahren. Durch Experimente und durch Nachdenken bemüht man sich, weitere Informationen zu erhalten.

Das ist leider mühsam und für viele überhaupt nicht nachvollziehbar, weil die grundlegenden Möglichkeiten zu diesen Überlegungen in der Regel fehlen.

Da ist eine „Heilslehre" schnell zur Hand. Mystische Einsichten, auch eine „geistige Schau" oder „Offenbarungen", die keine Kritik dulden, ersetzen das Bemühen um naturwissenschaftliche Einsichten und es ist kein Wunder, daß dann die (Natur-) Wissenschaft abgewertet werden muß, da man dann nichts mehr in diesem Sinne zu verstehen braucht, denn das jetzt vorgelegte „Verstehen" hat mit naturwissenschaftlichem Denken nichts zu tun und basiert mehr auf psychologischen Prinzipien. Aber irgendwie muß doch wohl ein „Gewissen" schlagen, denn die Esoterik bedient sich immer mehr naturwissenschaftlicher Begriffe, ohne allerdings diese in ihrem Wert und in ihrer Bedeutung erkannt zu haben.

Gleichzeitig wird ermüdend immer wieder betont – ganz ohne Beweis –, wie hilflos Naturwissenschaft ist, wenn es um „letzte Fragen" geht.

Woher nimmt man eigentlich diese Sicherheit? Sie kommt aus dem kollektiven Sicherheitsversuch vor der (Existenz-) Angst, aus der „Sicherheit" des Elitären, aus dem Hang nach Unvorstellbarem – und natürlich sehr oft auch aus dem Verlangen nach Geld.

Ist Naturwissenschaft wirklich so oberflächlich, so erfolglos, wenn es um die Fragen der Sinngebung oder besser der Sinnfindung geht?

Ich habe gerade dieses Buch geschrieben, um zu zeigen, daß dies nicht der Fall ist! Wissenschaftliche Einsicht (nicht die Formel an sich) kann es durchaus mit den „Heilslehren" aufnehmen. Im Gegenteil, das wissenschaftliche Vorgehen ist ursprünglicher, prinzipiell nachvollziehbar für alle und – es ist mit seinen Einsichten noch nicht am Ende. Keine Endlösung der Weltsicht, der Sinngebung, kann es anbieten, denn seine Resultate an Einsicht und Weisheit wachsen immer weiter – zur Wahrheit hin, ohne sie jemals zu erreichen, denn was sollen wir unter „totaler Wahrheit" überhaupt verstehen? Der Weg, *der naturwissenschaftliche Weg,* ist in gewisser Weise *das Ziel im Rahmen der menschlichen Suche nach Einsicht und Sinn,* und die Ausgangspunkte dieses Strebens stehen (im Gegensatz zu den Dogmen und Glaubenssätzen) immer zur Diskussion und zur Kritik frei. Andererseits gibt es wegen der Fundamente (den Ausgangspunkten des wissenschaftlichen Weges) keinen Zweifel, denn der Weg ist „vorgezeichnet", worauf wir bald näher eingehen werden.

Ich schrieb das Buch, um möglichst vielen, die bereit und willens sind, sich den Zugang zum naturwissenschaftlichen Denken zu ermöglichen. Dennoch, gedankliche Arbeit ist erforderlich, auch Intuition, ja auch Gefühl – letzten Endes – um zu erkennen, was erreicht worden ist und besonders noch erkennbar erreicht werden wird. Von einem aber ist das naturwissenschaftliche Denken völlig frei: Von der Hybris der Selbstsicherheit und von dem keinen Widerspruch duldenden Absolutismus!

Ich frage mich gelegentlich immer wieder, ob es zum Beispiel zu einer Entwicklung der „friedlichen" Kernenergie gekommen wäre, wenn ein größerer Teil unserer Bevölkerung mehr über Physik, besonders über die Kernphysik gewußt hätte. Denn auch ohne Spezialwissen kann man durchaus die Zusammenhänge erkennen und es ist möglich, sich weiterführend mit der Problematik zu beschäftigen. Warum behaupten soviele im Besitz der vollen Wahrheit zu sein und diese Wahrheiten sind so verschieden voneinander?

Gehen wir also wieder zur Frage zurück, ob das derzeitige Wissen der Naturwissenschaften ausreicht, um als Grundlage einer Sinngebung und Orientierung bezüglich unserer menschlichen Existenz zu dienen. Das wäre dann wohl eine Sinngebung ohne Glauben? Zumindest wäre der Glaubensansatz minimisiert. Die Grundlagen wären nachprüfbar, die Orientierung wäre dann mit einer „Landkarte" vergleichbar, die auf unserer Erde, in unserem Kosmos, aus der Erfahrung heraus – nachprüfbar – entstanden ist. Es wäre eine „offene Erkenntnis", eine sich erweiternde Einsicht, die jeweils unser Handeln bestimmen muß, und unser Denken und Empfinden in Einklang mit den Gesetzen der Natur – mit dem gesamten Kosmos – bringt. Die Elemente dieser Weltsicht wären – im Gegensatz zu den oben erwähnten spirituellen Aspekten – klar definiert, ihre Entstehung für jeden nachvollziehbar und aus der Naturerkenntnis – durch unmittelbare Begegnungen – begründet. Diese Elemente wären auch eindeutig, denn andere würden zu Ergebnissen führen, die im Gegensatz zur Erfahrung stehen, also würden sie auch dann nicht im Einklang mit der Natur stehen, worauf hier immer wieder hingewiesen wurde. Und schließlich muß hier noch einmal auf den Begriff des Verstehens eingegangen werden, der am Anfang dieses Buches diskutiert wurde. Denn wenn die Annahmen vielfältig und vage sind, kann scheinbar ein gewisses „Verständnis" erzeugt werden, was darüber hinwegtäuscht, daß dieses nicht eindeutig ist und nicht alle Erfahrungen erfaßt.

Das schließt nicht aus, daß manche esoterische Vorstellung im Zusammenhang damit gesehen werden könnte, indem diese der Kritik mit Hilfe der naturwissenschaftlichen Methoden unterzogen wird. Denn manche Hypothese, Vermutung oder auch bestimmte Glaubensansätze könnten durchaus – wenn auch nur teilweise und wohl verändert – in Einklang mit der immer weiter fortschreitenden naturwissenschaftlichen Erkenntnis gebracht werden. Das heißt sicher nicht, daß esoterische Vorstellungen den Naturwissenschaften vorausgreifen, sondern das bedeutet nur die Prüfung, ob gewisse Gedankengänge und Vorstellungen – wohl fast immer modifiziert – durch eine naturwissenschaftliche Theorie erfaßt und somit bestätigt werden könnten. Hierbei muß in erster Linie an die Physik gedacht werden, weil in der Physik (und auch in der Chemie) das materielle Substrat des Kosmos zur Diskussion steht.

Bei diesem Vorgang *spielen* – das ist heute allgemein anerkannt – *die Wellenmechanik und ihre Weiterentwicklungen eine entscheidende Rolle.* Auch die Relativitätstheorie ist dabei unbedingt zu nennen. Aber die Wellenmechanik beschäftigt sich mit der Materie und ihren Elementen und ist damit nicht nur phänomenologisch wie die Relativitätstheorie, sondern auch mikroskopisch (Elektronen und Atomkerne) angelegt. Ihr Thema ist die „Mikrowelt", aus der sich alles bildet.

In den letzten Jahrzehnten beobachtet man, daß naturwissenschaftliche Begriffe und die Gleichungen und Aussagen der Naturwissenschaft im Sinne esoterischer oder ähnlicher Vorstellungen und Glaubensansätze uminterpretiert werden. Damit ist alles möglich geworden! Häufig werden die mathematischen Beziehungen nur unterschiedlich umgeschrieben, oft im Widerspruch zu den exakten Definitionen. Ein solches Vorgehen baut darauf, daß die Leser (und Zuhörer) die wissenschaftlichen Beziehungen und Vorstellungen nicht kennen oder nur ungefähres Wissen darüber besitzen. Dabei wird versucht, dem Leser (oder Hörer) einzureden, daß Naturwissenschaft auf falschen, teilweise jahrhundertealten Vorstellungen beruhe. Es ist ein gefährliches und unverantwortliches Vorgehen! Dabei wird die Berechenbarkeit von Phänomenen entweder in Frage gestellt oder überhaupt nicht angestrebt. „Geistgemäßes Vorgehen" ist hier eines der Schlagworte, und man meint zuweilen, daß „Berechenbarkeit" möglich sein müsse, ohne „Hilfsvorstellungen" aus der Naturwissenschaft. Das grenzt an Magie und Zauberei! Warum diese „Klimmzüge", wenn doch das Meiste in der Wissenschaft längst geklärt und definiert ist, daß man darüber nachdenken und unter Umständen damit handeln kann? Letzten Endes scheint alles Ausdruck einer Wissenschaftsfeindlichkeit zu sein, die mindestens Wissenschaft mit Technik verwechselt, mißinterpretiert und schließlich elitäre Ziele anstrebt, oft verbunden mit Personenkult.

Eine „spirituelle Quantenphysik" ist das Ziel, verbunden mit mystischen Vorstellungen, die sich der Konkretisierung widersetzen, denn *neue Erkenntnisse*, z.B. über Elektronen, Atomkerne und deren Wechselwirkungen – als Grundlage der Materie –, wurden bisher (verständlich) *nicht gewonnen!* Die Bewegung von Atomen und Molekülen, die in der Materie stattfinden und in der ganzen wissenschaftlichen Welt verstanden sind und deren wellenmechanische Beschreibung zu keiner Erfahrung im Widerspruch steht, wird als „außerräumliche Bewegung" aufgefaßt, im „Raum" und "Gegenraum" – „höhere Welten" und „Geheimwissenschaften" sind weitere Aspekte und Vorstellungen.

Mit diesen Hinweisen wollen wir es genug sein lassen und zur Wellenmechanik übergehen, die wie gesagt manche Mühe und Arbeit verlangt und vieles Darübernachdenken, wenn man ihren inneren Gehalt erfassen will.

In diesem Zusammenhang ist folgende Feststellung wichtig: Wenn man über etwas denken oder sprechen will (und das besonders mit anderen Menschen ungefähr gleichen Wissensstandes), dann ist es wichtig zu wissen, von was die Rede ist. Das heißt, es muß klar sein, was gemeint ist. Oder anders ausgedrückt: *Die verwendeten Begriffe müssen definiert sein, widerspruchsfrei und eindeutig!*

Man sollte sich klar darüber sein, daß auch die Zuhörer und Leser die gleiche Definition akzeptieren müssen, anderenfalls muß zuerst über diesen Konsenz gesprochen und nachgedacht werden.

Wenn viele meinen, daß es ja doch klar ist, was gemeint ist, und es genügt, so ungefähr zu wissen (oder zu ahnen), wovon die Rede ist, dann ist dies schlichtweg unwissenschaftlich und es zeigt sich bald, daß dann alles an Vorstellungen und Überlegungen möglich ist. Der Kritiklosigkeit ist dann der Weg geebnet, und viele merken es gar nicht, daß sie in der Regel keine Wissenschaft treiben, also nichts erfahren, was mit Wahrheit zu tun hat. Daraus entstehen dann oft die Dogmen in mannigfaltiger Form – kein Nachfragen mehr, Absolutes wird entwickelt, Glaube ist alles – aber andere sind zu anderen „Ergebnissen" gekommen, oft auf die gleiche Weise, so kann Kampf angesagt sein, Diffamierungen und sogenannte „Vernichtung des Andersdenkenden"! Wer keine Kritik zuläßt, keinen Vergleich erlaubt, auf absolute Wahrheit pocht – tötet letztlich Menschen, über kurz oder lang.

Die klare Definition (soweit wie möglich) steht am Anfang jeden Denkens über die Welt.

Alte schriftliche Überlegungen von irgendwoher, die man nicht kritisch untersucht, helfen hier zur Wahrheitsfindung nicht weiter, sondern machen letzten Endes intolerant, weil sich bald verschiedene Interpretationen anbieten.

Fragen Sie (um ein fast „banales" Beispiel zu nennen) einmal herum, was ein Modell ist. Sie werden wegen der vielen verschiedenen Antworten überrascht sein, aber jeder (der auf sich hält) gebraucht das Wort „Modell" und zieht „Schlüsse" daraus. Was ist Theorie? Wo fängt Spekulation an und die Hypothese? Wir haben in den früheren Kapiteln versucht, diese Begriffe zu klären. Auch sollte dem Leser klar sein, was unter einem Formalismus zu verstehen ist oder was ein System (von Elektronen und Atomkernen) bedeutet und wie aus Postulaten die Erkenntnisse über die Natur gewonnen werden und wie im naturwissenschaftlichen Sinne Wahrheit definiert wird. Erst dann kann man die Ergebnisse von logischen Gedankenreihen und deren weitere Resultate bewerten. Andernfalls wird alles eine Glaubens- und Offenbarungsangelegenheit.

Kann da Naturwissenschaft wirklich nicht mithalten, wie oft behauptet wird? Geben naturwissenschaftliche Erkenntnisse keine Orientierung, keine Sinngebung für den Menschen im Kosmos? Ich will nun zu zeigen versuchen, daß naturwissenschaftliches Denken und dessen Ergebnisse durchaus diese Qualität besitzen und daß nur auf naturwissenschaftlicher Basis eine widerspruchsfreie allgemeingültige Sinngebung möglich ist. Freilich ist das nicht *absolut* möglich und ich meine, daß dies das Kriterium für wirkliche Wahrheit ist – alles andere ist totale Behauptung. Es ist immer besser, eine eingeengte, aber klare Definition zu haben, als gar keine. Denn in jedem Falle ist dann konsequentes Denken möglich und die Folgerungen ergeben sich notwendig, wenn man von Postulaten ausgeht.

Die wissenschaftliche Definition eines Begriffes, einer Vorstellung oder Sachverhalts verwendet immer u.a. Begriffe, die schon früher definiert worden sind, so ist die Stetigkeit gewahrt. Andererseits greift man auch u.U. auf ganz elementare Begriffsbildungen zurück, die entweder aus wiederholbarer Erfahrung folgen oder/und mathematisch gefaßt sind.

Damit ist ein „Gewebe" geschaffen, dessen einzelne „Knoten" zusammenhängen, sich nicht widersprechen, nachweisbar und nachprüfbar sind und aus denen dann die Erkenntnisse aufgebaut werden – und dieser „Teppich" wächst weiter!

Soweit also – vorerst – unsere Feststellungen zur Definition von Begriffen, ein sehr wichtiger Aspekt, der häufig bei Diskussionen „unter den Tisch fällt". Wissenschaft steht und fällt mit der Klarheit ihrer Begriffe und Vorstellungen. Man kann geradezu sagen, der Eingang zur Wahrheit ist mit Definitionen gepflastert. Alles andere ist (mystische) Spekulation, Glauben, also Fürwahrhalten oder Selbstüberschätzung.

Das mag für manchen sehr hart klingen. Aber bedenken wir doch, daß zu fundierten Aussagen nur dann zu kommen ist, wenn die Begriffe, um die es geht, möglichst klar sind, und die Ausgangspunkte des ganzen Erkenntnissystems durch Voraussetzungen und Annahmen (Postulate) gesichert sind und *immer wieder zur Diskussion stehen*. Es soll aber auch betont werden – und das halte ich für sehr wichtig –, daß auch Phänomene auftreten und erkannt werden können, die außerhalb der Wissenschaft zu liegen scheinen, aber nicht so ohne weiteres abgelehnt werden können. Hier ist Wissenschaft besonders gefragt, denn bevor man zu unbewiesenen Vorstellungen und exotischen Ideen greift, muß gefragt werden, ob nicht diese Erfahrungen – bisher übersehen – aus den naturwissenschaftlichen Gesetzen folgen! –

Betrachten wir also erst einmal die zeitabhängige Schrödinger-Gleichung

$$H\Psi = \frac{\hbar}{i}\frac{\partial \Psi}{\partial t} , \qquad (8\text{-}70)$$

so wissen wir, daß daraus bei vorgegebenen Hamilton-Operator H die Wellenfunktion Ψ berechnet werden kann, wenn Ψ für den Anfangszeitpunkt $t = 0$ bekannt, also vorgegeben ist.

Aus $\Psi^*\Psi$ schließlich können wir die jeweiligen Wahrscheinlichkeiten für die von uns abgefragten Konstellationen der beteiligten Teilchen (Elektronen und Atomkerne) berechnen.

Die Wellengleichung schränkt die Anzahl der Teilchen, die betrachtet werden können, nicht ein, das ist eine bemerkenswerte Feststellung, denn dann muß davon ausgegangen werden, daß alle Systeme im Kosmos, die aus Elektronen und Atomkernen bestehen, in ihrem Verhalten durch diese Gleichung erfaßt werden. Es gibt kein überzeugendes Argument gegen diese Feststellung, denn das würde wieder ein weiteres Postulat verlangen, für dessen Formulierung wir keinen Grund sehen, da es sich bisher immer gezeigt hat, daß alle in irgendeiner Form auftretenden Wechselwirkungen zwischen Atomen und Molekülen mit der Schrödinger-Gleichung *richtig, also mit der Erfahrung im Einklang,* beschrieben werden. Auch eine Begrenzung hat sich bisher nicht eingestellt und ist aus der Gleichung nicht zu entnehmen, so daß es eigentlich gar nicht einzusehen ist, warum weitere Annahmen eingeführt werden sollen. Die Frage stellt sich vielmehr vernünftigerweise ganz anders: Nehmen wir einmal an, die Schrödinger-Gleichung erfaßt dann auch lebende Organismen mit ihren Äußerungen und Verhaltensweisen. Wie sind diese dann in die Wellenmechanik einzuordnen und darin zu verstehen?

Nun, was ist Leben? Zuerst einmal können wir feststellen, daß es sich bei Leben um die Gesamtheit der Lebensäußerungen (Reizbarkeit, Stoffwechsel, Fortpflanzung und Wachstum) von Pflanzen, Tieren und Menschen handelt, die an hochzusammengesetzte Eiweißstoffe gebunden sind. Anders ausgedrückt: Wir erkennen Leben an seinen Äußerungen, an seinem Verhalten zur Umwelt, und wir erkennen es weiter daran, daß es sich bei diesen „Systemen" um hochkomplizierte Molekülsysteme handelt, in denen sich komplexe Wechselwirkungen zwischen den Molekülen abspielen.

Hervorzuheben ist dabei, daß wir im Laufe der Wissenschaftsgeschichte immer komplexere Vorgänge in lebenden Systemen auf die molekulare Ebene zurückführen konnten und die Entwicklung geht weiter! Das bedeutet aber, daß man *nicht zu früh den Übergang zur Spekulation* machen darf, denn alles spricht in den letzten Jahren dafür, daß die Grundgleichungen für die Materie mehr Einsichten geben können, als am Anfang angenommen.

Die Basis für diese Überzeugung ist schon dadurch gegeben, daß die Grundbausteine der chemischen Materie (Elektronen und Atomkerne) – und daraus baut sich alles Weitere auf – schon Eigenschaften zeigen, die man ganz *unmateriell* nennen muß, wenn wir den alten historischen Materiebegriff zum Vergleich nehmen.

Wie wir in diesem Buch zeigten, besitzen diese „Teilchen" in ihren Bewegungen keine Bahnen, verhalten sich also akausal. Gerade diese Tatsache – und es handelt sich hier, wie wir zeigten, um eine jederzeit nachprüfbare Feststellung – bedeutet, daß *der klassische Materialismus nicht mehr als Weltvorstellung aufrecht erhalten werden kann.* Naturwissenschaften (besonders Physik und Chemie) beschäftigen sich mit der Materie, und diese ist ganz offensichtlich nicht materiell. Von einer materialistischen Naturwissenschaft zu sprechen – und man hört das immer wieder –, beweist nur, daß man die moderne Physik, die Ergebnisse der Naturwissenschaft überhaupt nicht verstanden hat!

Aber viel schlimmer ist die Verwirrung, die mit alten Vorstellungen erreicht werden kann, denn wenn diese Vorstellungen nun nicht mehr fundiert sind, kann jede andere Vorstellung mit dem gleichen Herrschaftsanspruch vorgebracht werden. Es ist mit Erstaunen festzustellen, was alles den Menschen (und dem Einzelnen) „offenbar" geworden ist. Schließlich müssen Bücher, Gegenstände oder eine hervorgehobene Person herhalten, um den absoluten Anspruch auf „Wahrheit" zu festigen!

Da scheinen ja die Betrachtungen und Beobachtungen und die Untersuchungen an der Materie geradezu banal und primitiv. Was kann da schon resultieren? Von diesem wissenschaftlichen Vorgehen, so denkt man irrtümlich, ist das Leben ja so weit entfernt, ja geradezu entgegengesetzt davon. Nein – das Geistige ist gefragt, das Mysterium, schließlich mündet vieles in eine Geheimwissenschaft und in der Regel in eine völlig festgefahrene Weltvorstellung, die keinen Widerspruch mehr dulden kann. Ein sich distanzierender Fanatismus muß dann auftreten. Denn es gilt, sich gegen Andersdenkende durchzusetzen, die auf ähnliche Weise zu anderen Ergebnissen gekommen sind.

Ich erwähne das alles so ausführlich – sicher auch vereinfacht –, aber ich bin überzeugt davon, daß mit diesen Feststellungen das Wesentliche der Situation zur Sinngebung erfaßt ist. *Die Orientierung der Menschen im kleinen und im großen Kosmos ist gestört durch Vorstellungen, die nicht an der Erfahrung geprüft werden können,* auf scheinbarer spiritueller „Erfahrung" basieren oder sich auf Gegenstände beziehen, die unwiderruflich die „Wahrheit" einer Weltvorstellung belegen sollen.

Ich kann dies alles nicht genug betonen, denn die Wissenschaften haben einen Stand erreicht, der es nun möglich macht, sehr allgemeine Fragen unserer Existenz zu diskutieren, die zu einem Weltbild, zu einer Sinngebung führen können.

Nachdem nun gesichert ist, daß es Materie, wie sie der Materialismus noch sah, überhaupt nicht gibt, sollte man eigentlich ein neues Wort für Materie finden, damit die falsche Assoziation mit dem Materialismus wegfällt. Denn alles, was uns umgibt, der ganze Kosmos und auch wir selbst, bestehen aus „Etwas", das aus Teilchen besteht – und selbst dieses Wort ist schon nicht mehr ganz zutreffend –, die sich akausal im Raum verhalten! Und diese Wahrscheinlichkeiten ihres Auftretens können nun mit der Sprache der Mathematik – einer Denkökonomie – beschrieben werden. Ja, sogar dieses akausale Verhalten kann als zeitabhängiger Vorgang formuliert werden (Wellenfunktion)!

Das heißt, daß dieses „Etwas" – was wir beschreiben können – über einen „Freiraum" verfügt, der für uns kausal denkende Wesen (aus Erfahrung im Rahmen der Evolution) nicht unmittelbar zugänglich ist. Erst das Zusammenkommen dieser „Teilchen" – im Sinne der chemischen Bindung – zu großen Systemen führt zum näherungsweisen kausalen Verhalten der Produkte und dies immer besser, je größer die „Gegenstände" werden. Aber sie haben nie „vergessen", aus was sie aufgebaut sind, denn auch im Makrokosmos kann man das Wirken der Unschärferelationen beobachten. Einmal dadurch, daß die spezielle Bildung größerer Systeme im Mikrokosmos festgelegt, besser wahrscheinlich gemacht wird, zum anderen zeigen auch die Gegenstände unseres Alltags, wenn man sie entsprechend „abfragt", daß sie aus diesen „Teilchen" aufgebaut sind. So zeigt schon eine Kugel, die mehrmals von Wänden zurückgeworfen (reflektiert) wird, nach einiger Zeit ein völlig unberechenbares Verhalten, denn bei jeder Richtungsänderung kommt die in der Bewegung steckende Unschärfe ins Spiel. Schon am Anfang, wenn wir die Kugel freigeben, können wir, da die Kugel aus Atomen besteht – genau genommen Ort und Geschwindigkeit nicht gleichzeitig beliebig genau angeben, was allerdings bei großen Systemen vorerst völlig belanglos erscheint, da ihre Massen groß sind. Aber mit der Zeit „schaukelt" sich die Unschärfe hoch. Es gibt noch viele andere Beispiele.

Aus Sicht des Mikrokosmos „bestimmen" die Elektronen und Atomkerne aufgrund ihres akausalen Verhaltens, welche Moleküle entstehen können, welche Molekülaggregate im nächsten Schritt gebildet werden und so bauen sich Systeme auf bis hin zum Menschen mit seinem Ich als Form seines Bewußtseins, seiner Persönlichkeit. Wir sprechen dann von Seele und Geist!

Diesen gezielt erscheinenden „Lebensweg" der Evolution werden viele nicht mitgehen wollen, und ich frage Sie, warum eigentlich nicht? Stört immer noch das alte Materieverständnis, was es gar nicht mehr gibt? Ist es die Folge von Erziehung und Tradition? Spielt auch Bequemlichkeit dabei eine Rolle?

Ist das „Etwas", aus dem auch wir aufgebaut sind, nicht von einer Art, von einem „Wesen", daß man nicht überrascht sein sollte, wenn bei genügender Komplexität Leben und dann schließlich die Fähigkeit der Selbstreflexion erscheint – Verstand, Geist und Seele? Dann aber sind Verstand, Geist und Seele der einzige und gemeinsame Ausdruck dieses „Etwas", dessen Struktur wir zwar kennen, sogar beschreiben können, aber die Aussagen über die Grundelemente dieses „Etwas" sind von Wahrscheinlichkeitsnatur. So ist es eigentlich naheliegend, sich aufgrund dieser *wissenschaftlichen Tatsache* Gedanken zu einem Weltbild zu machen!

Ist es dann überhaupt sinnvoll, aufgrund dieser Erkenntnis vorschnell Seele, Geist und Körper zu trennen? Könnten nicht alle drei Kategorien Ausdruck des gleichen „Etwas" sein? Dann müßten wir davon ausgehen, daß schon sehr einfache Strukturen von Elektronen und Atomkernen im Hinblick auf das Komplexere angelegt sind, sozusagen eine „Ahnung" des Geistig-Seelischen enthalten. Dann wäre aber – und das deckt sich mit den Ergebnissen der Wellenmechanik – schon z.B. ein Stein im strengen Sinne nicht „tot", wenn wir darunter die totale Leblosigkeit verstehen, denn seine Grundbausteine verhalten sich akausal. Sie haben schon den „Spielraum", der sich später in den hyperkomplexen Systemen und Strukturen als Leben und weiter je nach Komplexität als Geist und Seele äußert!

Ich habe nie verstanden, wieso viele Menschen diese Vorstellung erschreckt. Steckt in dieser Ablehnung – und Bekämpfung – vielleicht die Tatsache, daß die alte materialistische Vorstellung von der Natur der Materie noch nicht vollständig überwunden ist?

Haben wir *nicht mit dieser naturwissenschaftlichen Fundierung unseres Weltbildes auch den natürlichsten Weg gewählt*, in dem *die ganze Natur – der Kosmos – ein Einziges ist*? Geist und Seele wachsen aus dem Leben heraus, das Leben baut auf den Strukturen der Materie auf, die somit das Substrat von allem ist?

Woher nehmen wir eigentlich die „Offenbarungen", die „Sicherheiten", die fanatischen Behauptungen vom Gegenteil, wenn wir unmittelbar vor uns die wissenschaftlichen Erfahrungen mit dem „Etwas" haben? Muß es uns denn wirklich stören, daß dieses „Etwas" in seinem Verhalten mathematisch erfaßt und beschreibbar ist? Es ist nicht nur die unverstandene Wissenschaft, es muß auch die Voreingenommenheit gegenüber dem mathematischen Denken sein, was zu diesen Vorstellungen, Gedanken und Empfindungen führt.

Hier ist allerdings eine wichtige Feststellung zu treffen: Die wissenschaftlichen Einsichten schreiten voran, erweitern sich. Dabei ist keineswegs auszuschalten, daß bestimmte heute noch *unwissenschaftlich erscheinende Vorstellungen* bestätigt werden oder in abgeänderter Form *Teil der wissenschaftlichen Erkenntnisse werden*. Dann aber ist die Sicherheit überhaupt nicht zu verstehen, mit der man die spirituellen Ergebnisse schon heute vorträgt, denn dies kann keinesfalls mit weiser Voraussicht begründet werden, sondern gleicht eher einem Würfelspiel mit selbstdefinierter Wahrscheinlichkeit.

Da aber die Wellenmechanik die gesamte Erfahrung mit der Materie abdeckt, und das wird durch eine über 70jährige Praxis noch bekräftigt, müssen wir eher davon ausgehen, daß die Wellenmechanik noch eine Reihe von Phänomen enthält, die wir bisher noch nicht verfolgt haben. Auf jeden Fall stellt sie eine Basis dar, auf der sich über die Natur mit gutem wissenschaftlichen Gewissen, das auch ein menschliches ist, nachdenken läßt.

Allerdings ist darauf hinzuweisen – wir haben es oben schon angeschnitten –, daß in der Wissenschaft zwischen Hypothesen, Spekulationen und Theorien unterschieden werden muß. Fast immer sind es Hypothesen, die auf dem Prüfstand stehen und die oft als nicht oder teilweise zutreffend erkannt werden. Eine Theorie kann niemals falsch sein. Im Laufe der Entwicklung unserer Einsichten könnte sie sich vielleicht als nach wie vor zutreffende Teilerkenntnis erweisen, aber sie steht damit noch immer im Einklang mit der Erfahrung, ist also somit im wissenschaftlichen Sinne richtig. Und bedenken wir, die Wellenmechanik beschreibt *alles*, was aus Elektronen und Atomkernen aufgebaut ist und ihre Erkenntnisse könnten daher offenbar viel weitreichender und tiefgehender sein, als wir am Anfang ihrer Entstehung erkennen konnten!

Machen wir uns zum Beispiel klar, daß die Vorstellung des „Äthers" im vorigen Jahrhundert, der den ganzen Raum ausfüllen sollte und Träger der elektromagnetischen Wellen sein sollte, eine Hypothese gewesen war – nicht Teil einer Theorie –, die durch weitere Erfahrungen widerlegt werden konnte.

Es steht also nicht im wissenschaftichen Widerspruch, wenn wir der sogenannten „Materie" die oben angegebenen Eigenschaften und Möglichkeiten geben. Ist das eine Hypothese? Keineswegs, die Akausalität der Bauelemente der „Natur" ist voll abgesichertes wissenschaftliches Wissen, wie wir oben gezeigt haben.

Was sind nun die Konsequenzen daraus? Eine Folgerung wird manchen Leser überraschen. Dazu muß allerdings weiter ausgeholt werden.

Nachdem die wirklichen Eigenschaften der „Materie" erkannt sind, muß in diesem Rahmen nochmals die obige Frage erneut gestellt werden, was wir unter Leben verstehen wollen, denn die Gesetze der Physik gelten in Raum und Zeit und erfassen die chemische Materie und ihr Verhalten darin, wobei nun wohl kein Anlaß mehr besteht, auch von „immateriellen" Phänomenen auszugehen, weil das „unmaterielle" Verhalten von Elektronen und Atomkernen (Molekülen) breiteren Spielraum läßt.

Unter einem Lebewesen könnten wir ein Gebilde, ein System, verstehen, das Informationen (im physikalischen Sinne) codiert, wobei die codierte Information durch die natürliche Auslese (Evolution) bewahrt wird. Das ist in der Tat noch eine vorläufige Definition. Aber nachdem wir erkannt haben, daß Materie akausal ist, erscheint es nicht mehr abwegig, auch Geist und Seele (was wir auch im einzelnen darunter verstehen wollen) ebenfalls in diesem Sinne als Programme im Sinne der Informationsverarbeitung zu sehen (wir werden darauf später noch näher einzugehen haben).

Der nächste Schritt führt zur Frage nach der Personalität eines Organismus. Man kann diese durch das Verhalten des Lebewesens definieren, dann bietet sich – wenn auch umstritten – der sogenannte *Turingtest* an. Ohne näher auf ihn einzugehen, besteht er im wesentlichen darin, daß ein Mensch und ein Computer voneinander getrennt mit einer Testperson Kontakt aufnehmen, die ebenfalls die „beiden" nicht sehen kann. Ist es dem Tester – nach einer angemessenen Zeit und nach vielen

Fragen und Unterhaltungen – nicht möglich, Mensch und „Maschine" zu unterscheiden, dann hat der „Computer" als Person den Turingtest bestanden. Wie miteinander kommuniziert wird, bleibt allerdings offen, doch darf darin kein Unterschied zwischen der Testperson und den beiden Versuchs„personen" bestehen, was sich erreichen läßt. –

Die Vorstellungen hätte man vor über 60 Jahren als puren Materialismus abgetan – mit Recht!

Nun aber, da „Materie nicht materiell ist", muß die Situation anders gesehen werden. Wir haben erkannt, daß die Grundgesetze der Physik uneingeschränkt nicht nur in der unbelebten, sondern auch in der belebten Natur gültig sind. Die experimentelle Bestätigung dafür ist für die wesentlichen und basierenden Grundlagen der Biologie gelungen.

So können die Vererbung, die Regelvorgänge im Stoffwechsel, die Entwicklung und Ausbildung von Formen in Zellen und Geweben und auch die Prozesse um und in Nervenzellen, die die Grundlagen der Informationsverarbeitung und der Verhaltenssteuerung im Gehirn sind, durch physikalische Gesetze und Formulierungen erfaßt und beschrieben werden, da sie sich auf der molekularen Ebene aufbauen.

Es konnte besonders gezeigt werden, daß die Eigenschaften physikalisch-chemischer Systeme die Möglichkeiten liefern, unter gewissen physikalischen Wechselwirkungen (in Teilbereichen) zu Gliederungen zu gelangen. Wechselwirkungen und Bewegungen von Molekülen ermöglichen unter der Kontrolle anderer Moleküle, räumliche Ordnungen in Organismen zu erzeugen. Die Entwicklungsbiologie scheint auf diesem Regelverhalten zu basieren.

Mit anderen Worten: Die biologische Gestaltbildung kann auf physikalische (wellenmechanische) Vorstellungen und Formulierungen zurückgeführt werden. Zusammen mit Mutationen, Selbstproduktionen und Stoffwechselregulationen sind damit die Grundlagen der Biologie erfaßt.

Obwohl natürlich viele Einzelprozesse in diesem Geschehen des Lebens noch nicht bekannt sind, kann aber heute schon behauptet werden, daß sich auch die Vorgänge für Gedächtnis und Lernen auf physikalische Gesetze zurückführen lassen werden, denn wir wissen, daß Verschaltungen und elektrische Signalverarbeitungen in Systemen von Nervenfasern und Zellen (also Systeme aus Elektronen und Atomkernen) im Prinzip ausreichen, diese Leistung zu erbringen. Man darf daher davon ausgehen, daß die einzelnen Fähigkeiten des Gehirns grundsätzlich mit Hilfe der Physik erklärbar und beschreibbar sind. Die universelle Gültigkeit der Aussagen der Physik, also der Wellenmechanik, ist daher heute kaum umstritten, da sie offenbar eine Erklärung für alle Vorgänge in Raum und Zeit ermöglichen. Der Bereich des Lebendigen gehört ebenso dazu wie die Vorgänge im Gehirn.

Es ist daher durchaus sinnvoll – und nichts spricht gegen diese Annahme –, daß die Physik auch im Gehirn gilt. Denken und Erleben stehen in Koordination mit Grundprozessen und diese wieder mit Vorgängen auf molekularer Ebene, und damit ist nach dem Verhalten von Elektronen und Atomkernen gefragt.

Immer wieder wird behauptet, daß naturwissenschaftliche Vorstellungen unmittelbar und eng mit mechanistischen Begriffen verbunden sind. Das mag vielleicht gewissen Gruppen und Gesellschaften sehr willkommen sein, aber diese Behauptungen stehen im Widerspruch zu unserem heutigen Wissen und zu unserem heutigen Erkenntnisstand – das sollte nun nach allem klar sein!

Was soeben – leider viel zu kurz – dargelegt wurde, ist nicht Ausdruck eines wissenschaftlichen Materialismus, keine mechanische Deutung des Lebens überhaupt oder einer wissenschaftlichen Hybris, sondern stellt die konsequente Weiterverfolgung der Tatsache dar, daß schon die Bausteine der chemischen Materie keine Eigenschaften zeigen, wie man sie allgemein früher der Materie fast selbstverständlich gegeben hatte. Der Materialismus hat dadurch endgültig ausgedient!

Es ist das gleiche „Substrat", aus dem ein Molekül, ein Kristall, die Flüssigkeiten und Gase, die Viren, Bakterien, Pflanzen und Tiere und auch der Mensch besteht und dessen Eigenschaften und Verhalten die Verschiedenheiten im Kosmos bestimmen, einschließlich aller intellektuellen, geistigen und seelischen Leistungen und Empfindungen der höheren Lebewesen.

Dieses Wissen, daß wir „eins" sind in dieser Welt, diese Einsicht, daß uns nur die Komplexität unterscheidet, sollte unser Bewußtsein sehr verändern. Damit entsteht die *Urachtung* vor allem, was um und in uns existiert und geschieht und die *Urverachtung* für diejenigen Menschen, die diesem Prinzip – dieser Tatsache – zuwider handeln. Wenn wir also vom gleichen „Urgrund" sind, dann haben wir Verantwortung voreinander zu tragen und auch gegenüber den Systemen, die entweder wegen ihrer geringeren Komplexität von uns abhängen oder noch nicht zu unseren Einsichten kommen können!

So kann naturwissenschaftliches Wissen – wenn verstanden und zur Einsicht geführt – schon die Grundlage einer Moral und einer Ethik sein! Freilich, ganz so einfach, wie es hier erscheint, ist die Situation nicht, aber mit diesem Hinweis möchte ich die Aufgabe im wesentlichen umrissen haben, die sich letzlich durch die weitergeführten Konsequenzen aus unserer wissenschaftlichen Naturerkenntnis ergibt.

Ich bin mir sicher, daß sich auch schon hier der Anfang für eine Sinngebung unserer Existenz finden läßt, soweit es überhaupt möglich ist. Denn dieser „Sinn" kann offenbar nicht von außen an uns herangetragen werden, sondern muß „in uns" entstehen, indem wir uns immer bemühen, unsere Umwelt und uns selbst der wissenschaftlichen Forschung und Diskussion zu stellen, die sich in ihren Einsichten erweitert. Es steht außer Frage, daß auch Wissenschaft, wenn sie so verstanden wird, dieser Urachtung unterliegt.

Seien wir offen und ehrlich zu uns und zur Umwelt: Es spricht nichts dagegen, davon auszugehen, daß das Körperliche, Geistige und Seelische Ausdruck der Materie ist, nachdem wir erkannt haben, welche Eigenschaften und Verhaltensweisen die elementaren Bausteine der chemischen Materie aufweisen, die so ganz und gar nicht mit alten (und hoffentlich bald vergessenen) materiellen und damit verbundenen materialistischen Vorstellungen in Verbindung gebracht werden können. Mit dieser Erkenntnis, die auch ganz im naturwissenschaftlichen Sinne gesehen werden muß, ist die Natur, d.h. alle Steine und Pflanzen, Tiere und auch der Mensch selbst, aus „Einem" gebildet, aus dem einen Substrat, was wir fälschlicherweise einmal – und uns damit selbst abwertend – „Materie" genannt haben. Wir gehören in diesem Kosmos alle zusammen, nur die Komplexität unterscheidet uns, aber daraus läßt sich nun – wie die „Dinge" liegen – kein Machtanspruch herleiten.

Komplexität ist es also, die von den einfachen Molekülen und Kristallstrukturen bis zum Bereich des Geistigen hin anwächst, und deswegen dürfen die Systeme nicht gegeneinander ausgespielt werden, weil damit das gewachsene Gleichgewicht in der Evolution in Frage gestellt wird. Es wäre immer ein Kampf gegen uns selbst! Das schließt freilich nicht aus, daß Korrekturen möglich sind, wenn Lebensqualitäten beeinträchtigt werden. Dies muß aber unter Beachtung des ganzen Geschehens und unter dem Gesichtspunkt geschehen, daß die Evolution eine beschränkte Flexibilität besitzt, wenn die Umwelt schnell geändert wird.

Wen das erschreckt, der mag noch einmal an die vorigen Ausführungen denken und sich daran erinnern, daß schon die „Bausteine der Materie" unter anderem die Akausalität ihres Verhaltens enthalten, die Freiheit also, die sich maximal in den Wahrscheinlichkeitsaussagen niederschlägt und die wiederum dadurch festgelegt ist. Der muß auch daran denken, welche Vielfalt von atomaren Verbindungen im Kosmos möglich ist, die weit über unsere Vorstellungen hinausreicht. Und er sollte sich auch daran erinnern, daß der Mikrokosmos in jeder Hinsicht und auf vielen Kanälen in den Makrokosmos hineinwirkt!

Komplexität aber ist kein Wertebegriff! Ein komplexes System ist nicht besser als ein einfacheres, denn Komplexität ist eine Frage der Evolution, der Anpassung, des Überlebens – in ganz *bestimmten* ökologischen Bereichen – im Hinblick auf die Fortpflanzung. Sie ist also – wenn man will – ein Geschenk und damit eine Aufforderung entsprechend zu leben.

Komplexität ist auch keine Frage der Schönheit (als Wertung) und der Ästhetik, auch nicht der Tüchtigkeit im allgemeinen, noch hat sie was mit den Begriffen von Auserwähltheit, „höherstehend" oder Adel zu tun. Sie garantiert nämlich überhaupt keine höhere Sicherheit, und ganz gewiß können auch aus der höheren Komplexität heraus nicht mehr Rechte abgeleitet werden, denn das würde das Gesamtsystem stören, wenn daraus gehandelt werden würde. Es ist also keine Hierachie, sondern ein „Miteinander-Wechselwirken", das auch eine gegenseitige Abhängigkeit bedeuten muß. Die Vernetzung kennt keine Hierachie! Nur die Fähigkeit zur Übernahme von Verantwortung für das Ganze stellt gleichzeitig Verpflichtung und Gewichtung dar und hängt mit der Komplexität zusammen.

Nein – die Gewißheit der Gemeinsamkeit in den innersten „Teilen" führt zur gegenseitigen Akzeptanz, soweit es geht, zur steten Bereitschaft zur Hilfe, wenn notwendig. Was wir also auch tun und denken, wir müssen alles im Rahmen der Gemeinsamkeit betrachten und werten.

Unsere Freiheit ist die beschränkte Freiheit unserer Natur, unserer Welt, und wer das nicht erkennen kann oder will, schadet allen anderen und sich selbst.

Damit sind die Grundpfeiler einer naturwissenschaftlichen Moral und Ethik aufgezeigt, die letztlich an unserer Erkenntnis hängt, zwar nicht absolut, aber immer weniger sich verändernd, schließlich – je mehr wir erkennen – konvergierend. Wir Menschen als die komplexesten Systeme tragen dabei die größte Verantwortung, weil wir den weitesten Überblick haben können.

Zusammen mit unserem Materieverständnis haben wir damit eine Möglichkeit zu einer Interpretation der Evolution im ethischen Sinne gefunden. Nicht dem „Tüchtigen" gehört die Welt, sondern alles ist auf seine Weise gebildet und hat sein Lebensrecht. Und was „Tüchtigkeit" hier bedeutet, darüber müßte noch nachgedacht werden – sicher nicht jene auf Kosten des anderen. Durch wissenschaftliche Erkenntnis ist die Welt vom stupiden kausalen Materialismus gereinigt. Der neue Humanismus kann kommen, und er wird eine echte (nicht vorgetäuschte) soziale Seite haben. Tüchtigkeit also für das Gemeinwohl? Das wäre mindestens zu verlangen in Anbetracht der so weitreichenden Gemeinsamkeit und Vernetzung.

Es besteht kein Zweifel darüber, daß wir bisher unsere Angst mit Materie, Macht und Konsum bekämpfen, und wir wissen längst, daß es auf diese Weise zu keinem Erfolg kommen kann, da wir das Angstgefühl auf diese Weise nur betäuben.

Zweifellos gehört Angst zu unserer Existenz, zeigt unsere Abhängigkeiten, ist Ausdruck unseres Wissens um unsere Sterblichkeit und entsteht auch aus dem Gefühl, eine Situation nicht kontrollieren zu können. Mit dem Materialismus wurde die Angst vor Krankheit, Armut, Alter und Tod unmenschlich verstärkt, denn nur damit kann das Kapital profitieren! Das Zeitalter des Materialismus ist daher auch eine Zeit der Angst. (Unbewußte) Angst bestimmt – sagen wir es offen – die Politik, die Wirtschaft, die Rechtsprechung, ja fast alle Bereiche unseres Alltags.

Auch Wissenschaft – wie sie heute betrieben wird – ist weitgehendst von Angst bestimmt. Dies konnte geschehen, weil Wissenschaft heute mit dem Kapital eine Verbindung eingegangen ist, teilweise eingehen mußte, die den Grundprinzipien der Wissenschaft völlig zuwider läuft, denn im Besitzstreben und in der Weltbeherrschung hat echte Wissenschaft nichts zu suchen, da Wissenschaft in ihren Motiven, Begründungen und Verhalten im Tiefsten menschlich ist. Wissenschaftlich sein, also verstehen wollen, ist ein menschliches Urbedürfnis, eine menschliche Sehnsucht. In der Beherrschung der Welt durch Profit und Macht (was dasselbe ist) geht der Mensch verloren, wird er ein Teil dieser harten und brutalen Realität, die so nie Erfüllung für ihn sein kann – sondern Angst erzeugt, weil tiefe menschliche Prinzipien und Vorstellungen verletzt werden.

So geht die Harmonie mit der Natur, mit dem Kosmos verloren. Die Erkenntnisse über das Universum und über die Materie, die wir heute besitzen und die wir soweit wie möglich zu erfassen angefangen haben, zeigen Möglichkeiten des Vertrauens auf, der Liebe in allgemeinster Form. Denn zwischen allen Teilen des Kosmos, ob Stein, Pflanze, Tier oder Mensch, bestehen jetzt *fundamentale Gemeinsamkeiten*. Der Mensch ist nicht die „Krone der Schöpfung", sondern nur ein sehr kompliziertes System darin und er hat keinen Grund, sich erhaben gegenüber Tieren und Pflanzen zu fühlen, er ist Teil und Teilhaber und aufgrund seiner Struktur hat er Verantwortung, Vertrauen und Hilfe zu erzeugen, zu zeigen – und anzubieten.

Erst dann wird seine Angst reduziert sein, nicht mehr diese Bedrohlichkeit für ihn haben und Furcht wird nicht mehr an erster Stelle stehen.

Der Mensch ist der Hoffnungsträger der Evolution und nicht deren Ausbeuter.

Schöne Worte werden Sie denken, aber nehmen Sie das alles nicht auf die leichte Schulter. Denn eines muß noch mit großem Ernst gesagt werden: *Das alles kann nur verstanden und erfaßt werden, wenn die wissenschaftliche Erkenntnis verinnerlicht worden ist. Wenn dies alles uns ganz ergriffen hat, und dazu bedarf es auch des Wissens und der Einsicht auf eine Weise, die mit Machtgewinn und mit unmittelbarem vordergründigem Nutzen nichts zu tun haben darf.* Das ist heute sehr schwierig, denn alles, praktisch alles, ist mit materiellem Gewinn so eng verbunden, daß wir gar nichts anderes denken und empfinden können und dabei schadet uns gerade dieses Weltverständnis des Materialismus. Und ich glaube, daß ich nicht übertreibe, wenn ich behaupte, daß dies alles unser Immunsystem beeinflußt, unsere Herz- und Kreislauffunktion schädigt, unsere Gefühle und Gedanken mißbraucht, denn diese sind auf Vorteile gegenüber dem anderen ausgerichtet, und sie schließen auch nicht seine Reduzierung, seine Erniedrigung oder sogar seine Vernichtung aus.

Die *Versöhnung mit der Materie*, mit dem Existentiellen – mit uns selbst – hat nicht stattgefunden. Die Urachtung ist nicht erkannt worden, denn, wer bewußt die Vorgänge in der Welt beobachtet, muß durchaus zu der Meinung kommen, daß man auch durch Macht, Grausamkeiten und böswillig Falschem den Umsatz fördern kann und damit steigt sogar – das Bruttosozialprodukt.

Schöne Worte also? Für den, der das naturwissenschaftliche Wissen in diesem Sinne nicht ernst nimmt, sondern verharren will, ist das sicher der Fall. Wer immer noch die *absolute Wahrheit*, die *unmittelbare* „Erkenntnis" als die Mittel und Wege seines Weltbildes für geeignet erachtet und schließlich grundsätzlich meint, daß ohne Zahlungsmittel kein sinnvolles Leben möglich ist, den können meine Feststellungen nicht erreichen.

Nun zwingt aber naturwissenschaftliche Erkenntnis niemanden sie anzuerkennen und in dieser Weise zu interpretieren und zu verinnerlichen, damit ein Weltbild aus der wissenschaftlichen Erkenntnis und Einsicht geschaffen werden kann. Aber wir sollten uns klarmachen, daß wir uns mit den *bisherigen* Vorstellungen – in voller Freiwilligkeit und in offener Entscheidung – doch sehr weit von unseren wirklichen Zielen und Wünschen entfernt haben, daß wir unser Menschsein nicht in der gewünschten und möglichen Breite verwirklicht haben, wenn wir in uns „hineinschauen und -hören". Diese Einsichten mögen uns vielleicht in ruhigen Stunden kommen, wenn wir uns ein wenig loslösen von der Hektik, die uns charakterisiert. Dann mag es uns vielleicht gelingen zu spüren, daß die Faszination des Materialismus, die fast alle erfaßt hat, besonders die, die Erfolg haben, doch nicht alles gewesen sein kann und daß diese Gesellschaft, wie sie in weiten Teilen der Erde vorliegt, nicht das Ziel der menschlichen Entwicklung gewesen sein kann.

Hätten wir nicht manchen „Fortschritt", der ausnahmsweise als echter menschlicher Gewinn gesehen werden darf, sich aber im allgemeinen nur auf Wenige verteilt, mit weniger Opfern und dem Leid der anderen erhalten können? Auf breiter Basis im Gefühl der Gemeinsamkeit?

Unter Berücksichtigung dieser Tatsachen erscheinen unsere naturwissenschaftlichen Erkenntnisse und Einsichten – wie hier dargelegt – als eine neue Möglichkeit der Menschwerdung und Reifung. Neu, weil hier unser Verhalten, *Denken und Handeln auf die Basis naturwissenschaftlicher Erkenntnisse gestellt* wird. Hier wird nicht Absolutes angestrebt, aber es ist ausreichend, um menschlicher im Wissen um das Gemeinsame zu leben.

Diese Erkenntnisse liefern fast automatisch den Grund zu unserem Selbstbewußtsein (im wahrsten Sinne des Wortes), denn wer immer wieder erleben muß, daß er unerwünscht oder anderen gleichgültig ist oder sogar gehaßt wird, der verliert das Vertrauen an sich selbst und kämpft mit allen Mitteln der Lüge und Gewalt um seine Aufnahme in die Gesellschaft der Menschen, in die Gesellschaft aller Lebewesen, die ihm dann offenbar doch etwas bedeuten.

Wer aber diese Urachtung entwickelt und empfindet, wird daher grundsätzlich *alles* um sich herum achten und (vielleicht) lieben, denn ohne Achtung ist kein Gerechtigkeitsbewußtsein (im allgemeinsten Sinne) möglich und diese Überzeugung kommt aus der Einsicht, daß die Natur eins ist, daß wir voll dazugehören, ohne „etwas Besonderes" zu sein – das ist unser Bezug zu den Erkenntnissen über die Materie. Denn diese Materie, aus der alles besteht, ist nicht materialistisch zu erfassen, ist nicht das, was wir so lange anzunehmen glaubten, weil es alle nachsprachen, sie ist, um es noch einmal zu sagen, ein „Etwas", in dem alles schon vorgebildet und schon vorbereitet ist, was sich später im Rahmen der Evolution verwirklichen wird.

Ich habe die hier zugrunde liegenden Gedanken immer wieder abwandelnd und von verschiedenen Seiten betrachtend wiederholt und dies mit voller Absicht. Denn diese Erkenntnis, wenn sie ganz in uns aufgenommen worden ist, muß unser Bewußtsein verändern, denn nun hat alles, was um und in uns ist, eine andere Bedeutung gewonnen, und dieses Wissen kommt nicht aus einer spontanen Eingebung, ist nicht Hypothese oder notwendige Behauptung, weil es einigen von uns in ihre Methode paßt. Dieses Wissen ist aus unserer wissenschaftlichen Erfahrung erarbeitet worden, ist aus Vergleichen der verschiedenen Ergebnisse, durch vieles Nachdenken und Nachprüfen entstanden. Es ist aber auch ein Wissen, was jedem letztlich zugänglich sein kann und darum die vielen Wiederholungen.

Aus der Wellenmechanik ergeben sich aber noch weitere, sehr bedeutsame Konsequenzen, die mit den Aussagen über die Materie zusammenhängen.

Wir hatten den Aspekt schon früher anhand der Kugel diskutiert, die nach einigen Richtungsänderungen in ihrem Bewegungsablauf immer unberechenbarer wird. Offenbar berührt der Vorgang das Problem der Voraussagen – also die Informationen über das zukünftige Geschehen.

Es ist wieder die Unschärferelation, die hier die entscheidende Rolle spielt, und die auch schon der Grund dafür gewesen war, daß wir ein neues Verständnis der Materie erhalten haben, das zum Titel dieses Buches den Anlaß gab. Sie vermuten auch zu recht, daß es wieder die Akausalität der mikrokosmischen Ereignisse ist, die es uns in diesem Rahmen ermöglicht, Aussagen über Vergangenes und Zukünftiges zu treffen und die damit also auf der Grundlage der Wellenmechanik getroffen werden müssen. Wir diskutierten aber seinerzeit auch Vorgänge im makrokosmischen Bereich, also auch über Objekte unserer Alltagserfahrung, wobei wir uns selbst einschließen müssen.

Wir erinnern uns, daß beim Größerwerden der Masse (also Größe des Objekts) die Unschärfeaussagen immer mehr an Einfluß verlieren und wir schließlich „scheinbare" kausale Vorgänge beobachten. Wie könnten wir uns sonst im Leben zurechtfinden?

Wie aber paßt das zusammen? Akausal im Mikrokosmos (Elektronen, Atome, Moleküle), dagegen kausale Vorgänge bei Systemen, die sich aus sehr vielen Molekülen zusammensetzen. Diese besitzen eine große Masse, die dann als *ein Teil* in Bezug auf die Unschärfe betrachtet werden muß, wenn die Bindungskräfte zwischen den Molekülen und Molekülaggregaten größer sind als die Kräfte, die auf dieses Materiestück bei unserer Beobachtung wirken.

Und sagen wir es noch einmal zusammengefaßt: Die Unschärferelation ist ein Naturgesetz. Sie drückt eine unmittelbare Eigenschaft der Materie aus. Unscharf – in unserem Sinne akausal – zu sein, ist eine Natureigenschaft.

Zugegeben, mit der Unschärfe der Mikroteilchen verlieren wir zwar viel Anschaulichkeit, aber wie wir oben feststellten, gewinnen wir neue und tiefgreifende Erkenntnisse über die Welt und besonders über das Leben. Die Unmöglichkeit der beliebig genauen Vermessung von Elektronen und Atomkernen hat somit weitreichende Konsequenzen gezeigt. Es ist die Wellenfunktion, die diesen Sachverhalt mathematisch beschreibt und diese Ψ–Funktion ergibt sich als Lösung der Schrödinger-Gleichung, die somit eine Art „Bewegungsgleichung" der Elektronen und Atomkerne darstellt.

Die konsequente und damals – 1924/1926 – revolutionäre Interpretation der Wellenmechanik geht auf *M. Born, N. Bohr* und *W. Heisenberg* zurück. Wir haben uns der Interpretation hier angeschlossen, wenn auch zu der damaligen Zeit derartige Überlegungen, wie in diesem Buch, noch nicht angestellt und für notwendig empfunden wurden. Das ist verständlich, denn am Anfang geht es um die Basis einer Theorie, erst später, oft viel später, macht man sich über die weiterreichenden Konsequenzen Gedanken.

Es hat bald nicht an Versuchen gefehlt, der Wellenmechanik eine andere Interpretation zu geben (*A. Einstein*). Aber über Jahrzehnte hinweg konnten die Zweifel und Einwände von Einstein aufgeklärt und widerlegt werden, so daß sich die Interpretation, wie in diesem Buch diskutiert, immer wieder als richtig und mit der Erfahrung im Einklang erwiesen hat. Noch heute werden aber immer wieder – besonders von amerikanischer Seite – Einwände und Vorschläge gegen die Unschärferelation vorgebracht. Möglicherweise aus politischen Gründen oder aus der Abneigung gegen die akausale Interpretation der im wesentlichen in Deutschland entstandenen Wellenmechanik. Diese Vorstellungen einer Minderheit, die übrigens immer wieder dabei versucht, den Formalismus der Wellenmechanik möglichst unangetastet zu lassen, gehen davon aus, daß hinter den Grenzen unseres Wissens vielleicht doch eine determinierte (kausale) Mechanik der Mikroteilchen existiert, sozusagen eine „kausale Mechanik", die für unsere Messungen und Erfahrungen zwar nicht zugänglich wäre, aber wirksam sein sollte.

Ein derartiges Vorgehen, welches also von „verborgenen Vorgängen" (verborgenen Parametern) ausgeht, kann nicht als Theorie angesehen werden, da es sich dabei um Vorgänge handeln soll, die für die Erfahrung nicht erreichbar sind – also handelt es sich daher letztlich um metaphysikalische Überlegungen. Derartige Feststellungen sind aber mehrdeutig und ermöglichen verschiedene philosophische Interpretationen, da der Ausgangspunkt ihrer Überlegungen außerhalb unserer Erfahrungen liegt.

Die Interpretation von Born, Bohr und Heisenberg kann auf derartige „verborgenen" Vorgänge verzichten, die zu Vorstellungen führen, die der Beobachtung nicht zugänglich sind. Sie liefert vielmehr eine Theorie unseres *möglichen Wissens* von der Materie, die in den Wahrscheinlichkeitsaussagen zur Geltung kommt!

Wir gehen immer davon aus, daß sich makroskopische Körper kausal bewegen. Das ist so sicher richtig, aber nur oberflächlich betrachtet, wenn man davon ausgeht, daß ein Verlauf im „Großen" nur dann voll determiniert ist, also kausal ist, wenn wir am Beginn die genauen Positionen der einzelnen Molekülteile kennen. Dies mag belanglos erscheinen, wenn alle Teile fest zusammenhängen und wir den jeweiligen großen Körper als „Einheit" im Sinne der Unschärferelation auffassen können.

Genau genommen ist es eben doch nicht ganz richtig. In der Tat gibt es nämlich überaus zahlreiche Beispiele, wo wir diese Voraussetzungen nicht so machen dürfen. In diesem Falle nämlich entscheiden die Atome und Moleküle das Geschehen im Großen.

Denken wir dabei etwa an eine Wolke, so ist deren Entstehung und auch deren Art davon abhängig, wo und wie zuerst ein Tropfen entsteht, aus dem sich dann die Wolke entwickelt. Es sind in der Regel viele kleine Tropfen, die sich an „Keimen" bilden, die aus speziellen Molekülen bestehen. An denen kann dann der Wasserdampf zu kleinen Tröpfchen „kondensieren", es können sich also Wassermoleküle anlagern, um dann den Tropfen zu bilden. Derartige unsichtbare Keime entstehen zunächst *zufällig*, zumal diese „ultrafeinen" Teilchen schon sehr stark dadurch geprägt sind, wie sich die entsprechenden Elektronen und Atomkerne in ihnen verhalten. Mit anderen Worten: Wir sehen daraus, daß manche atomaren Vorgänge durchaus Auswirkungen auf makromolekulare Systeme haben, wobei diese atomaren Vorgänge selbst durch Zufall entstanden sind, sich dann vergrößern und dann schließlich immer mehr der Kausalität unterliegen. Dabei darf allerdings auch nicht vergessen werden, daß sich weitere Keimbildungen nochmals auf das „große System" auswirken können, wenn die vorliegenden Wechselwirkungen zwischen den Systemen es zulassen.

Dieselben Überlegungen gelten auch für die Entstehung von Kristallen oder Bewegungsformen in Gasen und Flüssigkeiten, wenn wir etwa an Wirbelbildungen denken, die ähnlich gesehen werden können.

Das heißt, die geringste Unsicherheit bei der Festlegung der Informationen über einen Ausgangszustand stellt den weiteren Verlauf im Sinne einer kausalen Berechnung in Frage.

So müssen wir davon ausgehen, daß im atomaren und im molekularen Kleinen, wo die Unschärferelation wirkt, entschieden wird, was im Großen bzw. im weiteren Verlauf geschieht. Dies muß allerdings im Sinne der Wahrscheinlichkeitsaussagen im Kleinen geschehen, die viele Möglichkeiten für das „Große" bereithalten und oft Unberechenbarkeit zur Folge haben – das System kann sich „chaotisch" benehmen. Wir müssen also feststellen, und das ist eine klare Aussage der Wellenmechanik, daß zukünftige Ereignisse, die durch Verstärkung sehr kleiner Unsicherheiten am Anfang zustande kommen, nicht voll voraussagbar sind! *Die Zukunft ist nicht vollständig berechenbar.* Das ist das Ergebnis, wenn wir die Wellenmechanik unserer Alltagserfahrung hinzurechnen!

Eine solche Aussage wird besonders aktuell, wenn wir bedenken, daß gerade im Bereich des Lebendigen derartige „Verstärkungen" zuhauf auftreten; zum Beispiel besteht die Erbsubstanz aus molekularen Systemen, deren Wirkungen bei der Fortpflanzung oder bei Mutationen nur durch Änderungen der chemischen Bindungen hervorgerufen werden können, also durch den Einfluß der Elektronen und Atomkerne, die diese Bindungen herstellen. Und das geschieht alles im Rahmen der molekularen Struktur der Erbsubstanz.

Wo nämlich in der Erbsubstanz (Chromosomen) chemische Bindungen gelöst oder neue gebildet werden, hängt von der zufälligen Temperaturverteilung und von den entsprechenden chemischen Reaktionen ab, die aber den Unschärfeaussagen der Wellenmechanik unterliegen. Somit sind Mutationen als spontane Änderungen der Erbsubstanz von den wellenmechanischen Gesetzen abhängig und bei der Fortpflanzung oder auch bei vielen Krankheitserscheinungen kann nicht vorausgesagt werden, welche neuen Individuen entstehen werden und wann und wo eine bestimmte Krankheit ausbricht. Wir können zwar die Wahrscheinlichkeitsverteilung im Mikrokosmos ändern, indem wir z.B. neue molekulare Systeme hinzutun oder die Temperatur ändern, aber immer handelt es sich im Sinne der Unschärferelation um Wahrscheinlichkeitsaussagen, so daß damit an der Unberechenbarkeit der Zukunft nichts geändert wird.

Da dies alles den Menschen selbst und seine Umwelt beeinflußt, kann also gesagt werden, daß aufgrund der Wellenmechanik *eine Voraussage der Zukunft nur mit Vorsicht und starken Einschränkungen und dann nie mit Sicherheit möglich ist.*

Das schließt aber nicht aus, daß statistische Vorhersagen möglich sein können. Auch teilweise gesicherte Voraussagen können aufgrund physikalischer Gesetze erlaubt sein (z.B. Astronomie). Aber da auch die oben festgestellten Unsicherheiten bestehen, kann gesagt werden, daß allgemein die Zukunft aus wellenmechanischen Gesetzmäßigkeiten offen ist.

Das gilt dann auch für die Vergangenheit, denn aus der Gegenwart läßt sich nicht auf die Vergangenheit schließen, weil – aus der Vergangenheit betrachtet – das Heute dann Zukunft wäre und diese eben nicht eindeutig aus den vorhergehenden Ereignissen abgeleitet werden kann. Trotzdem existieren natürlich schriftliche, hölzerne oder steinerne Zeugen der Vergangenheit, aber *was das Leben der Vergangenheit wirklich bestimmt hat,* Gedanken, Beeinflussungen und Aussprachen, *kann nicht* mehr aus der Gegenwart *eindeutig erschlossen werden!*

10 Schlußgedanken

Wir kommen nun zum Ende und wollen uns nochmals einige abschließende Gedanken über das bisher Diskutierte machen.

Sollten Sie das alles vollständig gelesen und sich dabei schon einige Gedanken gemacht haben, so sollten Sie ab sofort die Materie – die im materialistischen Sinn gar keine ist – mit anderen Augen ansehen.

Ich muß gestehen, daß ich gelegentlich ganz bewußt ein Stück unbearbeitete Materie in die Hand nehme, etwa einen Stein am Strand, einen Kristall im Gebirge oder das Meerwasser in meiner Hand betrachte oder spüre, wie der Wind über mein Gesicht streift. All das versuche ich ganz bewußt in mich aufzunehmen. Immer sind es Systeme aus Elektronen und Atomkernen, mit denen ich Kontakt aufnehme. Unvorstellbare große Mengen, denn schon einige Gramm Stein oder Wasser bestehen aus einer Anzahl Atomkernen, die mindestens mit 24 Ziffern geschrieben werden muß. Elektronen gibt es noch mehr, da die Atome zwischen 1 (Wasserstoff) und 92 (Uran) Elektronen enthalten können. Der makroskopische Reiz der Natur mit ihren so vielfältigen Erscheinungsformen gewinnt mit diesem mikroskopischen Hintergrund eine neue Tiefe.

Wir wissen nun, daß sich die Atomkerne wegen ihrer positiven Ladungen abstoßen und es die *nicht unterscheidbaren Elektronen* sind, die Anziehungskräfte zwischen fast allen Kernen erzeugen, so daß sich diese in bestimmten Abständen voneinander besonders wahrscheinlich aufhalten können, dort nämlich, wo sich Anziehung und Abstoßung (das letztere durch die Ladung der Atomkerne selbst bedingt) ungefähr kompensieren (*Bindungsabstände*).

So entstehen Moleküle, Kristalle, Flüssigkeiten und Gase, wobei die letzteren ebenfalls wieder aus Molekülen bestehen, zwischen denen – wiederum von Elektronen erzeugt – Anziehungskräfte existieren. Diese sind in der Regel aber nicht so stark wie die Bindung zwischen den Atomen, so daß sich die Moleküle als Ganzes leichter gegeneinander verschieben können –, in diesem Fall liegt dann eine Flüssigkeit oder ein Gas vor, wobei die Wechselwirkungen zwischen den Atomen und Molekülen in Gasen besonders schwach sind.

In Festkörpern dagegen sind diese Kräfte stärker, so daß wir bekanntlich Stabilität und Härte beobachten.

Und das alles ist nur möglich, weil Elektronen nicht unterscheidbar sind und weil Elektronen und Atomkerne der naturgesetzlichen Unschärfe unterliegen, sich also akausal in ihren Bewegungen verhalten!

Das alles halte ich nun in der Hand. Ich habe Grund zur Ehrfurcht – zumindest zur Bewunderung – nicht so sehr vor dem Unbekannten, denn das Wesentliche dieser Vorgänge ist ja bekannt und in einer Theorie sogar vollständig erfaßt, sondern auch besonders deswegen, weil ich in einer solchen Welt lebe, deren inneres Gefüge ich mit Hilfe mathematischer Formulierungen erfahren und erkennen kann. Ich konnte letztlich erfassen, daß alle Pflanzen, Tiere und auch wir Menschen aus dem gleichen „Stoff" bestehen, der in seinen Bausteinen so gar nicht materiell ist! Und obwohl die großen Körper recht gut die Kausalität erfüllen, so wirkt doch die atomare Akausalität in diese Körper hinein, besonders wenn diese die Eigenschaft zeigen, die wir mit dem Begriff des Lebens verbinden, wie wir das oben darlegten.

Und warum sollte man nicht davon ausgehen, daß dieser „Stoff" auch die Fähigkeit zu Bewußtsein besitzt, besonders in Bezug auf den Eindruck, den der Körper von sich selbst hat – also sich *seiner bewußt* wird. Das schließt dann auch Seele und Geist ein!

Was ist eigentlich an diesen Gedanken so „schrecklich"? Materialistische Gedanken sind es ganz bestimmt nicht, das hoffe ich, in diesem Buch klar genug herausgestellt zu haben. Ja, ich gehe noch einen Schritt weiter und behaupte, daß alle Vorstellungen, die von der Trennung von Geist, Seele und Körper (nur der Letztere ist Materie) ausgehen, dem klassischen Materialismus näher stehen als viele glauben, denn sie unterscheiden Seele und Geist (als immateriell) ganz klar vom materiellen Körper, der damit zwar eine Abwertung erfährt, aber schließlich den materiellen Teil dieser Vorstellung darstellt. Die Folgen dieser Trennung sind geschichtlich zu verfolgen und wir erkennen, ganz besonders im christlichen Abendland, daß der Körper abgewertet erscheint. Prinzipiell alles „Körperliche" ist „unrein", „verabscheuungswürdig" und stellt zumindest nicht die Basis des „echten" Lebens dar. Aber da es nun mal den Körper gibt, liegt es nahe, andere „Welten" einzuführen, in denen sich der Mensch (meistens nach dem Tode) körperlos befindet – gegebenenfalls unter gewissen wertenden Bedingungen.

Für diese Vorstellungen (die besonders von Religionen vertreten werden) sprechen nur Glaubensannahmen, Offenbarungen und vielleicht auch – manchmal – das Verlangen nach Macht über Menschen. Die Trennung von Geist, Seele und Körper läßt den Menschen in der Evolution ziemlich elitär erscheinen und unterscheidet ihn wesentlich vom Tier, welches ja – so meint man – gar keine oder nur eine sehr geringe Seele haben soll, ja letztlich haben muß, wenn man die besagte Trennung ernst nimmt.

Die Folgen dieser Trennung sind so vielfältig und für uns so selbstverständlich, daß in diesem Buch nicht näher darauf eingegangen zu werden braucht. Wir wollen nur darauf hinweisen, daß erst dadurch die Frage des Tierschutzes, der Arterhaltung und letzten Endes auch unser Verhalten zur Natur überhaupt angesprochen wird, bis hin zu bestimmten philosophischen Systemen und religiösen Vorstellungen. Schließlich wird auch die Politik sehr davon beeinflußt. Ganz zu schweigen davon, daß die zwischenmenschlichen Beziehungen bis hin zur Liebe – als die höchste und edelste menschliche Kontaktleistung – bei dieser Vorstellung in irgendeiner Form diese Trennung von Geist, Seele und Körper voraussetzen.

Diese unglückselige Trennung findet ihre Entsprechung in einer Kapitalgesellschaft, in der *alles* – besonders aber was körperlich ist oder als körpereigen aufgefaßt wird – zur Ware wird, mit flexiblen Preisen, so also etwa Preise für „Atomkerne und Elektronen", wie wir es z.B. in der Atomtechnik oder in der Chemie finden, aber auch für Pflanzen, Tiere und auch für Menschen (Sklaverei), wenn man ihnen weitgehendst Seele und Geist abspricht, wie das z.B. noch vor einigen Jahrhunderten in einigen Teilen der Erde für Frauen galt. Aber auch für die Völker, die man abwertend in diesem Sinne definierte.

Ich behaupte dagegen, daß *die hier im Buch erkannten Zusammenhänge – die wissenschaftlich sind – eine vollständige Absage an den Materialismus darstellen.*

Schon die am Anfang der Entstehung vorliegenden „Bausteine" – Elektronen und Atomkerne – sind nicht materiell und gehorchen auch nicht den entsprechenden Gesetzen. Wir können sie prinzipiell nicht erkennen, solange wir keine Messung machen, und davor gibt es nur eine Wahrscheinlichkeitsaussage darüber, ob wir diese „Teilchen" wirklich antreffen. Die $\Psi^*\Psi$–Funktion ist eine Aussage über den Ausgang eines möglichen Experiments! Aber selbst wenn wir das „Teilchen" finden würden, können wir dessen Ort und Impuls (Geschwindigkeit) nicht gleichzeitig scharf messen – es benimmt sich akausal (Das Gleiche gilt auch für Energie und Zeit.)!

Das alles wird dann generalisierend durch die *Schrödinger-Gleichung* erfaßt, die auch die Information enthält, welches System aus Atomkernen und Elektronen wir untersuchen wollen, um dann die Berechnung von Ψ zu ermöglichen.

Diese Unsicherheit in der Materie ist der erste Hinweis darauf, daß schon in einfachsten Systemen wie den Atomen – aus denen sich alles aufbaut – eine gewisse „Freiheit" der Elektronen und Atomkerne vorliegt, die einmal keine kausale Berechnung der Zukunft ermöglicht, sondern viele Möglichkeiten der Beobachtung in Raum und Zeit offenhält. Ein weiterer Hinweis ist die Entstehung größerer Körper, die sich immer mehr im Ganzen kausal verhalten, je größer sie sind, obwohl ihr innerer molekularer Aufbau nach wie vor vom Akausalen beherrscht wird und gerade dadurch ihre Eigenschaften und ihr Verhalten beeinflußt werden.

Wenn ich also den kleinen Kristall in meiner Hand betrachte, so mag er zwar nach Kausalgesetzen fliegen, wenn ich ihn in die Luft werfe, aber seine Farbe, seine Härte, seine Kristallstruktur oder sein Verhalten im elektromagnetischen Feld sowie sein Schmelz- und Siedepunkt, ja sein Geruch (wenn vorhanden) hängt nur allein von den Elektronen und Atomkernen ab, die ihn aufbauen.

Etwas genauer gesagt: Die Anzahl der beteiligten Elektronen und Atomkerne bestimmt das „Wesen" des Kristalls! Oder noch anders ausgedrückt: Die Massen, Ladungen und Anzahl der beteiligten Atomkerne sowie die Anzahl der Elektronen entscheiden, welchen Kristall ich jetzt in der Hand halte!

Man muß sich das noch einmal in Ruhe durch den Kopf gehen lassen: *Die ganze Vielfältigkeit der Natur (wir Menschen eingeschlossen) wird allein durch die Elektronen und Atomkerne bestimmt, entsprechend ihrer Menge und der verschiedenen Kernladungszahlen der dabei beteiligten Atomkerne.*

Dabei herrscht das Prinzip vor, daß *das Ganze mehr ist als die Summe seiner Teile.* Das ist eine wichtige Feststellung, denn das gilt allenthalben und ist auch das „Geheimnis" des Lebens. Dieses Prinzip gilt eigentlich überall dort, wo sich vorher getrennte Teile durch Wechselwirkungen zusammentun, denn dann wird jeder Einfluß von außen auf das Ganze durch das Zusammenwirken der ursprünglichen Teile beantwortet.

Schon die zwei Wasserstoffatome im H_2–Molekül gemeinsam betrachtet sind wesentlich komplexer als zwei unabhängige H-Atome, die nur kinetische Energie und ihr spezielles Spektrum besitzen. H_2 dagegen besitzt einen Bindungsabstand, das System kann in Bindungsrichtung „schwingen" und die beiden Atome können noch umeinander „rotieren", wobei Schwingungen und Rotationen im Sinne der Wahrscheinlichkeitsverteilung zu verstehen sind. Im Falle der Schwingungen gibt es z.B. für verschiedene Atomabstände verschiedene Wahrscheinlichkeiten, die darüber eine Aussage machen, wie wahrscheinlich die jeweilige Lage (der Abstand) der beiden Atome zueinander ist.

Das gleiche gilt auch für die Rotationen, wobei hier der „Abstand" der beiden Atome vom Zustand der Rotation abhängt. Auch das Spektrum von H_2 ist komplexer als das zweier getrennter H-Atome (also eines Atoms). Das Molekül „bietet" also offensichtlich mehr als die *Summe* zweier Wasserstoffatome.

Und so geht das weiter. Benzol C_6H_6 z.B. liefert viel mehr Informationen als 12 getrennte C- und H-Atome.

Über Festkörper haben wir schon gesprochen, das Gleiche gilt auch für Flüssigkeiten, die natürlich „mehr" sind als die Summe ihrer Moleküle, aus denen sie sich zusammensetzen.

Im biologischen Bereich müssen wir besonders auf Moleküle verweisen, die in der Lage sind, sich nochmals herzustellen (Autokatalyse), indem es ihnen (einfach dargestellt) möglich ist, unter Zuhilfenahme anderer Moleküle aus der Umgebung diejenigen Atome und Molekülteile herauszugreifen, mit denen sie sich schließlich verdoppeln können – und auf diese Weise ein Duplikat ihrer selbst hergestellt haben. Man bedenke, diese „autokatalytischen" Moleküle sind aus Elektronen und Atomkernen aufgebaut.

Schließlich entstehen Organismen, die sich aus Untersystemen zusammensetzen, sich irgendwann und irgendwo einmal im Verlauf der Evolution zu bewegen anfangen und schließlich im weiteren Verlauf – wir kennen ja das alles – fangen diese Organismen an zu denken, haben ein Bewußtsein (sie sagen es jedenfalls) und sprechen von Leib, Seele und Geist – offenbar ignorierend, daß auch dies als Funktion der Elektronen und Atomkerne gesehen werden muß.

Ich habe diesen Sachverhalt sehr knapp formuliert, aber ich wollte damit nur sagen, daß die Evolution eine *Evolution der Elektronen und Atomkerne* ist, die sich akausal verhaltende „Teilchen" sind!

Diese „Bausteine" der Evolution sind also auf keinen Fall Materieteilchen, vielmehr wird man sagen können, daß diese mehr dem Geistigen und Seelischen näherstehen als dem bloßen kausalen Verhalten von Bausteinen!

Man versteht jetzt wohl besser, warum ich so großen Wert auf das Verständnis von Unschärferelation und Ψ-Funktion gelegt habe, den Grundverständnissen der Wellenmechanik.

Sind diese Fakten nicht klar, so sind alle Schlüsse und Folgerungen daraus entweder falsch oder zumindest sehr bedenklich.

Gelegentlich kann man in Büchern lesen, daß die Wellenfunktion zu einem kleinen Raumgebiet kollabiert, wenn dort eine Beobachtung durchgeführt wird, das Elektron erscheint dann als Teilchen. Vorher bewegt sich das Elektron im ganzen Raum als Welle. Barer Unsinn! Offenbar ist vor der Messung das Elektron – sozusagen „pulverisiert" – im ganzen Raum verteilt. Woher weiß man das? Denn ein Nachweis ist nicht möglich, denn würde man es versuchen, dann „schnurrt" die Wellenfunktion zusammen und damit auch das „Elektronenpulver" und ein Teilchen erscheint. Ob Teilchen oder Welle hängt demnach offenbar von der Art der Beobachtung ab. Nun hat noch kein Mensch ein Elektron als Welle gesehen oder besser gesagt in irgendwelchen Experimenten *unmittelbar* als Welle nachweisen können!

Die Interpretation der Wellenmechanik sagt eindeutig aus – und diese Interpretation steht eindeutig mit der Erfahrung im Einklang –, daß das aus der Wellengleichung erhaltene Ψ – als $\Psi^*\Psi$ – ein Maß für die

Wahrscheinlichkeit ist, in den jeweiligen Raumbereichen ein Elektron zu finden, wobei Ψ selbst (als komplexe Funktion) Wellencharakter hat. *$\Psi^*\Psi$ ist also eine Wahrscheinlichkeitsaussage* und kollabiert daher nicht, wenn eine Messung gemacht wird, sondern sagt nur darüber etwas aus, mit welcher Chance wir ein Elektron in einem von uns angegebenen Raumbereich finden können. Ist die Messung erfolgt (unabhängig davon, ob sie erfolgreich war), so hat $\Psi^*\Psi$ seine Aufgabe erfüllt. Bei der nächsten Messung muß $\Psi^*\Psi$ neu berechnet werden, denn es muß geklärt werden, ob sich die experimentellen Bedingungen inzwischen geändert haben. Das heißt, durch die Messung wird nicht entschieden, ob Welle oder Teilchen (also kein Dualismus), sondern ob sich im Augenblick der Messung an einer Stelle ein Elektron befindet oder nicht! Die Wellenfunktion Ψ wird also nicht durch die Beobachtung geändert, es sei denn, man ändert die Versuchsbedingungen.

Diese Interpretation der Wellenmechanik ist nicht nur im Einklang mit allen Erfahrungen, sondern kommt ohne Annahmen aus, die nicht nachweisbar sind. Das ist wichtig, denn eine „Metaphysik" ist nicht eindeutig, weil nicht nachweisbare „Tatsachen" verschiedenartig sein können, denn man mißt sie ja nie – aber wozu dann dieser Ballast, der nur verwirrt, aber keinen Beitrag zur Erkenntnis bringt?

Dazu gehört übrigens auch die immer wieder erwähnte Parallelweltenhypothese. Hier wird von der bisherigen Annahme der Wellenmechanik abgegangen, daß bei der Messung die Wahrscheinlichkeitsaussage $\Psi^*\Psi$ die Möglichkeiten aufzeigt, die existieren könnten, und dann eine davon mit einer bestimmten Wahrscheinlichkeit tatsächlich eintritt. Jetzt dagegen wird angenommen (Hypothese), daß jede Möglichkeit tatsächlich existiert und zwar jeweils in einer parallelen Welt. Jedesmal – so meint die skurrile Vermutung – wenn wir messen, entsteht eine Verzweigung in zwei Welten, wenn zwei Möglichkeiten bezüglich des Meßergebnisses vorliegen, etwa – ganz einfach – das Finden des Elektrons oder sein Nichtvorhandensein an der Meßstelle. In der einen Welt ist also das Elektron nicht an der Stelle zu finden, in der Parallelwelt dagegen ist es nachgewiesen.

Sie können sich denken, daß die Konsequenzen absonderlich sind und jedem schlechten Science-Fiction-Autor gut anstehen würden.

Ich will darauf nun nicht näher eingehen, nur soviel: Bisher ist der Nachweis für derartige Vorstellungen nicht gelungen, Beweis in dem Sinne, daß wir damit mehr Erfahrungen in der Theorie erfassen, als es die hier angegebene Interpretation der Wellenmechanik erlaubt. Nun erfaßt aber die Wellenmechanik – wie hier dargelegt – alle Erfahrungen, soweit wir bisher Erfahrungen mit Elektronen, Atomkernen und Photonen gemacht haben, und alles spricht dafür, daß dies so bleibt. Dabei wollen wir allerdings nicht ausschließen, daß die Aussagen der Wellenmechanik vielleicht noch nicht voll ausgeschöpft sein könnten und noch weitere Erfahrungsbereiche erfassen, die wir heute noch getrennt sehen und gar nicht zu den Naturwissenschaften rechnen. Diese Phänomene sollten sich dann ebenfalls als Konsequenz der Wellenmechanik ergeben, sodaß dann der Erfahrungsbereich ebenfalls zur Wellenmechanik gehört!

Wir sagten schon, daß eigentlich nichts dagegen spricht, jedenfalls was die *nachprüfbare Erfahrung* betrifft, die chemische Materie in ihrer Evolution als ein Ganzes zu sehen, bei dem während dieses Vorgangs nichts Materiefremdes hinzugekommen ist. Daß also auch Geist und Seele (auf dem Bewußtsein basierend) sich aus dem „Stoff" heraus entwickelt haben, der aus Elektronen und Atomkernen besteht. Die Physik – also hier die Wellenmechanik – beschreibt alle Ereignisse in Raum und Zeit und alles, aber auch alles spricht dafür, daß sie uneingeschränkt die belebte Natur richtig beschreibt, also etwa den Gestalten- und Formenreichtum, die Vererbung und auch die Informationsverarbeitungen in den Systemen aus Elektronen und Atomkernen bis hin zur Steuerung des Verhaltens. So wird man auch davon ausgehen können, daß der Bewußtseinszustand eindeutig mit dem Gehirnzustand in Zusammenhang steht, aber hier gilt es, mit Vorsicht zu diskutieren und alles zu beachten.

Das Gehirn besteht ohne Zweifel aus Elektronen und Atomkernen, und es gelten auch dort die Gesetze der Wellenmechanik. Es ist aber eine Frage, ob der seelische und geistige Zustand, der ohne Zweifel ebenfalls durch die Wellenmechanik erfaßt wird, mit Hilfe gerade dieser Wellenmechanik mit ihren Gleichungen *erschließbar* ist, denn gerade mit dem Gehirn haben wir die Wellenmechanik entwickelt.

Wir können noch einen Schritt weitergehen und sagen, daß es wohl noch eine prinzipielle und methodische Beschreibung und Erfassung geben mag, wobei das Gewicht auf dem Prinzipiellen liegt. Es bleibt die

Frage, ob diese echte Möglichkeit eine reelle Möglichkeit ist, das heißt, ob wir mit Hilfe der Gleichungen der Wellenmechanik vollständige Aussagen – praktische Aussagen – erhalten können, besonders wenn unsere Computertechnik weiter voranschreitet, da das hier zu erwartende Gleichungssystem der Wellenmechanik ausschließlich mit Hilfe von Rechenmaschinen behandelt werden kann.

Sagen wir es anders: Obwohl die Physik im Gehirn nach allem, was wir wissen, vollständig und abdeckend gilt, ist die Frage zu stellen, ob wir aus dieser Tatsache – die schon aufregend genug ist – Aussagen über das Verhalten in der Praxis gewinnen können. Das ist eine eigentümliche und letztlich unerwartete Situation. Woher nehmen wir diese Vermutung? Genügt es nicht zu wissen, daß alles aus Elektronen und Atomkernen aufgebaut ist, um damit sicher zu sein, daß die entsprechenden Gleichungen der Wellenmechanik ausgewertet werden können, um alles zu beschreiben und zu erfassen?

Was macht den Menschen hier zum besonderen Problem, wenn man es als ein solches sehen will?

Die Antwort ist, daß wir aus rein mathematischen Gründen schon seit langem sicher wissen, daß sich Grenzen zeigen, wenn Begriffe und Verfahren – also hier die der Wellenmechanik – auf ihre eigenen Ursachen und Voraussetzungen angewendet werden. Oder anders gesagt: Die Wellenmechanik ist „Menschenwerk" (in unseren Köpfen entstanden) – ein Ausdruck unserer Gehirnstruktur, die Welt so zu erkennen und diese Strukturen der Erkenntnis sollen nun selbst auf Gehirnstrukturen angesetzt werden.

Oder noch anders ausgedrückt: Die aus der mathematischen Logik erhaltene Information – die sich beweisen läßt – sagt aus, daß es Aussagen eines logischen Systems gibt, die innerhalb dieses Systems, was ihre Beweisbarkeit betrifft, nicht entscheidbar sind.

Die Behauptung, daß ein logisches System im Ganzen widerspruchsfrei ist, läßt sich mit demselben logischen System nicht beweisen, obwohl dieses in sich widerspruchsfrei definiert ist. Man nennt diese Aussage den *Satz von Gödel*.

Wir wollen dabei noch anmerken, daß unser Hinweis auf „in sich widerspruchsfrei" soviel bedeutet, daß alle Ausgangssätze eines logischen Systems sich nicht widersprechen. Aber es gibt keine allgemeine Methode, nach der man grundsätzlich feststellen kann, ob eine bestimmte Aussage in diesem logischen System zutrifft oder nicht. Weitergehend betrachtet können wir also aufgrund der Ausgangspunkte eines solchen Systems Sätze formulieren, also Aussagen gewinnen, die sich weder beweisen noch widerlegen lassen.

Es liegt also auch hier ein Unentscheidbarkeitssatz vor, der in gewisser Weise neben die Unschärferelation gestellt werden könnte.

Der Gödelsche Satz ist immer wieder bezüglich seiner Voraussetzungen diskutiert worden, und es ist keineswegs einfach, hier eine klare Entscheidung zu finden, denn die Frage ist, ob dieser Satz, der aus formaler Logik heraus erkannt worden ist, sich vollständig auf die Wirklichkeit übertragen läßt. Nichts spricht jedenfalls von Anfang an dagegen!

Wir wollen dies nicht weiter verfolgen, da es nicht der Sinn dieses Buches ist, sich mit dieser mehr „technischen" Anwendung der Wellenmechanik auf biologische Systeme im Einzelnen zu beschäftigen, was ohne Zweifel ein sehr reizvolles Thema ist. Es geht ja um die Tatsache, daß trotz gültiger Wellenmechanik im Gehirn, dieses System Probleme hat, gerade diese Tatsache letzten Endes praktisch zu nutzen, zumindest sich klar darüber zu werden, daß es ein Teil der wellenmechanisch erfaßbaren Wirklichkeit ist. Wir werden gleich allerdings von einer anderen Perspektive aus die Fragen nochmals angehen.

Uns geht es mehr darum darzulegen, daß alles aus Elektronen und Atomkernen aufgebaut ist und somit die gesamte Natur mit der Wellenmechanik erfaßbar und beschreibbar ist. Und daß es nicht notwendig ist, „materiefremde" Elemente einzuführen, um zu begreifen, daß man nicht materiell ist. Es brauchen also keine nicht nachprüfbaren Annahmen gemacht zu werden, wenn es um sehr komplexe Systeme von Elektronen und Atomkernen geht – die Wellenmechanik tut es auf ihre Weise – ohne metaphysische Elemente!

Das gilt auch dann, wenn aller Voraussicht nach davon ausgegangen werden kann, daß sich das Denken nicht selbst begreifen und verstehen kann, wie wir soeben diskutierten.

Können wir die Feststellung akzeptieren, daß alles aus Elektronen und Atomkernen aufgebaut ist, so ist – wie schon gesagt – damit auch die Möglichkeit einer Ethik gegeben. Alle Steine, Pflanzen, Tiere und wir Menschen sind vom gleichen „Stoff", einschließlich unserer menschlichen Eigenschaften, die ebenfalls als Ausdruck dieses „Etwas" angesehen werden müssen. Und dieses „Etwas" sind Elektronen und Atomkerne, die akausal in Raum und Zeit sind!

Wir sind alle dadurch unmittelbar und einheitlich miteinander verbunden, wir gehören zusammen und gerade diese Erkenntnis, die eine kosmische ist, fordert Verantwortung gegenüber jedem System, sei es Pflanze oder Tier, und besonders zwischen und gegenüber uns Menschen. Wenn wir daher also der Evolution einen Sinn geben wollen, so den, daß wir uns nun – durch wissenschaftliche Erkenntnisse – im Kosmos eingebettet fühlen und wir als das komplizierteste System und damit als Erkennendes (so meinen wir es doch wohl) Verantwortung für alle anderen Systeme tragen, damit das Leben weitergeht, möglichst ungestört, und daß ein jeder – entsprechend der Evolution – seine „ökologische Nische" behalten darf, in seiner ihn umgebenden Umwelt sich entfalten soll, wie es das Naturgesetz ermöglicht. Wir kommen alle aus dem gleichen „kosmischen Staub", der von vornherein auf Bewußtsein, auf Geist und Seele angelegt war und dies ermöglichte von Anfang an die naturgegebene Unschärfe der „Bausteine"! Alles war daher grundsätzlich von Anfang an in den Möglichkeiten der „Bausteine" enthalten und benötigte nie einen äußeren Einfluß, dessen Ursprung außerhalb der „Materie" liegen würde, unnötig und unbeweisbar.

Das schränkt aber unser Handeln ein, besonders dann, wenn wir die Ergebnisse der Evolution verändern wollen oder in ihre Vorgänge eingreifen. Es ist ein völlig wahnwitziger Gedanke (wie man es manchmal lesen kann), daß der Mensch die Evolution „in die Hand" nehmen müßte, um sie zu verbessern oder/und zu beschleunigen. Niemand weiß eigentlich genau, was letztlich in dem System von Elektronen und Atomkernen steckt und wohin die Evolution unter den Gegebenheiten unseres Planeten „läuft", die ebenfalls Veränderungen unterworfen sind.

Sicher ist eigentlich nur, daß die Evolution (ohne Sinn auf ein Endziel) Systeme schafft, die immer besser an die jeweiligen Bedingungen der Fortpflanzung und Vermehrung angepaßt sind.

Die Evolution der Elektronen und Atomkerne, so kann man wohl nach allem, was wir nun heute in der Physik wissen, diesen Vorgang der Artenbildung nennen, hat immer ihre Wahrscheinlichkeiten, wie es „weitergehen" soll. Ein wachsendes Eingreifen des kompliziertesten Systems, des letzten Gliedes in die Evolution der Elektronen und Atomsysteme, – ist daher letztlich tödliche Überheblichkeit, denn das berührt die oben erkannte Tatsache, daß Denken – also unser Denksystem – sich nicht beweisen kann, daß keine Widersprüche in ihm enthalten sind.

Wir bleiben ein Teil der Evolution, warum also diese so gar nicht beweisbare Sicherheit, daß alles gemacht werden darf? Es ist das Bewußtsein unserer Eingriffe und unserer Macht über alle Kreaturen, die zum Problem werden. Daher können nur kleine Eingriffe bewußt bewertet werden, was sie evolutionär bedeuten! Geld darf dabei keine Entscheidung beeinflussen.

Wir wollen uns noch mit einem anderen Gedanken beschäftigen, der ebenfalls mit der „Materie" zu tun hat.

Wenn nicht alles trügt, dürfen wir das Weltall als endlich (aber grenzenlos) annehmen, wobei die Grenzenlosigkeit sich aus der Annahme herleitet, daß unser Raum „gekrümmt" ist, wie die Oberfläche einer Kugel, die zwar auch keine Grenzen kennt (wenn jemand sich darauf bewegt), aber eine endliche Fläche darstellt.

Es ist immer wieder faszinierend, daß wir bei allen kosmischen Überlegungen nur dann weitestgehend im Einklang mit der Erfahrung bleiben, wenn wir eine derartige Endlichkeit unseres Raumes, also letzten Endes seine geschlossene Hyperdimensionalität voraussetzen. Die mathematischen Gleichungen der Kosmologie bekommen erst dadurch eine sinnvolle Interpretationsmöglichkeit.

Endlichkeit aber bedeutet, daß die Materie des Kosmos eine endliche Menge darstellt. Es gibt also eine endliche Anzahl von Elektronen und Atomkernen! Das wiederum bedeutet (als Gedankenspiel), daß ein Computer, der so groß wie der Kosmos wäre und seit Beginn des Universums fortlaufend gerechnet hätte, nur eine *endliche Anzahl* von Rechenoperationen „hinter sich gebracht hätte", denn alles spricht dafür, daß das Weltall auch einen Anfang hat, aus dem es sich so entwickelt hat, wie wir es heute von unserem Planeten aus beobachten können.

Dann sollte es aber so sein, daß die wellenmechanische Erfassung etwa von Gehirnen, obwohl alle Teile (bis hin zu Elektronen und Atomkernen) den wellenmechanischen Gesetzen gehorchen, aus zeitlichen und räumlichen Gründen nicht mit einem Computer erfaßt werden können, selbst wenn dieser eine solche „kosmische Größe" hätte? Das heißt aber, daß der Behandlung derartiger Systeme aus Elektronen und Atomkernen die räumliche und zeitliche Endlichkeit des Kosmos entgegenstünde.

Jedenfalls ist die Anzahl der Schritte und Operationen im Kosmos endlich. Jede Analyse muß unter diesem Aspekt betrachtet werden, besonders dann, wenn es sich um höchst komplexe Systeme von Elektronen und Atomkernen handelt. Die Gültigkeit einer Behauptung kann unter diesen Umständen an dieser Grenze scheitern. Dabei ist zu beachten, daß nicht die Überlegungen und Aussagen gemeint sein können, die ein solches System bezüglich seiner Umgebung anstellt, zu der es sich zwar gehörig fühlt, zu der es aber in diesem Augenblick einen besonderen Standpunkt einnimmt und die entsprechenden Konsequenzen zieht, wie es zum Beispiel hier in diesem Buch behandelt wird.

Jetzt könnte vielleicht der Verdacht aufkommen, daß es ja dann wohl mehr Zahlen gibt als wellenmechanische Objekte (Elementarteilchen) im Kosmos. Also mehr Zahlen als mögliche Operationen in einem Computer der obigen Art. Dieser Verdacht ist völlig berechtigt!

Schon die Endlichkeit der „Materie" (in unserem Sinne) erlaubt somit, *einmalige* Strukturen aufzubauen, wobei die Bedeutung auf einmalig liegt und diese wieder im Zusammenhang mit der Komplexität steht, die von Elektronen und Atomkernen aufgebaut wird.

Angenommen, wir „bauen" uns ein derartig komplexes System aus Elektronen und Atomkernen auf, welches eine solche Komplexität besitzt, daß man daraus – bei Beibehaltung der Anzahl von Elektronen und Atomkernen – so viele Strukturen des Systems „machen" lassen kann (etwa bezüglich der Atomlagen und der einzelnen chemischen Bindungen zwischen verschiedenen Atomen), daß ihre Zahl die oben erwähnte Zahl der maximal möglichen Operationen im Kosmos *übersteigt*, so hätten wir in der Tat ein System vor uns, welches *einmalig* ist und *wohl kaum (mit praktisch verschwindender Wahrscheinlichkeit) durch Zufall jemals wieder entstehen könnte*, so lange der Kosmos existiert. Schließlich reichten auch Raum und Zeit nicht aus, um alle Systeme zu überprüfen, ob z.B. das erste (von dem wir alle weiteren Strukturen gedanklich abgeleitet haben) nochmals erschienen ist, denn dann müßten ja nochmals alle Systeme entwickelt werden, damit ein Gleiches entsteht. Bedenken wir dabei, daß die Zeit zur Herstellung aller Strukturen dann viel länger sein könnte als das Alter der Welt!

Das gilt natürlich besonders für alle biologischen Systeme, also etwa für die Chromosomen mit ihren vielen Kombinationsmöglichkeiten ihrer Gene. Abgesehen von eineiigen Zwillingen ist aber jeder Mensch als ein System von Elektronen und Atomkernen einmalig, – aber das stimmt gar nicht, denn selbst die Zwillinge sind verschieden, weil jeder für sich auf jeden Fall andere Erfahrungen machen muß und damit ein verschiedenes Bewußtsein entwickelt mit allen weiteren Konsequenzen. Jeder Charakter ist also einmalig, und dies ergibt sich aus der Tatsache, daß alles im Kosmos (chemische Materie) aus Elektronen und Atomkernen aufgebaut ist – und daher auch *nie mehr* (wegen der oben genannten Einmaligkeit) *wiederkommt!*

Sagen wir das alles noch einmal ganz anders und erweitert: Die Gleichungen der Wellenmechanik über Elektronen und Atomkerne haben eine so allgemeine Gültigkeit und Aussagekraft über so viele Einzelfälle von Systemen, daß ihre Zahl – besonders die Vorgänge zu ihrer Lösung – die Anzahl der möglichen Rechenoperationen im Weltall überschreiten kann, sie also nicht alle vollständig überprüft werden können! Das läßt die Gleichung der Wellenmechanik (Schrödinger-Gleichung) somit in einem besonderen Licht erscheinen, zumal sie für *alle* Systeme aus Elektronen und Atomkernen gilt – wie wir das schon so oft feststellten!

Und noch ein anderer Gedanke kommt uns dabei in den Sinn: Nach dem oben Gesagten kann es keine formale wissenschaftliche Methode geben, die über die Gültigkeit aller Methoden entscheiden kann, denn dann ist es notwendig, daß sie selbst ihre Gültigkeit zur Beurteilung zuläßt, was nach den obigen Ausführungen nicht möglich ist. Der Wert, die Brauchbarkeit einer Theorie – ihre Gültigkeit – kann sich daher nur bei der Erklärung (Theorie) der Natur bewähren, wie es bei der Wellenmechanik mit ihren Postulaten geschehen ist.

Damit gewinnen manche früheren Feststellungen und Vorgänge in diesem Buch eine nachträgliche Vertiefung, denn die theoretischen Begriffe (etwa Ψ) sind ihrer Natur nach formale Begriffe, die bestimmten Rechenregeln unterliegen, auch was ihre Abhängigkeit von der Zeit t anbetrifft, wobei diese nach *Zuordnungsregeln* mit den Erfahrungen („Zeigerstellungen") verknüpft sind. Dabei sind sie – das ist wichtig – *nicht aus rein logischen Gründen an die Erfahrung gekoppelt* (Postulate). Die Zuordnungsregeln werden erst von der Erfahrung selbst bestätigt –

das macht die Struktur und den Wert einer Theorie aus. Stimmen die Ergebnisse einer Theorie völlig mit der Erfahrung (Vergangenheit und Zukunft eingeschlossen) überein, so hat sich diese Form der Theorie bewährt und sich durchgesetzt gegenüber anderen, die diese Kriterien nicht voll erfüllen können. Mehr kann nicht erwartet werden, wenn wir nicht spekulieren wollen.

Ich bitte Sie, es mir nicht nachzutragen, daß alle diese Vorstellungen und Gedanken ziemlich kurz und nur das Wesentliche wiedergebend vorgetragen worden sind, aber es ging vielmehr darum, Ihnen zu zeigen, was alles zur Materie zu sagen und zu denken ist. Auch wenn das Meiste nur angedeutet werden konnte. Ich hoffe aber, daß das Wesentliche der Überlegungen erkannt werden konnte und Ihre Nachdenklichkeit angeregt hat. Ich hoffe auch, daß es mir gelungen ist, das Wesen von Wissenschaft hervorzuheben und herauszuarbeiten. Denn daß Materie nicht materiell ist, im „üblichen" Sinne, hat ungeahnte und entscheidende Konsequenzen bis in unser Leben hinein! Dies allerdings nur dann, wenn wir zu denen gehören, die die Struktur der Welt nicht in Ruhe läßt, sondern fortlaufend zum Denken darüber, zu Reflexionen und zu Hypothesen für ein „Vorverständnis" veranlaßt, wobei der Wunsch nach Wahrheit – wie auch immer – die Triebkraft ist.

Wie müßte es auf einen langlebigen Beobachter aus dem Weltraum wirken, wenn er sieht, daß sich aus elementaren Bausteinen am Beginn unserer Erde immer komplexere, flexiblere und vielseitigere Systeme entwickeln, über Pflanzen und Tiere, bis schließlich hin zu den Wesen – den Menschen – die, in der Evolution auf der Erde ganz neuartig, über eine Sprache verfügen, dabei über Vergangenheit und Zukunft nachdenken und Empfindungen Ausdruck verleihen können (besonders anhand von Sprache und Bildern) bis zu den Künsten, die darüberhinaus eine Wissenschaft entwickeln und schließlich den Planeten verlassen wollen, dies alles im Rahmen ihrer Sinne. Diese Entwicklung kann doch nur so aufgefaßt werden, als schaue sich die Materie das erste Mal selbst ganz bewußt mit den Augen der Menschen an. Sie hört, riecht, fühlt und schmeckt ihre Umwelt (und sich selbst) in nie dagewesener Bewußtheit und Breite.

Wie aber muß es dem Beboachter dann zumute sein, wenn er erkennt, daß diese letzte Spezies dabei ist, sich selbst zu vernichten, indem sie *alles möglich macht, was möglich gemacht werden kann,* daß die Individuen dieser Spezies übereinander herfallen, letzten Endes wegen eines Zahlungsmittels und den Konsequenzen daraus oder aus religiösen Gründen; daß sie auf einem endlichen Planeten und in einem endlichen Kosmos keine Grenzen akzeptieren wollen. „Sagt ihnen nicht schon ihre Naturwissenschaft, was sie letztlich im Innersten sind?" wird er fragen! „Spüren sie nicht das Gemeinsame, was verpflichtet, wenn die Entwicklung des Menschen weitergehen soll? Ziehen sie nicht den Schluß daraus, daß nun – auf dieser Ebene und bei der jetzigen Erkenntnis – bezüglich der Evolution ihr gegenseitiges Töten und das gewalttätige Unterwerfen und Abhängigmachen nicht mehr sein kann? Erkennen sie nicht die Parameter, die entweder abgestellt oder eingeschaltet werden müssen, damit dieses Ziel erreicht werden kann?"

Muß die „Spitze der Evolution" aus Elektronen und Atomkernen „abbrechen", weil wir Menschen nun eine gewisse Freiheit im Rahmen der Evolution erhalten haben, – die es vorher noch nicht gab – und diese total mißverstehen?

Vielleicht – nein, ganz sicher – geht alles in der Welt weiter, auch wenn es keine Menschen und kaum einen lebensfähigen Planeten Erde mehr gibt, aber ist das eine Beruhigung? Sind wir uns so wenig wert?

Soll es wirklich das Letzte auf dieser Erde sein, daß ein Zahlungsmittel mit Zinsversprechen alle Vorgänge auf diesem Planeten beeinflußt, ja beherrscht und letzten Endes durch Beteiligung der Menschen entscheidet, was getan wird und was nicht. Und da dies weit in das Geistige und Psychische des Menschen hineinreicht, ihn praktisch ganz neu definiert, gehört nicht viel Phantasie dazu, zu erkennen, daß dies ihn vom wirklichen Leben abbringt. Das wirkliche Leben, das heißt eben das Fühlen der speziellen Gemeinsamkeit, diese daraus resultierende Moral und Ethik zu akzeptieren und mitzutun, daß die Artenentwicklung ungestört oder weitgehend ungestört weitergeht!

Aber das ist nur zu erreichen – und darüber sollten wir uns ganz klar sein und sagen es deshalb zum Schluß noch einmal –, wenn wir erkennen, daß wir schon *aufgrund unseres Wissens* Achtung voreinander haben müssen. Achtung nicht nur vor uns selbst und unseresgleichen, sondern auch vor allen anderen Wesen und Systemen, die vor und mit uns im Rahmen der Entwicklung entstanden sind und ebenfalls ein Recht auf

Leben und Entwicklungsmöglichkeit haben, und dieses Recht muß von uns so weit wie möglich garantiert werden, weil wir die letzte Spezies der Evolution sind und bei uns das erste Mal die *Fähigkeit zur freien Verantwortung* aufgetreten ist. Verantwortung letzten Endes vor der Dynamik, die in allem steckt, was aus Elektronen und Atomkernen aufgebaut ist – und das ist unsere Welt!

Freilich kein Paradies – aber eine letztlich homogene Einheit, deren Entwicklung bis hin zum Bewußtsein dem „Wesen" von Elektronen und Atomkernen folgt. Diese wissenschaftliche Erkenntnis schränkt unseren Handlungsspielraum ein und fordert darin eine Ethik gegenseitiger Achtung und wechselseitigen Schutzes, damit sich Leben und Bewußtsein weiter entwickeln können. Notwendige Auseinandersetzungen müssen unter diesen Aspekten gesehen und praktiziert werden.

Erarbeitete und bewußt gemachte wissenschaftliche Einsichten ermöglichen somit eine Sinngebung!

Sachwortverzeichnis

—A—

Absolutismus 188
Abstrahl- und Absorptionsvorgänge in Atomen 93
Achsenkreuz 50
Aggregatzustand 154
Ammoniak 44
Amplitudenfunktion 153
Anfangsbedingung 156
angeregter Zustand 89
Äquivalenz von Energie und Masse 96
Astrochemie 39
Astronomie 39; 217
Astrophysik 39
Äther 203
Atome 13
—, räumliche Ausdehnung der 9
Atomgewicht 9; 16
Atomionen 9; 18
Atomkern 9; 14; 17; 26
Aufenthaltswahrscheinlichkeit 120f
Austrittsarbeit 77
Austrittsenergie 77
Autokatalyse 222

—B—

Becquerel 22
Benzol 46; 222
Beschreibungsschema 3f

Beugung des Lichtes 71
Beugungsbild 81; 101
Bewegungsenergie 76
Bildung 123
Bindung, chemische 13
Bindungsenergie 11; 45
Bogenmaß 150
Bohr, Niels 34; 93; 214
Bohrsches Atommodell 33; 93
Born, Max 214
Brüche 140
Bruno, Giordano 4

—C—

Chaosforschung 25
Chemie 81
Chemieverständnis 128
chemische Materie 17; 19
Christentum 189
Chromosom 216; 231
Compton, C. A. 99

—D—

De Broglie 105
Definition 196
Denkökonomie 123
Dezimalzahlen 140
Dichteverteilung 137
Differentialoperator 174
Differentialquotient 165

Differentialrechnung 166
Differenzenquotient 165
Dimension 87
Dogmen 31; 193; 196
Doppelsumme 177
Drehimpuls 15
Dualismus 100

—E—

Ebene der komplexen Zahlen 145
Einheit, imaginäre 143; 179
Einstein, Albert 8; 93; 96; 214
Einsteinsche Beziehung 106
elektrisches Feld 49
elektromagnetische Strahlung 49; 92; 101
elektromagnetische Welle 62
elektromagnetischer Bereich 32
Elektronen 14; 48f
Elektronenhülle 19
Elektronenstrahl 81
Element, chemisches 9; 13
Elementarladung 15f
Energie
 – Bindungs- 11
 – -feld 59
 –, kinetische 76
 –, negative 90
 –, positive 90
 – Rotations- 11
 – Schwingungs- 11
Energie(Potential)-Feld 176
Energiequantum der elektromagnetischen Strahlung 94
Erbsubstanz 216
Erfahrungsbereich 4; 29
Erkenntnistheorie 185
Esoterik 192
Ethik 209
Evolution 130; 202; 228; 232

—F—

Feld
 –, elektrisches 49
 –, elektromagnetisches 62
 –, Energie- 59
 –, Gravitations- 50
 –, magnetisches 50
 –, Schwerkrafts- 50
 –, Skalares 59
 –, Vektorielles 59
 –, zeitabhängiges E- 60
Fernsehen 60; 79
Fluorwasserstoff 44
Formalismus 191
Fortpflanzung 216
Fotozelle 79
Frequenz 63
Funktion 112
 –, Amplituden- 153
 –, komplexe 224
 –, trigonometrische 148; 153
funktionaler Zusammenhang 112

—G—

gebundener Zustand 90
Gehirn 206; 225
Geist 188
Gesetz der multiplen Proportionen 45
Gleichung 158
Gödel 226
Gravitationsfeld 50
Grenzübergang 164
Grundzustand 88

—H—

H_2-Molekül 222
Halbwertszeit 22
Hamilton-Operator 174; 179; 198

Heilslehre 192
Heisenberg, Werner 114; 214
Heisenbergsche Unschärferelation 125
Helium 18
Hertz 63
Hochzahlen 141
Hyperraum 152
Hypothese 32; 34; 197; 203

—I—

imaginäre Einheit 143; 179
Integral 169
Integralrechnung 169
Integrationsvariable 169
Intensität 109
Intensität des Lichtes 76f
Interferenz 66
Isotope 16f

—J—

Joule 87

—K—

Kapitalismus 2
Kapitalmaximierung 2
kartesisches Koordinatensystem 69
Katalysatoren 12
Katalyse 12
kinetische Energie 76
komplexe Zahlen 144
Komplexität 208
konjugiert komplexe Zahlen 144
Kontinuum 42; 64
Koordinatensystem 52
 —, kartesisches 69
Koordinatenursprung 55
Kosmologie 39
Kraft 53
Kraftfeld, mathematische Darstellung
 des 57

Kreiskonstante 134
Kreisumfang 147
Kristallbildung 10
Kugelwelle 68

—L—

Ladungsdichte 137
Langwellensender 60
Lawrencium 18
Leistung 87
Licht
 - -Intensität 76; 77
 - -druck 95
 - -elektrischer Effekt 75; 93; 95
 - -geschwindigkeit 62
 —, sichtbares 60
 - -technik 79
 - -teilchen 97
Lithium 18

—M—

magnetisches Feld 50
Massenstruktur 7
Masseteilchen 8
Materialismus 4; 82; 220
Materie 28
 —, amorphe 11
 —, chemische 17; 19
 —, Temperatur der 10
Mathematik, reine 122
Meßgröße 117
Metaphysik 185; 224
Methan 44
mikroskopisch 195
Mikrowelle 60
Modell 197
Modellbildung 32
Molekülbildung 8
Moral 209
multiple Proportionen 43
Mutation 216

—N—

Natrium 18
Natur 124
Nukleonen 16f

—O—

Offenbarung 192
Operator 173
Ortskoordinaten 53

—P—

Ψ-Funktion 111
Parallelweltenhypothese 224
Parameter, verborgene 214
Pauli-Prinzip 183
Periodensystem der Elemente 18ff
phänomenologisch 195
Philosophie 185
Photonen 100
Planck, Max 86
Plancksche Hypothese 106
– Konstante 106; 134; 179
– -s Wirkungsquantum 87
Polarkoordinaten 69
Postulat 30
–, erstes 134
Praxis und Theorie 34
Punktinformation 30

—Q—

Quantenmechanik 3
– -theorie 33; 86
– -zustand 33

—R—

Radio 60
Radioaktivität 18; 22; 26
Raumpunkt 50

Reaktion, chemische 10
Rechenvorschrift 53
reelle Zahlen 143
Relativitätstheorie 93; 96; 195
Religion 186
Rezept 159
Röntgenstrahlung 60
Rotationsenergie 11

—S—

Schalttechnik 79
Schrödinger-Gleichung 198f; 214; 221
–, zeitabhängige 182
–, zeitunabhängige 182
Schwerkraftsfeld 50
Schwingungsenergie 11
Selbstbewußtsein 212
Sinn
– des Lebens 185
– -findung 185
– -gebung 207
Skalares Feld 59
Sonnenenergie 26
Spätkapitalismus 187
Spektrallinie 42; 64
Spektrum 64
– des Wasserstoffatoms 93
Spekulation 197; 203
Spin 15; 133
Spin-Koordinaten 135; 183
stationärer Zustand 138; 149; 181
stehende, komplexe Welle 182
Strahlung
–, elektromagnetische 49; 92; 101
–, Röntgen- 60
–, UV- 60
– des Schwarzen Körpers 87
– -sformel 86
– -skurve 85
– -stechnik 79
Summenzeichen 168; 177

—T—

Teilabbild 125
Temperatur der Materie 10
Theorie 34; 56; 197; 203
Transistor 79
trigonometrische Funktion 148; 153
Tschernobyl 22
Turingtest 204

—U—

Übergang 92
Unschärferelation 114; 201; 213; 223
Untersystem 156
Uran 18

—V—

Valenzen 44
Valenzstrichschema 44
Vektorielles Feld 59
Vernunft 188
Verstand 188
Verständnis 30
Verstehen 4
Voraussagen 213
Vorgang des Verstehens 29

—W—

Wahrscheinlichkeit 110; 118; 120; 198
Wahrscheinlichkeitsbegriff 110
Wahrscheinlichkeitsverteilung 137

Wärmestrahlung 60
Wasser 44
Wasserstoff 17; 33
– -atom 90; 95; 116; 136
– -atommodell 93
Wechselwirkung 176
Welle
–, elektromagnetische 62
–, stehende, komplexe 182
– -nfeld 133
– -nfunktion 113; 198; 214; 224
– -ngleichung 223
–, zeitabhängige 174; 180
– -nlänge 63
– -nlänge der Materiestrahlung 110
– -nmechanik 3; 19; 30; 34; 92; 114; 135; 155; 195; 202
Wirkung 87
Wurzel 141

—Z—

Zahlen
–, komplexe 144
–, konjugiert komplexe 144
–, reelle 143
Zahlengerade 139
Zahlungsmittel 189
zeitabhängige Wellengleichung 174; 180
zeitabhängiges E-Feld 60
Zukunft 217

Bücher aus dem Umfeld

Atomkerne und Elektronen
Eine kurze methodische Einführung

von Heinzwerner Preuß

1996. X, 115 Seiten. Kartoniert.
ISBN 3-528-06693-8

Aus dem Inhalt: Was heißt verstehen - Atomkerne und Elektronen - Die Bedeutung der Wellenmechanik - Die Postulate der Wellenmechanik - Allgemeine Folgerungen - Die Unschärferelation - Die Born-Oppenheimer-Näherung - Einiges über die Wellenfunktion - Berechnung von Energiehyperflächen - Die Praxis theoretischer Verfahren - Einige abschließende Aspekte

Komplexe Systeme aus Atomkernen und Elektronen bilden die chemische Materie, ihre Wechselwirkung ist Ursache unendlich vieler Strukturen. Diese Wechselwirkung kann mit Hilfe der Wellenmechanik beschrieben werden. Die Einführung der mathematischen Grundlagen über die Schrödinger-Gleichung, die Born-Oppenheimer-Näherung bis hin zur Praxis theoretischer Verfahren ist Ziel dieses Buches, das anschaulich, wenig mathematische Kenntnisse voraussetzend in die Grundprinzipien der Wellenmechanik einführt. Der Autor versteht es, beinahe selbstverständlich komplizierte Sachverhalte dem Anfänger nahe zu bringen, und schafft damit die Voraussetzung zum Verständnis der Materie.

Verlag Vieweg · Postfach 1547 · 65005 Wiesbaden · Fax (0611) 78 78-420

vieweg

Bücher aus dem Umfeld

Jenseits des Moleküls
Raum und Zeit in der Chemie

von Peter J. Plath

1997. X, 214 Seiten mit 16 Farbtafeln.
(Facetten) Gebunden.
ISBN 3-528-06636-9

Aus dem Inhalt: Chemie jenseits des Molekülbegriffs - Die chemische Kinetik - Die raumfreie Beschreibung der Reaktion - Die neue Diskretheit: Gekoppelte Elementarreaktoren - Elektrodenprozesse: Auflösung und Abscheidung von Metallen - Fraktale in der Chemie - Diffusion und Reaktion in porösen Medien - Die Idee der Katalyse - Chemische Dynamik in Zellsystemen

Chemie ist bekannt als Anhäufung einer unübersehbaren Fülle von Formeln, mit denen die Chemiker wie mit den Worten einer geheimen Sprache jonglieren. Die Erfahrungswelt jedoch, in der uns die Chemie tagtäglich entgegentritt, sind z.B. Kristalle von Zucker und Salz, Autoabgaskatalysatoren, die Verbrennung von Benzin, polymere Kunststoffe, verchromte Metalle oder die Fülle von Arzneimitteln. Auch diese Formen der Chemie sind heute teilweise bereits einer verallgemeinernden Beschreibung zugänglich, die nicht notwendig auf die molekulare Ebene zurückgeht. Auf dieser nichtmolekularen Ebene lassen sich solch faszinierenden Strukturen finden wie z. B. schwingende Katalysatoren, fraktale Kristalle beim Galvanisieren und chemische Wellen in einzelligen Lebewesen. Der Autor versucht auch dem nicht mit Chemie vertrauten Leser diese Welt zu erschließen. Neue Entwicklungen auf dem Gebiet der Synergetik chemischer und einfacher zellbiologischer Systeme werden mit aufgenommen und unter dem Aspekt der nicht-molekularen Strukturbildung erläutert.

Verlag Vieweg · Postfach 1547 · 65005 Wiesbaden · Fax (0611) 78 78 420

vieweg